大学生成功学之
绩效策略

崔晓博 编著

西北大学出版社

图书在版编目(CIP)数据

大学生成功学之绩效策略 / 崔晓博编著. -- 西安:
西北大学出版社,2018.7

ISBN 978 - 7 - 5604 - 4204 - 4

Ⅰ.①大…　Ⅱ.①崔…　Ⅲ.①管理学—通俗读物
Ⅳ.①C93 - 49

中国版本图书馆 CIP 数据核字(2018)第 150563 号

大学生成功学之绩效策略

编　　者:	崔晓博
出版发行:	西北大学出版社
地　　址:	西安市太白北路 229 号
邮　　编:	710069
电　　话:	029 - 88305287
经　　销:	全国新华书店
印　　刷:	陕西向阳印务有限责任公司
开　　本:	720 毫米 × 1020 毫米　1/16
印　　张:	22.75
字　　数:	300 千字
版　　次:	2018 年 7 月第 1 版　2018 年 7 月第 1 次印刷
书　　号:	ISBN 978 - 7 - 5604 - 4204 - 4
定　　价:	56.00 元

如有印装质量问题,请与本社联系调换,电话 029 - 88302966。

序

我们每个人天生都是当"冠军"的料,可为什么做不了"冠军"呢?

我的"基础"这么好,可是,为什么我"最终"这么"惨"呢?

我的"学习和工作"如此认真,为什么"成绩和业绩"平平呢?

他们为什么总受上帝的恩宠、幸运之神的青睐,一顺百顺呢?

他们输在起跑线上,但草根逆袭却频频发生,是我不努力吗?

他们为什么整天"游手好闲,不务正业!",却赢得盆钵满盈?

……

因为"思想决定行为,行为决定习惯,习惯决定性格,性格决定命运"。

解决之道:积极思考,付诸行动,养成习惯,形成性格,收获命运。

将成功者的成功之道,敲骨存髓,发现根本的原因是"思想",亦即"心态"是根本的分水岭。所以不是"做"不成功,而是"不想"成功,我们不敢违背传统的自己、他人以及环境的"思想"。我们具备成功的"条件",却不具备成功的"思想",没有养成成功的"习惯",也就是习惯了失败,习惯了平庸,习惯了……,最终习惯了进入"金字塔"那80%的基础序列。

道生一,一生二,二生三,三生万物。站在万事万物之巅,祛除蒙蔽我们双眼之障,寻求"三、二、一",旨在以"一"至"真"运行万物,在有限的时间、空间和物质的禁锢下,最大限度地增加生命的长度、宽度乃至厚度。

形式乃外相,囿于语言外壳,略显不合常规,实属小憾!但真知灼见,真心流露!我心坦荡!

崔晓博

2018 年 5 月

目　录

启示一

路径依赖及启示

美国经济学家道格拉斯·诺思是第一个提出制度的"路径依赖"理论的学者,最初"路径依赖"是以经济学分析解释制度变迁的规律的。笔者认为"路径依赖"具有广泛的应用和基础,支配着我们生活的诸多方面,它犹如一只大手,紧紧地抓住我们生活的方方面面。正确认识它,可以洞悉万象,更重要的是有意识地利用"路径依赖"原理有所作为,对于绩效的提高和价值实现具有重要的作用。

一、路径依赖的基本概念

(一)概念

路径依赖理论是指人们一旦做了某种选择,进入某个轨迹,惯性的力量会使这一选择不断地自我强化并被锁定,沿着既有的轨迹坚定地走下去,并无视其他路径。它类似于物理学中的惯性原理,一旦进入某一路径,就可能对这种路径产生依赖,某一路径的既定方向就会在以后的发展过程中自我强化。

(二)作用

人们过去做出的选择决定了他们现在和未来可能做出的选择。好的路径会对人的成长和价值实现产生正面的作用,通过惯性和冲力,使自我实现的路线进入良性循环状态;不好的路径会对自我的成长起到负反馈作用,如同厄运循环,自我可能会被锁定在某种无效率的状态下而导致停滞,甚至倒退,而这些选择一旦进入锁定状态,想要脱身就需要有较大的毅力,还需要消耗相当多的时间和精力。

路径依赖有两种表现方式:自我强化和锁定。秦池酒业从一个县级小厂能迈向全国靠的就是广告,它从广告中尝到了甜头,这种收益刺激了它在第二年第三年的时候继续这一战略,不计成本地去夺取中央电视台广告标王,在一夜暴富以后还想一夜成为贵族,这就是自我强化。至于锁定,从恋爱中的男女身上最容易观察到:女孩爱上了男孩,但男孩有些屡教不改的恶习,朋友们都说放弃吧,多少次经验证明了要改是不可能的,但女孩一直执着地相信下一次他一定会改的,就这样她拖了好多年。这不仅是"一叶障目"的问题,还含有路径锁定的因素。

二、路径依赖的产生机制

"路径依赖"产生的原因是基于成本和收益的对比后产生的现象。

表现为以下三种情况:一是一种"路径"形成之后,各方既得利益后,不断地强化并锁定,以期继续获益;二是一种"路径"形成之后,各方基于精力和时间等成本考虑,即便收益不大,甚至负收益,也"懒得"进行"路径变更";三是是一种"路径"形成后,各方无力进行变革,只有一味地依赖是唯一的选择。

三、路径依赖的应用

(一) 设定"路径"的引领作用

它是指在面对具体事情时,我们针对性地设定好"路径",并按照设定好的"路径"进行行为。

1.理想目标类

理想目标类是指设定终点,从而形成起点和终点的"路径",主体的行为将时刻立足自己实际起点,始终如一地朝着终点而不断前进。

即规定了行为方向和目的地,并不断地强化形成伟大的理想,具有无与伦比的感召力,使得主体义无反顾地沿着这条"路径"坚定地走下去。基于人生时间和精力的有限性,从成本和收益来看它有利于我们排除干扰、坚强意志,杜绝时间精力的无端耗损,最大化地实现人生的价值。

2. 计划预案类

计划预案类是指主体设定目标并为实现目标设定详细具体的"路径",凡此类事务,一概处置,从而一旦类似事件发生,主体在时间精力上以较少的耗损实现最大化的收益。

由于它较强的针对性和详细的操作性,从而使得主体凡遇此事均"按部就班"进行"机械式"的操作,从而避免了在"分析、研究对策和计划"等繁文缛节方面对时间精力的耗损,以及在"手足无措"情况下无端地在情绪情感方面过多耗损而影响事务处置。

(二)既定"路径"的引导作用

它是指已经发生的行为形成的"路径"对主体处置类似的事务时具有引导的作用,使得主体基本上"沿袭"既有的"路径"解决自身问题。

由于具有类似性,主体会耗损较少的时间精力,依照"照猫画虎""依葫芦画瓢"的方式,方便顺利地处置所面临的事务。它更多地体现在隐性方面的"润物细无声"。我们平素中的"机智""灵感"及其"运气"等其实都是既定"路线"潜移默化的作用,是主体从大量置在心底的"锚"中选取调用的结果,而并不是神来之物。

1. 经历阅历类

丰富的经历和阅历提供给我们大量的"备选路径",也许平时不为所用,当遇到类似问题时我们就会及时从海量经历阅历库中选取类似的"路径",并"轻车熟路"地有效处置当前事务。

故此,不断丰富我们的经历和阅历,不断根植大量貌似"无用"之物,这是我们最大的资本。它决定着我们的认知边界,即决定着我们的认知世界的大小以及备选"材料库"的容量,更重要的是我们世界的大小决定着同样事务在我们主体身上相对的大小,进而决定着我们能量耗损情况。常言道"心大事小,心小事大"不无道理。

2. 历史经典类

平素生活中接触的大量历史事件和经典案例,在主体处置事务时产生"潜移默化"的影响力,使得主体潜意识中按照历史经典"路径"来处置自身事务。

当主体平素有意识地接触历史经典时,会激发起无限的情绪情感,基于此,便在心中深深地置下"心锚",此时对我们的影响只在表面。当我们处置类似事务时,我们曾经被历史经典激发起的情绪情感会瞬时涌上心头,一并历史经典的"路线图"跃然脑端,一切迎刃而解。

历史经典,是前人最"高大上"处置事务的最佳方案。我们大量的阅读和研习,就是最优的沿袭和借用,它大量地表现在潜意识中。故此,要大量地阅读和研习历史经典,以备不时之需的"足够库存",体现出足够的"人格魅力"。

3. 宣传表彰类

宣传表彰类是指以宣传表彰等为媒介,激发起人们情绪情感的同时,"潜移默化"地在人们心中树立了处置类似问题的标准"路线",踏着"伟人足迹"寻根优秀。

宣传表彰的直接效应就是激发起强烈的向上向善的情绪情感,同时附着其上的标准的向上向善的"路线图"根植内心深处,即以坚强的意志和孜孜不倦精神沿着宣传表彰的主体路线高歌前行。

基于此,对于个人应积极向先进典型学习,将强烈的情绪情感深深根植内心深处的"路线图",助推个人的前行;对于组织应注重和加强先进典型的树立和宣传,营造积极向上的氛围和环境,提供给更好的向上向善的"路线图",以资组织成员借鉴。

（三）不断向上向善，永远走在"阳光大道"上

无论何种社会体系均主张向上向善，弘扬正能量，拒绝负能量，于人于己大有裨益。其实质在于给世界一个永远阳光的"路径"，凡遇事物，均沿袭"阳光大道"阳光处置。

世事万物，对于世界和他人，均有正向和负向影响的两面性。我们处置任何事物，都要尽可能地把其正向作用和影响发挥得淋漓尽致，而尽可能地减少负向影响。当我们时常以阳光的心态处置事务时，在我们的心中置下"阳光处置"的"心锚"，在遇到任何事时，我们会在"阳光大道"的导引下轻车熟路阳光处置，由于我们对负向的"生疏"而自然远离之。基于"马太效应"，我们会更加理性和成功。

1. 坚持理性科学

理性科学是人类进步的必然路径。凡事理性科学处置，必将养成为人处世的良好习惯，久而久之，不再感性地浪费时间和精力。理性的我们将获得最大的自由和成就。

比如牛顿的三大定律的发现，不仅仅是解决了物理学界的问题，更重要的是它的社会学意义。牛顿不只是科学历史上的巨匠，不只是人类科学发现史上的重要一环，牛顿成就了一个时代的观念系统，被认为是"人类智慧史上最伟大的一个成就"，由此奠定了之后三个世纪中物理界的科学观点，并为现代工程学奠定了基础。牛顿为人类建立起"理性主义"的旗帜，开启工业革命的大门。在他的墓志铭写到"自然和自然的规则隐藏在黑暗之中，上帝说，要不让牛顿去吧，于是世界一片光明。"美国总统富兰克林、杰斐逊，都在家中挂有牛顿的画像。他们认为，美国宪法是臣服于牛顿规律的。——这套思维系统是相通的。美国宪法就像一台收银机（人类商业的重大发明），让所有人的行为得以规范。

2. 坚持向上向善

凡事向上向善，我们就永远处于理性和阳光之中，我们为人处世就会

按照理性阳光的"熟悉路径"进行操作,更重要的是我们对任何事物都会在理性阳光方面思考,因为我们一直处在"理性阳光之中"。

这就如同"圈子"的概念,每个人都有自己的圈子,和什么样的朋友在一起,我们就会成为什么样的人:你有多少财富,取决于你认识多少有钱人;你要想有学问,就要多跟有学问的人交朋友;你要想投资理财,就要多和投资理财的高手交朋友;你要想做老板,就要多和老板们交朋友。当你经常与向上向善的人打交道的时候,你的观念将慢慢随之改变,你的知识将随之增加,你的机会也将随之增多。当然,你成功的机会也就比一般的人多出许多了。有这么一个现象,医生的朋友们,通常也都是医生;出租车司机的朋友,通常也都是司机;亿万富翁与亿万富翁在一起。

自己所处的环境和心态就是自己的"圈子",有什么样的圈子就有什么样的人生,理性阳光永远是我们的追求!

(四)逃离对"路径"的依赖

"路径依赖"贯穿生活的方方面面,潜移默化地发挥着重要的作用。它是我们大多数人自我实现的基本路径。但同时它也有消极的一面,就是"锁定"效应,锁定的劣势就是"僵化模式",它锁定优势的同时也锁定了劣势,进而产生一些负面效应。所以在一定的时候需要打破"路径依赖",从中走出来。

1."锁定"的表现

"路径依赖"的表现就是强化和锁定,表现在"形式锁定"和"内容锁定"两个方面。

(1)形式锁定

即在形式上产生锁定现象,后续事物沿袭既有事物的形式"路径"进行的行为。

比如二战时英国空军部队规定用骆驼粪给战机皮革座椅做保养和护理,针对这个沿袭多年的规定,除了一个后勤兵鲁尼外没有人提出任何异议。直到后来参加过一战的父亲来部队探望,看见鲁尼正忙着用骆驼粪擦拭座椅,便疑惑地问:"你们怎么还在用骆驼粪养护皮革?"鲁尼理直气壮地答:"我们一直如此,这是规定。"父亲想了想,笑着说:"当年我们在北非沙漠地区作战,有大量的物资需要骆驼运输,可驾驭骆驼的皮具是用牛皮做的,骆驼闻到那味道,就会赖着不走。于是,有人想到用骆驼粪来擦皮具,这样就能盖住牛皮的气味,果然骆驼就听话了。哪料30年过去,你们却将这方法沿用到飞机上,太可笑了!"听完这话,鲁尼将信将疑,随即去翻阅了史料,结果正如父亲所言。

有时候,我们不加思考地沿袭过时的"路径",从形式上锁定我们的大脑,就像盲目使用这"特殊功效"的骆驼粪,犯下贻笑大方的错误。

(2)内容锁定

即在内容规定上产生的"锁定"现象,后续事物按照既有事物的内容规定进行的行为。

比如现代铁路两条铁轨之间的标准距离是四英尺又八点五英寸,为什么采用这个标准呢?原来,早期的铁路是由建电车的人所设计的,而四英尺又八点五英寸正是电车所用的轮距标准。那么,电车的标准又是从哪里来的呢?最先造电车的人以前是造马车的,所以电车的标准是沿用马车的轮距标准。马车又为什么要用这个轮距标准呢?因为古罗马人军队战车的宽度就是四英尺又八点五英寸。罗马人为什么以四英尺又八点五英寸为战车的轮距宽度呢?原因很简单,这是牵引一辆战车的两匹马屁股的宽度。

有趣的是,美国航天飞机燃料箱的两旁有两个火箭推进器,因为这些推进器造好之后要用火车运送,路上又要通过一些隧道,而这些隧道的宽度只比火车轨道宽一点,因此火箭助推器的宽度由铁轨的宽度所决定。所以,今天世界上最先进的运输系统的设计,在两千年前便由两匹马的屁股宽度决定了!

孔子曰:"少成则若性也,习惯如自然。"在职业生涯中,我们无法摆脱这种路径依赖,一旦我们选择了自己的"马屁股",我们的人生轨道可能就只有四英尺又八点五英寸宽。以后我们可能会对这个宽度不满意,但是却已经很难改变它了。我们唯一可以做的,就是在开始时慎重选择"马屁股"的宽度。

2."锁定"的负面效应

(1)基于"时空"变化产生的负面效应

即因为时间和空间的转化而产生的既有路径不适应当前时空下的实际状况而产生的负面效应。因为"沉没成本"或者"新成本"的作用,从成本付出单方面考虑,主体不做新的尝试,顺杆溜坡,不做改变。

比如"利旧"现象,我们经常遇到"食之无味,弃之可惜"的两难选择。大多数情况下选择"利旧",一来因为"新旧"的匹配问题,到头来发现"利旧成本"巨大;二来"旧"对"新"的锁定,使得最终结果的创新性和先进性较差,进而绩效较差。更可怕的是因为"旧"的自身缺陷会导致整个系统塌方式或溃坝式破坏的概率大大增加。

对于此类现象最好的解决方式就是"刮骨疗毒",采用"系统重启"法,如"失忆"般地摆脱既有的"路径依赖",以全新的视角和方略在一张白纸上建立新的"路径"。这一点我们每一个人应该都有体验,当我们遇到诸多头疼的问题不得解时,即被逼到墙角时,我们最终就是来一场"说走就走的旅行",或者忘掉一切,美美地"吃一顿、醉一回、疯一场!"待时间消逝,回头再看前面的问题,一切豁然开朗。这就是"系统重启"法在生活中的应用,它往往是特殊时候最佳的解决方案,大量的影视资料中的"失忆"重启法(如美国电影《谍影重重》系列)就是这类现象的真实写照,是主人公在血雨腥风后洗心革面的最佳方式。

(2)基于"绩效"升华需要产生的"打破"

前面所言,我们普通大众的普遍之路就是"路径依赖",建立一个个路径,并在"破"和"立"的循环中不断地优化路径,实现我们的价值。但是要成就一番大事业,仅仅依靠"路径依赖"的"破立"循环是不可能实现的。正如武侠小说中的从"剑在手中"到"剑在心中"都是功夫的初级阶段,都是有"路径"可依赖的,最高的功夫就是"心中无剑""一切是剑",最厉害的侠士就是"只身无他物,万物皆吾物"。

当然,要到此一步,必先经过无数次的路径的"破立"过程,从中领悟事物发展之本质后,按照"道德"的基本行事,洞穿现象,直达本质,不再有任何的迂回和缓冲,高速直线,直达目标。

2008 年北京奥运会上独揽八枚金牌,创造历史神话的美国游泳运动员菲尔普斯,他成功的原因很大程度上取决于他的教练的奇特训练。针对具有注意力缺陷多动症的菲尔普斯,他的教练在训练的最后时期不是在技术方面,而是在打破"路径依赖"方面,用他的话就是不断地捣乱,让菲尔普斯在各种不可预见的情况下顺利地完成赛程,使得菲尔普斯在眼镜莫名进水的情况下,采取有效处置从而对其未产生任何的影响而取得巨大成功。商业帝国微软在转型期依然放弃带来主要收益的储存器业务,打破"路径依赖",实现发展质的飞跃。传奇人物马云,基本很少有人能看出他的"路径",常常出其不意,无招胜有招,不断创造商业神话,类似的例子还有很多。

有趣的是"十倍速"现象,即创造十倍效益比创造 10% 效益容易。这个用"路径依赖"现象来理解就更容易些。试想要增加 10% 的效益,主体只要在以前的"路径"基础上,稍做调整和改进,就可达到目的,但会产生前面讲过的"利旧"的弊端,其实成本更大。而要产生十倍的效益,主体光靠"路径依赖"就无法实现目的,必须实行"重启"模式,在全新的平台上实现"飞升"。回过头来看,其实成本是比较低的。前面涉及的诸多例子就是如此,"创业教父"马云时时都在挑战我们的"底线","第二盖茨"扎克伯格处处在"左右"我们的眼球,"科技革新者"拉里·佩奇刻刻在"刷新"我们的认知……至此,我们就不难理解他们善于打破"路径依赖",产生"十倍速"的"马太效应"。

启示二

概率判断及启示

世界万物的复杂性和时空的无限延伸性,让我们不得不在迷离的万事万物中选择适合我们的(概率最大的),并采取合适可行的行为,以期获得较大的收益。概率就是判断和选择中最常使用的一个基本概念,每天我们都在有意无意的判断和选择中应用它。

一、概率概念及判断前提

(一)概率及相关概念

概率,又称或然率、机会率、机率(几率)或可能性,它是概率论的基本概念。概率是对随机事件发生的可能性的度量,一般以一个在 0 到 1 之间的实数表示一个事件发生的可能性大小。越接近 1,该事件越可能发生;越接近 0,则该事件越不可能发生,其是客观论证,而非主观验证概率。

有关概率的相关概念很多,实际生活中,我们必须关注一个相关概念就是贝叶斯概率,它是人工智能的基础性概念,在实际生活中具有重要的意义。

贝叶斯(Thomas Bayes,1701—1761),英国牧师、数学家。他首先将归纳推理法用于概率论基础理论,并创立了贝叶斯统计理论,对于统计决策函数、统计推断、统计的估算等做出了贡献。贝叶斯概率(Bayesian Probability)是由贝叶斯理论所提供的一种对概率的解释,它采用将概率定义为某人对一个命题信任程度的概念。贝叶斯定理可以用作根据新的信息导出或者更新现有的置信度的规则。

平素往往会遇到两种情况:一是已掌握需要判断事物的整体情况,来判断每一操作行为的概率;另外一种情况就是不掌握需要判断事物的整体情况,但需要判断每一操作行为的概率。在现实生活中,我们经常遇到的就是第二种情况,基于此,贝叶斯概率是解决问题的最佳方案,它是我们开启人工智能的密匙。诸如经典的概率判断实例——袋中取球,袋中有黑白两种球,问每取一次出现白球的概率。通常情况下,如果知道袋中白球和黑球的数量相等,那么取出白球的概率是 50%;如果不知道黑白球的数量(现实生活往往就是这样),问每取一次出现白球的概率,这就比较麻烦了,就必须按照贝叶斯概率来判断了,也就是根据已经出现的情况(前面已经出现的概率)来推断后面的情况。

(二)概率判断的分子分母

世界对我们来说一般分为已经认知到的(形式上)和未知的,它是我们判断和选择的依据——概率的分子和分母量,这是必须首先要明确的。基于人类认知结构的有限性和世界的多元复杂性,我们对世界的认识是很有限的,就拿简单的物质世界而言,我们目前能认识的物质世界不到10%(仅5%左右),90%左右的暗物质和暗能量我们仅仅是"感觉"到了,就这5%左右的物质世界已经让人类社会纷繁复杂,五彩斑斓,应接不暇。

仅仅5%的物质世界已经让我们焦头烂额,何况我们的世界还包括时空的概念,物质和精神的概念,更有人类自身"灵性"的概念(相对于已知的心理现象它如同暗物质和暗能量般的巨大和神秘)。所以未知世界是巨大的、神秘的,已知世界是很有限的、肤浅的。基于此,在事物判断过程中,不知道"袋子中的黑白球的数量,甚至是哪些颜色"是常态的。故此,未来事物的发展判断不是"非黑即白"的。

贝叶斯概率就是在实际生活中产生的,最早是用于宫廷贵族们赌博概率计算的,后面慢慢地应用于生活的各个方面的概率计算。在生活中,判断和选择时的参考因素往往简单分为已知和未知因素,即使是已知因素也不会出现理想化状态。就拿概率来说,起源就是赌博游戏中掷骰子的猜测,后期在规范化的讲解中经常以黑白球为实例。可是现实生活却不很理想,不是标准的黑白球,总有一定的趋势性。如现在的彩票摇奖机,按照理想状态,每个球出现概率是一样的,但是每次摇奖设备所处的环境状态(温度、湿度及震动等)、摇奖设备的具体情况,尤其是摇奖的"球"的情况,每次开奖都不可避免地受以上因素的影响,会出现一定的倾向性,更何况我们还受更大的不可知因素的影响和束缚。但不管是我们知道的还是不知道的,理想还是不理想的,根据前面已经出现的情况推断后面的情况,这是最现实可行的做法。这时贝叶斯定理应运而生了。

二、生活中的概率影响

生活中,为了更好地优化自己的资源,取得更大的效益,我们不得不进行判断和选择(概率比较),基于每个人的认知结构和涉及事物的属性的不同,对事物最终的判断会出现不同的情况,表现出形形色色的差别,而我们往往也会产生五花八门的归因,而这些归因中的不当归因往往又会"以讹传讹",影响其他受众,周而复始,"其患无穷"。正如"占卜"现象,师有十徒,唯一得正解,深居简出,隐于市井,谨言慎行,不卜。而九不成器者,得其形式,不得真传,招摇浮夸,以"卜"为生,善为人师,"讹"传后人。所以认识事物的本质,恰当归因,正确判断,合适选择,其基本做法就是从概率的分子分母两方面考虑。

(一)整体量(分母量)的判断影响

1.事物总量的无穷大与认知的局限性
整个物质和精神世界是无穷大的,我们认识的仅仅是很小的一部分

(5%左右,这也仅仅是有限的认知所认知到的),所以我们在做概率判断的时候,总的样本量就是个大的不定数,这是事物概率判断必须首先要树立的观点,最大可能使自己的判断接近标准值。

再者,就是认知的局限性。人类发展其本质就是认知的不断跃迁,认知的局限性使得我们对事物的认识仅仅是很小很浅的一部分,随着认知的跃迁,我们逐渐地发现世界的五彩斑斓和幽深静远。诸多事务当我们回头看时,才发现我们有多傻,那么时间假设推到以后的若干年看现在的你,你就会明晓其中的很多东西。这也是"穿越时间法"的基本思路。

2.人类自身认知结构的缺陷

人的自我中心的潜意识使得我们一叶障目,不见泰山,一切的参考标准自觉不自觉的都是自我,且经常"推己及人",况且我们95%的人往往认为自己什么都知道,形成参考总量的局限性,它与事物总量的无穷大以及认知的局限性叠加后,将会形成更大的误差累积,更加偏离事物本质。这就如同"选美和选老婆",如何选成功率大些?聪明的人是以自己的标准选老婆(自己的终身伴侣),以他人的标准选美(大家都选的中标概率大)。

3.人类发展的几个方面

人的发展和评价的维度呈现出形形色色的方面,不管是"物质精神"表述,还是"马斯洛的需要层次理论",都从不同层面进行论述,但现代社会的发展有一点是肯定的,就是"多重标准"。

哪一种标准和说法都有一定的理由,我们总结起来从四个基本方面予以参考,那就是"时间、空间、物质、精神"四个基本维度。所以成功的人生不是一个标准,是由四个基本量综合而成,我们作为现代人,必须要有这个观念。比如甲乙丙三个地方,甲乙相距1000千米,乙丙两地相距10千米,简单的物理距离判断很简单,可现在我们经常会陷于一种费解的多种选择,一种情况是1000千米的交通条件好,飞机需要3个小时,乙丙两地是10千米山路,只有走,需要3.5个小时,此时的"远近"如何判断和选择？第二种情况是甲乙两地相距 1000 千米,飞机需要 3 个小时,出发点和抵达点距离机场的基本交通时间分别为 2 小时和 1.5 小时,合计 6.5 小时。如果选择高铁需要 5 小时,出发点和抵达点距离高铁站的基本交通时间分别为 0.2 小时和 0.5 小时,合计 5.7 小时,请问此时的高铁和飞机的"快慢"如何判断和选择？还有"时光飞逝"和"度日如年"等。我们在"时间、空间、物质和精神"的四个基本维度中,在不断地分分合合的综合中,得出恰当的选择和判断。

(二)部分量(分子量)的判断影响

1.信息传送的影响

我们每个人的信息表达会传递出两种信息,一个是理性的事实还原,即真实的信息量的传递,另一个就是情绪和情感的表达。由于情绪情感的表达是个人主观感受的态度表达,是客观事实的信息表达的倾向性的个人判断。故在此种情况下要想形成事实的基本判断,就必须以客观事实为基本信息核心,适当的情绪情感表达,而受众必须分析传递的信息中的客观量为根本,参照情绪情感的表达。

除了信息内容之外,还有就是传递的媒介和方式,我们应该知晓我们采用的媒介和方式的优点和缺点,每种方式各有利弊,各有特点。如语言文字,人类历史的最好媒介,可囿于文字外壳,多少"深度感觉"被销蚀,如一幅美景图画,显然语言文字是无法穷尽的。

2.聚焦现象

聚焦现象就是基于主体的某些特征,使得主体对于某些相关信息的关注强于其他信息的现象。其本质就是无形中将该事物权重加大,使得该事物的影响因素比客观影响放大的现象。

它有几个方面的表现:一是主体本身固有的特征决定的对某一类事物的特别关注,诸如生活中"圈子现象",就是对于自己熟知的事物的关注度远远大于其他事物(路径依赖现象);"孕妇现象",其他时间没有关注,自己怀孕后,满大街都能看见"大肚子",还时不时地把自己的相应特征和对方进行比较。另外一种就是主体的心态特征决定的对某一类事物的特别关注,诸如"老乡情节",虽从不相识,但位置却优于无联系甚至有联系的熟人群体;"爱恨交加",爱之深恨之切,对于寄托着自己深厚情感的人的要求标准高于其他人,同时,对于你侬我侬的人的敏感度和关切度更优于所有的人。

3."点线现象"

平素我们做事和认识事物的时候主要两个方向就是"点线",也就是我们平素而言的是"就事论事"还是"从长计议",你注重的是"眼前"还是"长远"。做"点"的,通常注重眼前收益,过了这个点,重起炉灶,重搭台子另唱戏。前后的收益没有多大的关联。而做"线"的,则注重"长远收益",如修路搭桥后"终年设卡收费",一次投资,终身受益。

在我们生活中"点线现象"体现为两个方面:一是为人处事,其一是"为人",是注重眼前"利害得失",还是长远的"品质内涵"的"终极武器",做"志同道合"的一世挚友还是一事之后"老死不相往来";其二是"处事",即是为一时的"得失"还是注重长远的"成败"。如创业中,是做好一件产品或是一家公司,还是做好产品链或者连锁托拉斯,只注重价格和销量取得利润,还是注重品质和技术内涵取得价值。二是认识事物,基于"时间、空间、物质和精神"的多维度的评价方式,对事物的认识和评价应注意看是什么时间,什么地方,在物质还是精神的哪一点,还是在时空长河中、还是物质精神领域中。"点线现象",必须清楚认知,孰好孰坏,不一而论,因境而为。但"从长计议"还是"线上投资和认识"具有较高的价值和参考意义。

4.阅历和见识

阅历,指一个人对亲身见过、听过或做过的事情及其对这些事情的理解和收获的知识。见识,指明智地、正确地做出判断及认识的能力。阅历和见识的核心作用使得人们不断地放大自己的认知边界,多数情况下的无目的行为,潜在地增加了自己遇事时的参考路径,从而以"机智""运气""灵感"等形式表现出来,其实这一切都是自己"库存"的调取而已,这一切不是无能为力的,更不是天外来物。正如计算一道数学题,我们可以以常规的笔纸方式计算出来,而现在便捷的方式就是输到计算机里面直接输出结果,我们才不管计算过程和理论应用,也不用显示和说明,体现在人们身上就是"机智""运气""灵感"。所以不断地增加自己的阅历和见识的本质就是放大认知边界,增加成功做事的概率。

在此,必须要说明一个效应——"捆绑效应",也可以称作"附着效应"。它是指我们在做某件事时,除直接的收益之外,在其上附着的所有因子基于"蝴蝶效应",可以产生更多收益或影响。诸如在旅游经历中,不但是地域边界的拓展,在其物理区域上,附着的人文、文化等均被收纳,基于明显的目的,产生明显的收益,可背后附着的因素均沉淀下来,在适当的时候均产生较大的收益。所有的事物均是如此,故增加阅历和见识,是自我提升的必由之路。

第一章
成功的基本公式

第一节　基本思想
——法无定法,万法归宗;恪守道德,敬畏生灵

我们人生的终极追求就是寻找生命的过程和意义,无论是达尔文的"物竞天择,适者生存"的进化论,马克思"共产主义"的人生观,还是美国著名心理学家马斯洛"五种需要"的需要层次理论,或者门卫大叔"从哪里来? 到哪里去?"的基本哲学提问,人类没有停止过苦苦探求的脚步。每个个体的生命过程在人类历史的长河中又是何等的短暂,生命体面对浩瀚的宇宙又是何等的渺小,多么的"力不从心与无能为力",如何破解?

一、一个基本概念

有关成功学和绩效研究的资料很多,都在从不同的层面进行着探究和描述。笔者认为,首先应该是对根本性问题或元问题的探究,如世界观、人生观和价值观对人生的意义一样。

(一)基本思想

停下我们匆匆的脚步,面对 138 亿年的宇宙演化史、38 亿年的生物

演化史以及 300 万年的人类演化史,我们都在思考如何高质量地度过这短暂的 3 万多天。人类在苦苦地探寻,希冀找到"结晶"和"捷径"。有没有"结晶"和"捷径",笔者认为"有"!

人类一切活动的本质就是沿着不同的路径采取不同的方式朝着一个目标努力奋进,只不过是路径、方式方法的不同,每一次的进步和每一项的"结果"都是在盘旋着无限地接近那个"终极目标",但一直没有达到那个目标,这也许就是人生丰富多彩、世界五彩斑斓、宇宙浩瀚神秘令人神往的原因吧!

"法无定法,万法归宗;恪守道德,敬畏生灵。"这是笔者认为应该首先建立的一个认识。纵观宇宙、人类演化以及人世间古往今来的林林总总,无不在印证和诠释着这个命题。

(二)基本解释

"法无定法,万法归宗;恪守道德,敬畏生灵。"是从认识和做法的角度提供了一个途径,以期在有限的时间、空间和精力内有质量地活着。世间万物,由于在时间和空间上的无限延续性构成了复杂的"万相",加之每个人的主观认识的加工(包括对相同事物的不同认识)呈指数级的增加"相",所以法无定法,而这个法就是法之万相,也就是形式和表面上感知到的"丰富多彩和五彩斑斓"。而每个个体时间和精力的有限性使得我们不得不"去伪存真",去除形式和表面的"伪装",剥开丝丝缕缕的缠绕,找到一个根,发现所有的万相都紧紧地缠绕在这个根上,这就是万法归宗,貌似不相干的都在普遍联系之中。就像一个人一样,结构组成极其复杂又各具特性,但哪个部件、哪个细胞都受到 DNA 的控制,这个 DNA 就是一个人的"根"。

建立这个认识之后,下面就是操作层面的东西了,笔者认为那就是恪守道德,敬畏生灵。既然法无定法,去伪存真,万法归宗,那么我们要做的就是找到这个"宗",按照"宗"来认识和实践,这个过程就是恪守"道德",即遵从事物发展过程的基本规律。当然作为世间精灵——人,相应的事务如何处理,那就是敬畏生灵,这是处理与人有关的一切事物的基本法则,尊重每个个体的存在,敬畏生命的伟大,无关乎个体的伟大与渺小、高贵与低贱。存在即合理,存在即有理,只有平等的存在和存在位置的规定性。只有这样,我们才能把所有的事物放到自己应该的位置上去思考和采取相应的措施,才能最大限度地获取与其位置相适应的收益,更重要的是没有时间和精力的无端浪费。

二、殊途同归的几个基本现象

(一)今人宇宙观——大爆炸宇宙论

1. 基本概念

"大爆炸宇宙论"认为:宇宙是由一个致密炽热的奇点于 137 亿年前一次大爆炸后膨胀形成的。1927 年,比利时天文学家和宇宙学家勒梅特首次提出了宇宙大爆炸假说。1929 年,美国天文学家哈勃根据假说提出星系的红移量与星系间的距离成正比的哈勃定律,并推导出星系都在互相远离的宇宙膨胀说。

"大爆炸宇宙论"是截至目前现代宇宙学中最有影响的一种学说。该理论的创始人之一美国物理学家伽莫夫于 1946 年正式提出大爆炸理论,认为宇宙由大约 140 亿年前发生的一次大爆炸形成。20 世纪末,对 1A 型超新星的观测显示,宇宙正在加速膨胀,因为宇宙可能大部分由暗能量组成。

大爆炸宇宙论的主要观点是认为宇宙曾有一段从热到冷的演化史。在这个时期里,宇宙体系在不断地膨胀,使物质密度从密到稀地演化,如同一次规模巨大的爆炸。这个创生宇宙的大爆炸不是见于地球上发生在一个确定的点,然后向四周的空气传播开去的那种爆炸,而是一种在各处同时发生,从一开始就充满整个空间的那种爆炸,爆炸中每一个粒子都离开其他每一个粒子飞奔,事实上应该理解为空间的急剧膨胀。

2. 基本思想

这里,我们把注意力关注到爆炸之处的"奇点"上。追溯到过去,估计在 140 亿年左右,"四大皆空"都"无",发生了一桩开天辟地的大事,一个体积极小、温度极高、密度极大的奇点爆炸了,而这个小小的奇点使宇宙诞生了。

大爆炸宇宙论所追溯的宇宙演化的起点。它具有一系列奇异的性质,无限大的物质密度,无限大的压力,无限弯曲的时空等。不少学者证明在广义相对论的宇宙学中,"奇点"是不可避免的,均匀各向同性的宇宙是从"奇点"开始膨胀的。我们应该注意到均匀各向同性即同质,而且随着爆炸的各个阶段是一个不断由均匀同质到不断分分合合的组合演化,后逐渐呈现出纷繁多彩的物质形态和结构状态,但基本核心结构和演化发展的路径是同质一致的。

到此我们归结到核心问题上面,首先是"四大皆空"都"无",一个一个体积极小、温度极高、密度极大的"奇点"开始膨胀,起初阶段是均匀同质,纯真如婴儿乎,存在的只能是现在我们知道的所有物质的基本组成同质的粒子,再往后就是基本粒子不断分分合合的,五彩缤纷的物质世界就产生了。大到宇宙,小到生命体,正如自由学者王东岳所言"天地一系演化,人道是天道的赓续,人性是物性的绽放",物质世界是一致的。就如生命之初,都是由两个基本的细胞结合,没什么区别的,后不断地分分合合,产生出万千人类,万千模样。所以不管物质世界的五彩缤纷,其遵守"奇点"的根,无论生命万千模样,总逃不出最初那两个细胞结合后的细胞 DNA 的"魔掌"。

(二)我国古人宇宙观——《道德经》和《易经》

早在上古时期,中华人文始祖伏羲就开始了对宇宙的研究,直到 1905 年西方的爱因斯坦创立发表了广义相对论。宇宙对人类的诱惑从未间歇过。我国贤人志士做过不懈的追求和努力,从不同的角度解释着宇宙的演化和人类发展的真谛,形成了许多不朽的经典,其中较有代表性的就是《道德经》和《易经》。

1.《道德经》

(1)基本概念

《道德经》又称《道德真经》《老子》《五千言》《老子五千文》,是春秋时期老子(即李耳)所作的哲学著作,是中国古代先秦诸子分家前的一部著作,为其时诸子所共仰。现代通行版本共81章,前37章是《道篇》,后44章为《德篇》。《道德经》这部神奇宝典被誉为"万经之王",是中国历史上最伟大的名著之一,对中国哲学、科学、政治、宗教等产生了深刻影响。据联合国教科文组织统计,《道德经》是除了《圣经》以外被译成外国文字发行量最多的文化名著。

《道德经》的主题众说纷纭,从不同角度解读,呈现出不同面相。两千多年的主流派是政体哲学或者管理哲学,如法家的韩非子就是从这个角度理解的。韩非子是法家的代表,他的理论基础是《道德经》;三国时期王弼也是这样,他从管理角度来解释《道德经》;还有的从军事角度解读《道德经》,比如《孙子兵法》;还有人说这是为人处世之道、生存之道,委曲求全,以柔克刚;《老子道德经河上公章句》从养生的角度来解读《道德经》,修炼元气然后得道;还有从成仙的角度来讲,中国的道教产生于三国,张鲁写《老子想尔注》,是后来五斗米教的经典。

(2)基本思想

"道生一,一生二,二生三,三生万物。"道,可以理解为宇宙未有之先;于是产生了最初的物质,即道生一,一是太极,其特征是无生无死,没有时间,没有物质,如同佛家的"一真法界",只有智慧的本体"道";有物即分阴阳,即一生二,二就是宇宙,上下四方谓之宇,古往今来谓之宙,就是时间与空间;有阴阳则可新生,即二生三,这个三就是有情万物,包括植物世界、动物世界、人类世界,统称为"人"。

用三个关键词概括《道德经》的思想体系:第一是"自然",也就是事情本来的样子,自然之性,天生的;按照事物本来的样子生长,就达到了生命的最佳状态。第二是"无为",不折腾,顺应事物的自然本性;"无为"不是什么都不做,而是顺应事物的自然之性。第三是"道","道"是规律,顺应自然本性就是根本的规律。

2.《周易》

(1)基本概念

《周易》又称《易经》,是传统经典之一,相传系周文王姬昌所作。在中国早期的社会,由于生产力低下,科学不发达,先民们对于自然现象、社会现象,以及人自身的生理现象不能做出科学的解释,因而就产生了对神的崇拜,认为在事物背后有一个至高无上的上帝和(或)神的存在,它支配着世界上的一切。当人们屡遭天灾人祸打击后,就萌发出借助于神意预知这突如其来的横祸和自己的行为所带来的后果的欲望,以达到趋利避害。基于此,他们在长期的实践中发明了种种沟通人神的预测方法,其中最能体现神意的《周易》就是在这种条件下产生的。

《周易》是中国本源传统文化的精髓,是中华民族智慧与文化的结晶,被誉为群经之首,大道之源,是中华文明的源头活水,是中国古代杰出的哲学巨著,历经三千多年的历史至今经久不衰,奠定了中华文化的重要价值取向,开创了东方文化的特色,对中国文化产生了不可取代的重要价值和巨大影响。从《周易》产生以及早期应用看,它是一部筮书,为人们提供行动的准则。经过演化,成为安邦治国、修身养性的哲学典籍。它的思想智慧已经渗透到中国人生活的方方面面,它的内容极其丰富,对中国几千年来的政治、经济、文化等各个领域都产生了极其深刻的影响。无论是孔孟之道、老庄学说,还是《孙子兵法》,抑或是《黄帝内经》《神龙易学》,无不和《易经》有着密切的联系。

(2)基本思想

《周易》历经数千年之沧桑,已成为汉族文化之根。易道讲究阴阳互应、刚柔相济,提倡自强不息、厚德载物。在五千年文明史上,汉民族之所以能够久历众劫而不覆,多逢危难而不倾,独能遇衰而复振,不断地发展壮大,根源一脉相传至今,是与对易道精神的时代把握息息相关的。

其内容包括《经》和《传》两个部分。经部之原名就为《周易》,“经”由六十四个用象征符号(即卦画)的卦组成,每卦的内容包括卦画、卦名、卦辞、爻题、爻辞,是对四百五十卦易卦典型象义的揭示和相应吉凶的判断;而传部含《文言》、《彖传》上下、《象传》上下、《系辞传》上下、《说卦传》、《序卦传》、《杂卦传》,共七种十篇,称之为“十翼”,是孔门弟子对《周易》经文的注解和对筮占原理、功用等方面的论述。

《易传·系辞上传》:“易有太极,是生两仪,两仪生四象,四象生八卦。”“太极谓天地未分之前,元气混而为一,即是太初、太一也。”整段话的意思指浩瀚宇宙间的一切事物和现象都包含着阴和阳,以及表与里的两面。而它们之间却是既互相对立斗争又相互滋生依存的关系,这即是物质世界的一般规律,是众多事物的纲领和由来,也是事物产生与毁灭的根由所在。天地之道,以阴阳二气造化万物。天地、日月、雷电、风雨、四时、子前午后,以及雄雌、刚柔、动静、显敛,万事万物,莫不分阴阳。人生之理,以阴阳二气长养百骸。经络、骨肉、腹背、五脏、六腑,乃至七损八益,一身之内,莫不合阴阳之理。这一理论建立至今三千多年,仍在为人们描述万象,人与自然之间存在着互动的关系。人与天地相参,与日月相应,一体之盈虚消息,皆通于天地,应于物类。

除了《道德经》《周易》之外,勤劳的中国人民还创造了许多的智慧结晶来服务于我们的生活和实践,它们都是在不同的维度上解释着这个世界。其核心思想是一致的,都是围绕“核心的本质”在不断探索,在不断地接近。

通过以上对宇宙的产生和我国古人对世界宇宙以及为人处世方法概要的陈述我们不难看到,万事万物本质的统一性、事物发展的规律性,正如独立学者王东岳老师的《物演通论》中所云:在大的尺度,把138亿的宇宙演化史和 1 万年人类文明演进史全部打穿来看,"人性是物性的绽放,人道是天道的赓续"。

(三)马克思主义哲学的统一

西方国家最早建立了"科学"一词,指分科而学的意思,后指将各种知识通过细化分类(如数学、物理、化学等)研究,形成逐渐完整的知识体系。它是关于发现发明创造实践的学问,它是人类探索研究、感悟宇宙万物变化规律的知识体系的总称。其具有理性、客观和可证伪,存在一定的适用范围和普遍必然性的特点。而我们东方思维是大统一的学术思想观念,每个人都企图作为一个全才,兼备文韬武略,通晓各种才能。历史上出现了不计其数的诸如老子、墨子等杰出人才,现在关于要全才教育还是专才教育的讨论各执一词,遍地开花的综合性全面发展的教育和更加细分的专业和行业教育的"矛盾"更是鳞次栉比,其实正如本节所讨论的主题,各有所属,各有所置,各有所用,不可一概而论,但最终万法归一。

走向大统一的归宗是一种必然,全面发展是人的基本权利与终极追求。何谓全面发展?我们可以简单地将其概括为德智体美综合发展,也可以用马克思所说的"人的才能、志趣和审美能力的多向度发展"。人之为"宇宙之精华,万物之灵长",伟大的莎士比亚已经告诉我们:"我们所应当拥有的,不仅仅是高贵的理性、伟大的力量,更是优美的仪表、文雅的举动。而这种美丽,不正是建立在全面发展的生存哲学之上的么?如果不懂得把握全面发展这一权利,我们便无法恰如其分地去生活、去感悟、去成为一个合格的人。"正如蔡元培先生对大学精神的阐述:"思想自由,兼容并包。"

倡导科学一词的西方代表美国众多大学,在四年本科教育的前两年学生不做出专业的选择,而是被分配到各个学院学习相同的知识,例如阅读和写作、数学、微积分等。第三年学生才开始根据各自的喜好选择心仪的专业,并开始接受专业的学习以及训练。我们国家最早的文理分科而学的教育现在也越来越走向统一,高中"文理不分科""大学的大专业教育"等举措逐步推行,教育的德智体美劳全面发展的理念,正如诸多的各领域"科学家"最后走向"哲学家"的"大统一"。

再如,人生每一个心情都是一个心灵的暗箱,佛教称这个暗箱为"第八识阿赖耶识",科学叫心灵的暗箱。当我们不断产生情感情绪的时候,我们暗箱中的垃圾就逐渐堆积上升,堆积到一定程度——一大半儿的时候,就得病了。当堆积满的时候,等待我们的就是死亡。这个暗箱要是少到一定程度呢?那就是超功能状态。这个暗箱是空的状态呢?我们这一生就是觉悟者,就能成佛,可以断灭生死,这才是真正的长寿。心理学中把这种现象叫作心理暗箱,用于探索表象背后真正的心理问题形成的原因,而这一切实际上就是马克思主义哲学中的量变和质变的概念,我们只不过是在不同的角度和层面上的大统一。从佛教、心理学再到哲学,同一问题不同方式的表达,最后结果必然是大统一的归宗。

三、我们的思考

现在关于宇宙、世界和人类的思考形成了纷繁的观点,每位学者都是站在不同的时间和空间的维度上对事物本质进行思考和实践,都值得我们钦佩。凡事有没有规律可言?应该肯定的回答是有的。一代代伟大的科学家孜孜不倦的努力,一批批仁人志士的不懈追求,都是在不断地去伪存真,无限接近真善美。正如伟大的科学家牛顿,其卓越的贡献不仅在于科学的发现,而是开启了人类认识大自然的大门,即大自然是有规律可循的思路,在政治经济等领域亦产生巨大的影响。

纵观各类观点、学说,笔者有以下观点:法无定法,万法归宗;恪守道德,敬畏生灵。

(一)法无定法,万法归宗

1.法无定法,法有万相

浩瀚的宇宙空间,悠长的人类史,丰富多彩的世界,给我们呈现出精彩纷呈的一派欣欣然的景象,这就是法有万相,另一种说法就是法无定法。

世间之事,由于时间和空间的不断延续演化,种类数量以及相互关系的无穷尽的发展,使得逐渐围绕核心的"本质"产生无限的"法相",多就会产生纷繁的"众生相",那便是"法无定法",因为在"本质"上面缠绕了很多的"伪装"。就如我们进入一片原始森林,万千物种,令人眼花缭乱,我们能够很清楚地在满眼绿色中分辨出哪个是树,哪个是草,哪个是昆虫,哪个是动物,而且绝对正确,没人怀疑。我敢肯定的是具体名字叫不出几个,若要问你鉴别原因,估计你的回答肯定是"这还用说,一眼就能看出来,没有为什么,本来就是那样"。一时间你还真拿不出什么鉴别的条件,一切好像就是在这一眼中神在告诉你就是那样。可细细想来,拨开"色、味、态"这些"伪装",木本和草本以及动植物的"质的"规定性已经在你的"潜意识"里固化下来,在需要的时候此类东西下意识的自然出现。故此,万千五彩世界下的本质核心就是那样简单。

我们生活中这样的事情很多很多,就好像有什么神奇的力量根植在我们意识中,"没有为什么,本来就那样",正如"自然"。人、地、天最高的效法准则就是"道",那么"道"效法什么呢?"道法自然",那么"自然"又是什么呢?这要分开来解释。"自"便是自在的本身,"然"是当然如此。老子所说的"自然",是指道的本身就是绝对性的,道是"自然"如此,"自然"便是道,它根本不需要效法谁,这才是道。道是根本,人、天、地不过是由道而成的形色万相而已,宇宙的产生也不过是均匀同质的"奇点"内的基本粒子,不断地分分合合而成的万千物质世界,它们的基本组成以及组成的基本方式是相通的一致的,犹如每个个体生命之初都是有一个带有基本信息的受精卵细胞,而后不断地分分合合形成我们的个体特征,尽管我们出现了不同的器官和功能以及外形面貌的特征,这里我们敢肯定的就是绝对不会出现两个一模一样的生理特征和心理特征的个体(即使是双胞胎,其父母也可以很轻易地分辨出来),绝对不会多长出一个鼻子或其他什么的,也绝对不会把鼻孔朝上或者长在脑袋顶上,如此等等,为什么?"没有为什么,本来就这样!"——DNA 决定的!物性决定的!

2.去伪存真,万法归宗

生活中我们要提高认识和效率,所从事的一切活动就是如何去"伪"存真的问题,真正的大道就在我们的日常生活之中,真正的大道从来就没有远离我们,它就在我们的身旁,等待着我们随时去认识,用它们来为我们服务。只是,因为我们自己对于大道(事物变化、发展的规律)的认识不够(信息不对称),导致我们没有把握住机会(有利于我们自己的环境事物的变化、发展),从而使它们从我们的身旁悄悄流失。所以说:"道不远人,人自远道。"

道可道,非常道,名可名,非常名。世间的一切法门,均不是我们要获得的自然道法(终极真理),可道的道法,可命名的概念,都是暂时的,不是永恒不变的,它随着事物本质、时空的变化而变化,正所谓,法无定法。那么何处寻"法"(终极真理)?又有何"法"可寻呢?其实我们生活中的一切活动都是具体寻法的过程,定理公式、法则规定,都是"法"的一个体现,我们在无穷的盘旋中不断地接近着"法"。

成都名刹宝光寺大雄宝殿二进门楣有副对联曰:"世外人法无定法,然后知非法法也;天下事了犹未了,何妨以不了了之!"游宝光寺,自然少不得在这副名联前徜徉痴迷一番。人们生活处世,如果了解了并没有一定的法则,然后才体会到:其实没有固定的法则就是最好的法则!天下所有烦心的事情,每个人都有,并且都有很难了却的烦心事,那么不去了却那些事情也许就是最好的一种了却方法!这和老子说的"人法地,地法天,天法道,道法自然"的意思差不多,就是一种精神境界。

那么它就是终极"真理"?释迦牟尼佛在菩提树下成功开悟之后,也不是一下就达到如来这个层次了。他在整个四十九年的传法当中,也是在不断地提高着自己。他每提高一个层次的时候,回头一看自己刚刚讲过的法都不对了。再提高之后,他发现讲过的法又不对了。等他再提高,他发现刚刚讲过的法又不对了。整个四十九年，他都是这样不断地升华着，每提高一个层次之后，他发现以前讲过的法在认识上都是很低的。他还发现每一个层次的法都是法在每一层次中的体现，每一层次都有法，但都不是宇宙中的绝对真理。而高一层次的法比低一层次的法更接近宇宙特性，所以，他就讲了："法无定法。"而穷其所有文字，其实就是说，法有万相。

万法归宗，道家哲学。宗者，宗旨、目的也。道家指万事万物尽管形式上变化多端，其本质或目的不变，最终都归于道。这里指的是道教的全部教义和经教、科教、法派、教戒、炼养方法等都要归宗于信道修道，真思志道。法，并不是一成不变的。法有万相，但本质相同，所以万法归宗。亦即凡为学道务道之士，无论是属哪个道派或擅长哪种教化，如言教、身教、科教等，其信仰追求和基本教义都应是一致的。道家思想核心归结为"道德"，道德也应分开理解，"道者"路也，引申为方法、途径，更高层次的就是事物发展的规律。道化于人便是德，所以"德者"就是为人处世的方法、途径或者发展规律，两者在更高层次上其实是一致的。

就拿物质组成的基本元素来看，迄今为止人们发现的元素有 118 种之多，依序从一个电子和原子核的氢元素开始到后面的铀元素，组成越来越复杂，稳定性越来越差，存在比例越来越小。例如，太阳氢约占 71%，氦约占 27%，其他元素占 2%。整个人类亦是如此，从最初的 38 亿年前，大气中简单的气体在电闪雷鸣作用下生成简单的单细胞生物，经过亿万年的发展演化才成了我们现在这个无限物种的生物世界、整个宇宙、地球、生物界，一切的一切都是一致的。

（二）恪守道德，敬畏生灵

既然法无定法，法有万相，去伪存真，终万法归宗，那么何为法？如何寻法？前面讲过，人类的一切活动都是在寻法，我们总结出来的一切知识、定理、公式与法则等就是法，包括本书在内的一切探索都是在寻法，之所以说灿烂的文化是一个宝藏,就在于它对于法的盘旋着无限接近,而又不能达到的神秘的诱惑。使得人类一代一代穷其所有,前赴后继,甚至付出生命都在所不惜。笔者认为,在这一探究过程中必须坚持一个基本原则,那就是恪守道德,敬畏生灵。

天地万物生灵,存在即合理,存在即有理,我们都应该保持一颗敬畏之心。

1.存在即有理,即凡事有因,故恪守道德

在自然界和社会中,各种现象之间是普遍联系的,所以,我们应深信凡事有因,凡事有果。没有无缘无故的爱,也没有无缘无故的恨。世间万物皆有章法,找到规律就可以遵循规律来找解决办法。

我们生存的环境按照我们所熟悉的规律有条不紊地运行着:太阳从东方升起,西方落下;地球在绕着太阳公转的同时进行着自转;春天开花,夏天结果,秋天落叶,冬天飘雪;水在不同的温度下可以有固态、液态和气态三种形式……浩瀚宇宙的每一个角落,都充满着力量、生命,不断运动,秩序井然,令人惊奇。

人的一生似乎很漫长,其实不过是由一长串的因果关系链组成的。不管是哪一个"果",都会有相应的"因"。而原本的"果",反过来又成了"因",从而导致其他的"果",而这些"果"又成了另外的"因"。

有些人似乎有着被上帝亲吻过的好运气,其他人艰苦跋涉也不一定能达到的目标,他们毫不费力地达到了。他们从来不需要进行良心的交战,因为他们总是走在正道上;他们的行为举止总是恰当得体;他们无论学习什么都是轻而易举;他们无论开始做什么,总能窥其堂奥,轻松完成;他们和自身保持着永恒的和谐,从不需要反思自己的行为,也不需要经受困难或辛劳所带来的考验。其实这并不是什么命运,只不过是因为他们掌握了归纳推理这种方法的精髓,他们能够"自然"地按照"道德"的规律办事,"他们一直走在理性阳光的大道上!"遇不到险滩激流和荆棘猛兽,发生意外之灾的概率微乎其微。你没在大道,进入森林、沼泽或沙漠,你

就不得不迎接各种自然和非自然的挑战,你和在大道上面对同一目标的
行者相比,必然在时间上和精力耗损上大相径庭,表现在外相上就是"幸
运儿"和"不幸者"。这就是我们生活中常常不解的"有些人凡事总是一
帆风顺,而有些人却喝水都能噎着"的根本原因吧!

坚信规律和本质的存在,并恪守规律。以防止我们无端的耗能于无
关的环节上,当然现在因为认知水平或者人们目的的不同,人们出现种种
的无法识别或者掩饰和伪装,这就要求我们学会一些技巧和本领去伪存
真,不再耗费我们有限的时间和精力。我们的人生其实就是在"殚精竭
虑"地寻找到达同一终点的捷径,在面对同一终点不同过程中的时间和
精力的较量而已。

2.存在即合理,即众生平等,故敬畏生灵

敬畏是人类对待事物的一种态度。万物众生,都值得我们敬畏,这是
一个人生存的准则和朴素的底线!"敬"是严肃,认真的意思,还指做事
严肃,免犯错误;"畏"指"慎,谨慎,不懈怠"。

(1)人的伟大性

自由的世界,万物繁衍而生。虽然我们是万物灵长,但论身高,我们
对长颈鹿需仰视才见;论体重,我们远不如大象魁梧;论速度,我们只能在
猎豹后面跟风;论力量,不如一头黄牛;论嗅觉,不如一条狼狗⋯⋯我们能
自豪的,或许只剩下发达的大脑和内心的道德法则,因为我们用大脑凌驾
于其他动物之上,我们用道德区别于其他动物之外。发达的大脑使得我
们可以做到并远远超过所有动物能具备的能力,高尚的道德使得我们能
够享受更高级的情感生活。我们把自己打造成宇宙间最高级的生命体,
其就在于一切的和谐与合理,不但求存,还要求真,而不是走向极端。

(2)人的共生性

人类不能脱离自然环境而独立存在,人类和自然环境之间是相互依
存、和谐共生的关系。生命本身同生命环境是一个不可分割的有机整体。
佛教主张,人类也和其他宇宙万物一样,都是因缘和合而成,不具有任何

特殊的意义,万物因缘而生,小至微尘,大至宇宙及一切生灵都是多种原因、条件因缘和合而生,任何事物之间都是互为条件、互相依存的,整个宇宙就是一个因缘和合的整体,任何一方都不能脱离它依存的环境而独立存在。人与世间万物是相互依赖、相互影响、不可分割的,人和世间万物是一个统一的不可分割的整体,地球是人与万物共有的空间,你中有我,我中有你,破坏了人类赖以生存的环境,就等于毁灭人类自身,这就是"普遍联系"。

佛教主张众生平等,尊重他人、尊重生命,认为万物都有自身的存在价值,就是说虽然宇宙万物之间是有差别的,但宇宙万物都有其存在的理由,众生一律平等,众生应该平等相待。应该尊重生命的价值,尊重宇宙万物生存的权利,要保护一切生命不受侵害,使它们能够自由的生存。这就是"客观存在"。

（3）万物的规定性

当然,佛教的这些主张具有一定的现实意义。宇宙万物存在即合理,存在即有理。万物各有自己存在的理由和根据,在整个物质世界或者发展在其序列有其自身的位置,就如整个生物界生命金字塔的模型,各个层次有着自身的规定性。我们小时候玩的《动物世界》的游戏中,本身就是一种相生相克的循环,每个物种都有与其相生和相克的物种。所以,无关乎强大与弱小。细菌最渺小吧,但它却可以摧毁任何物种,人类的多次浩劫（黑死病等）与其有关。单细胞生物最原始最弱小吧,但它却是产生最早,耐高温（火山口可以找到）,耐寒冷（北极深层冻土下面）,耐辐射（核爆炸后仅存的生物体）,耐高压（深海深处）……

3.恪守道德,敬畏生灵,无关乎伟大与渺小

人类自认为身居万物之巅,面对我们越来越差的生存度,越来越高的依存度,应该理性的尊重一切的存在,更不要以道德的绑架来实现自身价值的升华。万维唯物历史观认为,人类的生灭,是大宇宙不断运动的结果。这种结果不是刻意的、有选择的,而是微不足道的,与万事万物平等

出现的,既不卑微,也不高贵。

(1)万事万物的存在性

现在,有些人经常以所谓的世俗价值观来衡量事物或事件的意义,经常冠以伟大或渺小的帽子,以达到"某种"效果或目的。

例如媒体经常见到的以"人类灵魂的工程师"来称呼教师,以"人间白衣天使"来称呼医生护士,把清洁工描写得多么的伟大和无私奉献,等等,难道科技工作者、行政管理者就没他们伟大吗?你肯定会说"一样的伟大",穷尽范围,发现都很伟大,此时伟大的意义便荡然无存。

笔者认为这一切无关乎伟大与渺小,只是人们结合自身和社会因素、社会分工、工作性质有所不同,我尊重任何一个人,并不是因为他的工种,而是因为人格平等,他在自己的岗位上认真地工作着,做着自己力所能及的事情。我善待任何事物,因为它们是客观存在的。我珍惜任何物品,因为它们上面凝结着人类的劳动——仅此而已。

(2)万事万物的有序性

当今社会,部分人士在某些社会意识下片面扩大某些行为,出现事与愿违的极端行为,以缓解其强烈的情绪情感或实现其他目的。

比如,现在出现了大量的以动物保护为由的一些过犹不及的行为,尤其是最近见诸媒体的一些爱狗人士的行为,如肆意设卡、任意抢夺,特别是人狗同寝同眠等就值得我们深思。人就是人,动物就是动物,有些社会上的人和动物同餐同宿,甚至在公众场合发生动物与人的空间抢夺大战等,认为牺牲自己也要保护动物,这实际上是一种畸形心理。我们爱护动物是敬畏生灵,尊重生命的伟大,但各有所属。

笔者认为,各有所属,各有所置,各有所得。正如心理学家罗杰斯所言:"当看看日落时,我们不会想去控制日落,不会命令太阳右侧的天空呈橘黄色,也不会命令云朵的粉红色更浓些,我们只能满怀敬畏地望着而已。"

第二节　基本公式
——铸思想，践行为，养习惯，成性格，受命运

思想产生行为，行为养成习惯，

习惯形成性格，性格决定命运。

纵观诸多的成功学书籍以及成功案例，无不贯穿着一个不变的模式，那就是"思想产生行为，行为养成习惯，习惯形成性格，性格决定命运"。尽管不同时代、不同国籍、不同案例中的表述千变万化，但实质内容却是一致的，那就是决定关系和先后关系。思想是领先的，起支配作用，行为是实践性的东西，习惯是承上启下的关键环节，由量变到质变的关节点，性格已经是较为稳固的意识形态了，而命运已经是被决定的环节了，只能是"收获"和"接受"。

一、成功人生的思考

关于什么是成功，现在的论述和观点是百花齐放，林林总总，归结起来典型的有三种：一是通过努力或是机遇获得了"物质上"的极大丰富；二是像孔乙己一样通过"思考"而"精神"极大胜利者；三是通过思考和努力并付诸实践取得物质的相对满足并得到精神的享受，达到物质和精神的和谐。在我们的生活中这三种类型的人都有很多，但是那些"物质的极大丰富者"多数最终则千金散尽，郁郁寡欢。那些"精神的极大胜利者"则"曲高和寡"，不得而终。

那么什么才是真正的成功呢？要回答这个问题，只有先从"我是谁？"这个人生的基本问题开始。

这个问题包含了三层问题：一是我为什么要存在于这个世界上？二

是我打算做什么？三是我要往何处去？对于这三个基本问题的回答，纵观人类文明的几千年历史，不同的理论对它的回答可谓是形形色色，英国的莱斯利·史蒂文森教授归纳和总结了人类历史上七种不同的人生观，他们都是对"我是谁？"这一问题所做的某种程度的回答。

（一）历史上七种不同的人生观

1. 古希腊圣哲柏拉图

柏拉图认为"我们不过是由肉体和不灭的灵魂构成的'二元'体，灵魂和心灵是可以脱离肉体而存在的非物质实体"。在他的名著《理想国》里进一步把灵魂分为三部分，那就是理性、意志和欲望，比如饥渴的人面对一瓶有毒的水，欲望使得他想喝，而理性告诉他不能喝。除此之外，一个人有强烈的欲望要看一堆尸骨但同时又对自己的这种念头感到恶心，这就是意志。根据他的理论，人的理想状态应当是灵魂的三部分的和谐与一致，他用希腊语 dikaiossune 来形容这种理想状态，中文没有合适的词和它对应，只有"幸福"或"精神健康"比较接近其表达的含义。

2. 基督教

基督教主要是从人和上帝的关系来看待人，人不过是上帝按照自己的模样用尘土造的使之去管理其他物种的创造物。人与天地万物是不同的，因为他具有某种自我意识和能力来自由的爱，而这正是上帝自己的特征。因此只有当人热爱并服务于造物主时他才完成自己生存的目的，人生的真正的目的就是爱上帝并按照他的旨意生活。

3. 马克思的共产主义

马克思认为"人类社会是以物质生产为基础的，现有生产力所决定的分工造成的不同人的经济地位决定了不同人的社会地位"。人的本质是一切社会关系的总和，也就是除了一些显而易见的生物事实如人要吃饭外，似乎不存在单个人的人性这个东西。马克思认为"不是人的意识决定人的存在，恰恰相反，是人的存在决定人的意识"。

4.弗洛伊德的精神分析学说

在弗洛伊德所创立的精神分析学说里对"我是谁?"这个问题做出了迥然不同前人的回答。他认为每个人的存在取决于如下的一些心理学的规律:首先是决定论原则,即每件事情都有充分的前因;其次是无意识精神状态的假设(潜意识);第三点是关于本能和驱动力的理论;第四点是发展的人性论。当然他提出精神分析学说的目的在于恢复心灵各部分之间以及人和所处世界之间的和谐关系。

5.萨特的存在主义学说

法国存在主义大师萨特有句有名的格言:"存在先于本质。"这句话表明:我们既不是被进化,也不是被上帝或其他任何目的所创造的。我们只是发现了自己的存在然后确定把我们造成什么样子。他主张人生来就是自由的,"我们的自由没有限制,除非我们没法自由地停止我们的自由"。

6.行为主义者斯金纳

斯金纳认为人们都是受环境的支配,只要有合适的环境,给他任何一个婴儿,要把他培养成什么样的人就可以培养成什么样的人。可以说他的主张正好和萨特相反,萨特坚信我们是自由的。弗洛伊德则认为我们受内在的本能和精力的支配。

7.洛伦兹的先天攻击性

鲜为人知的却为"圈子"里的人熟知的动物习性学的创始人洛伦兹,其理论源于达尔文的进化论,认为我们不过是由别的动物进化而来的一种动物而已,我们和其他动物的行为方式都受着同一因果自然法则的支配,当然在等级上优于其他动物,我们的进化是迄今所取得的最高成就,我们同其他动物一样具有先天的攻击性。

当然关于对"自我"的认识深了上面讲的七种具有代表性的观点之外,还有更多的令人眼花缭乱的各种观点,如孔子"克己复礼"的儒教人生观、道家"天人合一"的生命观、尼采的"超人"哲学等。

(二)我们的主张

不同的观点或答案都是一种生命的理念,就如一个苹果,对普通人而言,苹果仅仅是食物而已;对果农不仅仅是食物,而是劳作后收获的果实;在摊贩眼中它却变成一种可以赚钱的商品;画家把它当作一种精美的饰品;诗人把它当作某种浪漫的象征……一个小小的苹果尚能引出如此众多的观点,何况我们的人生呢。

苹果是什么并不重要,甚至你坚持什么观点也不重要,重要的是你要找到适合你身份和立足点的认识。

1. 认可既有

"存在即合理,存在即有理。"你所处的这个世界是多元的世界,有多元的看法和观点,同一问题可能有多种答案,也许都无法分辨正误,也不是非此即彼,故要承认并认可它们的存在。

2. 认真选择

认可"存在即合理,存在即有理"关键是要看这个"理"是什么,之后,你应该选择适合自己的理念,选择同你的目标一致的答案,万千存在中"适合自己"是关键。

3. 坚持选择

既已认可既有存在,并认真选择"适合自己"的,那么,剩下的就是坚持自己的理念,并身体力行。你的选择可能对于自己和"他人"不是尽善尽美,但这是你选择的,且是适合现在的你自己。

这就如你到陌生之地,想找到某一地方,方式方法很多。首先认可陌生环境下熟人引导、自我探寻、手机导航等你自身既有可选择的状况,选择适合自己的方式方法,并付诸实施。当然如果出现了诸如地图是错误的(拿着北京的地图找上海的某地方、地图不精确等),无论你怎样积极地思索和努力,你都到不了目标。因此,你必须选择一张正确的"地图",最关键的前提就是,你必须选择一张适合你自己的正确的"地图"。

女友之选，理论上单身之女均为备选，可现实中符合"门当户对"的却寥寥无几，最终的结果也只有一位将会成为终选，"终选"之后也许会发现"终选"的未必为"优选"，这就是一种博弈！正如《苏格拉底谈爱情》，是"认可既有，选择并坚持"的有力印证。

二、溯源

生活就是个大舞台！每个人都有属于自己的一出戏，无论唱什么曲、扮演什么角色，都不过是在这个舞台上演绎人生的喜怒哀乐！一个人的舞台究竟有多大？是会大过头顶一片天？还是微小如一粒尘埃？扮演什么角色？是一号演员？还是草根演员？究竟是什么因素决定一个人的命运呢？——哪是你自己，你自己的思想！

"思想决定行为，行为决定习惯，习惯决定性格，性格决定命运！"这个观点，可以追溯到老子的思想。老子说过"动而成习，习而成性，性而成命"。陋习难改，宿业难消。只因信之不深，愿之不切。果然信愿力笃，则可顺理成章，水到渠成，非欲刻意作为也！此乃思想决定行为之所谓。西方有句名言："思想决定行为，行为决定习惯，习惯决定性格，性格决定命运！"（Thought leads to actions, Actions lead to habits, Habits become your character, Character determines destiny）世界名富李嘉诚在一次演讲中，把西方的这句名言更是从人生的角度总结为："栽种思想，成就行为；栽种行为，成就习惯；栽种习惯，成就性格；栽种性格，成就命运！"世界著名心理学家威廉·詹姆斯以及成功学鼻祖拿破仑·希尔这样论述："播种一种观念就收获一种行为，播种一种行为就收获一种习惯，播种一种习惯就收获一种性格，播种一种性格就收获一种命运！"英国作家查·艾霍尔有名的论断就是："有什么样的思想，就有什么样的行为；有什么样的行为，就有什么样的习惯；有什么样的习惯，就有什么样的性格；有什么样的性格，就有什么样的命运。"还有些成功学的书中是这样论述的："思想决定行为，行为决定命运。要改变命运，就要先改变行为；而要改变行为，先要改变思想。改变自己要从思想开始。"

概言之,人类的智慧是不受语言影响的,宇宙中的真理不管用什么形式表达,实质都一样。凡事遵循思想→行为→习惯→性格→命运的基本规则。无论语言形式如何表述,其各个因素相互之间的上下和决定关系是不变的。

三、回首

"思想产生行为,行为养成习惯,习惯形成性格,性格决定命运!"

回首自己人生之路,侧看他人成功之道,无不遵循此规则。

在生活中经常听到怨天尤人的叹息,自己命运如何如何不如人意,而苦思冥想之后"突然发现",这一切的一切只能是"为什么世上没有后悔药",最多的最为熟悉的感叹也就是"早知道……就……",而旁人的叹息也仅仅只有"早知现在,何必当初"。其实从这些常见的事情,常见的词语"早""现在"中很清楚地看出决定关系中可以改变的和只有接受的关系。要想得到我们意想的结果只有从"早"的这个思想源头开始。

我们的出生,都是赤条条的,除了我们自己的身体之外,没有任何的东西,但是每个人的终点却不一样,为什么呢?基本上社会提供给我们的资源和环境大致相同,为什么我们的收获——命运太不相同?因为当我们开始呼吸第一口空气,从我们牙牙学语开始,我们的思维开始分化,进而我们的行为不同,养成我们不同的习惯,形成了不同的性格,进而收获不同的命运!

我们的大学生活,基本上是按照一定的标准控制着进入的,所以我们的智力水平等基本相当。我们大学生活在基本同样的环境中,接受同样的教师的教诲,然而我们离开大学走向社会的时候却发现一切和当初的表象不一样,和我们家庭的千差万别的经济情况、教育背景、社会背景以及趋同的教育环境不成比例,为什么呢?因为我们个体不一样,我们面对同样的和不同的事物,我们的思维是不一样的,进而我们行为不同,养成我们不同的习惯,形成了不同的性格,最终我们收获不同的命运!

我们的社会生活亦如此,同时毕业进入社会甚至相同的单位,然而若干年后的分化不得不使我们反思我们的人生思想和态度。一个人的命运是由他的所思所想所决定的。那么要想改变命运,必须从改变思想入手。

经常听到有人抱怨自己的命不好。小时候的命,比如出身、父母、长相、智力等,这些东西是自己所无法选择的,而这些和我们未来的命运基本上没什么直接的关系。后来,许多事情却可以通过改变思想方法来改变结果,也就会改变了命运。所谓的"境随心转,命自我立",只不过是积习难改。大多数人都觉得自己英明正确,都希望别人改变来配合自己,不肯反省自己,不肯去改变自己消极的想法。这也就是大多数人命运难改的原因了。

思想有多远,就能走多远。从思想之源开始,产生动机和欲望,进而付诸行动,行动逐渐养成习惯,进而形成了自己的状态量"性格",命运在此"定格",呈现出多面性。在此不难看出,"思想、行为、习惯、性格、命运"的可操作性依次递减,我们能做的就是几个过程量:"思想、行为",特别是"思想"这个万事之源。习惯是承上启下的链接点。性格和命运是个状态量,我们很难为之,唯有认可接受。而我们平素大量的行为却是面对不可为的状态结果——性格命运,以"怨天尤人"的强烈的情绪情感,回避问题的起因。

四、解释

"思想产生行为,行为养成习惯,习惯形成性格,性格决定命运。"我们理解它们的重要性和先后决定关系并不难,难的是消化吸收并融会贯通。

(一) 思想

理性认识是相对于感性认识而存在,是对于感性认识加工的结果,也就是客观存在反映在人的意识中经过思维活动而产生的结果,是一切行为的起始点。

通过感觉得来而储存在大脑的东西称为"记块",记块被生物钟的提示功能提取并暂时存在思维中枢的结果叫"忆块",忆块被定向组合得来的东西叫"思块",思块就是我们平常所说的"思维"或"思想"或"思考"。在大脑里进行而没有表达出来的思块叫"脑语"(又叫"思想"等),通过语言和行为等方式将自己的思块表达出来分别叫"嘴语"(又叫"口语")和"行为"(或叫行动),嘴语和行为合称为"能块",能块就是一个人能力的表达。思块没有社会价值,但是它决定了你的大脑内的知识储存的状况,所以它同时决定了你的能块的发挥,一个人聪明与否,就是由能块决定的。(以上"记块""忆块"等专用名词均见百度词条)

思维活动的结果,属于理性认识,一般也称"观念"。人们的社会存在决定人们的思想。一切根据和符合于客观事实的思想是正确的思想,它对客观事物的发展起促进作用;反之,则是错误的思想,它对客观事物的发展起阻碍作用。

思想具有一定的时空性!

(二)行为

行为是指受思想支配而表现出来的外表活动行为的心理学意义。

人的行为是多学科研究的课题。按照生理学家的观点,行为则是人体器官对外界刺激所产生的反应。哲学家认为,行为就是人们日常生活中所表现的一切活动。心理学家对行为有各种不同的看法:如行为主义心理学把人与动物对刺激所做的一切反应都称之为行为,包括外显的行为和内隐的行为;格式塔心理学认为人的行为由人与环境的相互关系决定,行为指受心理支配的外部活动。现代心理学家一般认为,行为是有机体的外显活动。

行为是指人在主客观因素影响下而产生的外部活动,是一个整体的行动过程;而运动是指人们身体内外部的生理动作,是人们行为过程在身体上的分散分解。行为具有目的目标,而人们的运动则是接受人们行为目的目标而动作。就行为目标和动机的关系行为可分为以下几种:

1.意志行为

意志行为是指人们有明确动机和目标的行为,按照个人行为动机与整体长远目标是否统一,又可分为有积极主动动机的士气性行为和无积极主动动机的非士气性行为。所谓积极主动性就产生过程来讲是指个体动机与行为的整体长远目标的统一程度,它包括个体目标与群体目标的统一程度、战术目标与战略目标的统一程度、短期目标与长远目标的统一程度等等。举例如下:

父亲是一个冷酷无情的人,嗜酒如命且毒瘾甚深,有好几次差点把命都给送了,就因为在酒吧里看不顺眼一位酒保而犯下杀人罪,被判终身监禁。他有两个儿子,年龄相差才一岁,其中一个跟他老爸一样有甚重的毒瘾,靠偷窃和勒索为生,也因犯了杀人罪而坐监。而另外一个儿子就不一样了,他担任一家大企业的分公司经理,有美满的婚姻,养了三个可爱的孩子,既不喝酒更未吸毒。为什么同出于一个父亲,在完全相同的环境下长大,两个人却会有不同的命运? 在一次个别的私下访问中,问起造成他们现况的原因,二人竟然是相同的答案:"有这样的老子,我还能有什么办法?"

在以上例子中同样的环境下不同的人生结局,之所以会这样显然是因为一个兄弟能把自己的求生欲望与自己远大的人生目标联系起来,而另一个则是得过且过,甚至是自暴自弃,仅有的是求生欲望,没有任何的长远目标或人生目标。

我们有时可能会将一些具有不愉快、消沉性质的情绪认识等心理活动,都归之为相应的这些人都具有消极被动的动机,有时有些外表现象的结果好像也确实表现出这种状况。但实际上,这里所说的动机的积极主动性或消极被动性,不在于人们的认识和情绪等心理活动是否愉快或消沉,而是在于人们的认识和情绪等是否能与群体的行动目标相符合。很多看起来消极被动性的心理活动,只要与积极主动的目标联系起来,往往就会有积极主动的性质。例如"保存生命"这在战争中看似只具有消极被动性动机的恐惧情绪,虽然与"逃跑"这种消极被动目标联系起来往往确实对军事行动具有消极被动的作用,但若与"消灭敌人,从而保存自己"这一积极主动的目标联系起来时,则就使这一恐惧情绪转而对军事行动具有了积极主动的性质。西汉开国大将韩信的"背水一战"就是利用这一恐惧情绪,从而将汉军"置之死地而后生"的。

2.潜意识行为

潜意识行为是指人们具有明确目标但无明确动机的行为,即人们老想做但又不知道为什么要这样做的那些行为。潜意识是指人们平常被压抑的,或者当时知觉不到的本能欲望和经验。潜意识中的内容由于不被人们的道德价值意识和理智所接受,所以只有通过各种各样伪装的形式表现出来,像梦境就是个人在清醒时不能由意识表达的压抑的欲望和冲动的表现。但做梦不是行为,只是大脑这个身体机体的动作。潜意识行为在行为中表现为两个方面:一是口语流露与不经心的笔误等行动;二是神经性症状,即过分强烈的潜意识形成的变异行为,它包括压抑、反应形式、投射、文饰作用、升华等。

3.娱乐消遣行为

娱乐消遣行为是指人们有明确动机但却无明确目标的行为,即是指那些总是想去做,但却不在乎甚至不知道怎么做以及会做到什么程度的行为。比如一个人具有娱乐休闲动机时,如果他自己觉得看电影、看电视、跳舞等目标都能满足这个动机,那么他对娱乐消遣目标的选择只有随意性,而没有必须性。娱乐消遣行为按照其不同的娱乐消遣性质,可分为寻求美感的欣赏行为和寻求刺激的消遣行为两种。娱乐消遣心态表现为情趣、情调和爱好三个方面统一协调性,例如集邮就是人们对邮票知识内容的情趣,观赏邮票的情调以及对精美邮票的爱好相互统一一致地组成的。

娱乐消遣行为简单地说也就是所谓"玩"的过程,是一种对自身乃至外界各种事物发展变化进行研习与欣赏的过程。它包括各种非职业性的主动参与的体育竞赛活动、绘画、唱歌以及看电影、看演唱会、看表演、对大自然的漫游等等。"玩"对动物生物的学习进化具有积极推动的意义。在动物进化生长过程中动物靠玩乐来锻炼、学习与显示自己,动物在玩乐中不断地试验、发现并进而发掘、发展自己的潜能,辅助实现着动物的成长进化乃至最后的分化。就如猫科动物之所以会分化为猫、狮子、老虎、豹子等不仅是自然选择的结果,而且也是各种猫科动物通过自然选择与玩乐感觉到自己能力的成长与局限性,并将这种经验遗传下来的结果。所以,娱乐消遣行为又可以说是人们的一种本能的学习与试验行为。"玩"本身也是消耗精力体力的,但自远古以来大自然为了有利于生物的进化发展,所以各种动物的娱乐消遣行为就个体感觉上来说反倒具有松弛神经、娱乐休养精神体力的作用,这也就使娱乐消遣反倒又成为动机的来源所在。

"玩"由于是生物学习进化需要,所以求奇、求新、求变是其主要的特点。现代人类的学习和体育锻炼,是自古生物进化过程中由人类从娱乐消遣行为中分化出来的特有的东西。自古以来动物通过玩乐——熟能生巧,这些玩乐就会转化为技能(即所谓大的运动)、甚至是身体机能(即所谓小的运动)的遗传转变。所以,娱乐消遣行为由远古传下,对动物可说是一种生物性的锻炼和学习的过程,这种锻炼和学习是自然的过程而且具有反强迫性的特点。事实表明现代人类无论是对锻炼、学习采取强制加以灌输,或者是对游戏沉溺者采取强制改变措施都是不成功的,原因就在于强制性不符合包括学习在内的"游戏"自主随意规则,除非是给予非强制性的诱导或教育。

4.运动动作的无意识

学习和锻炼从进化过程来说也可归之于娱乐消遣行为,这些娱乐消遣行为从进化过程中本来是一个有意识但目标并不明确的行为。但是，当其转化为吃饭、穿衣、骑自行车、电脑打字等生存生活技能以后其往往就会成为一种自然反应,这时这些行为不必用意识去专门控制,但它明确的生活、生存乃至工作的目标动机却又是十分显著的。所以所谓"运动"的过程也可说是一种无意识但目标动机明确的行动,同时这些形成的"运动动作"也是人类性格形成的基础,这正如那句俗话所说:"一种思想导致一种行为,一种行为导致一种习惯,而一种习惯则导致一种性格!"

意志行为、潜意识行为和娱乐消遣行为互相间具有制约牵制的作用,而一个人的意志行为则往往是一个克服潜意识和娱乐消遣意识的过程。例如个体在工作中,如果明确的工作意识是搞好工作,就不得不压抑着受领导批评后想找出气筒的盲目投射心理和急于去看球赛的娱乐消遣心理。士气性行为的任务就在于:除了要抑制非士气性的意志行为产生外,还要着力于对潜意识心理和娱乐消遣心理的克服。

管理心理学研究的行为具有六个特点:即行为具有目的性、能动性、预见性、程序性、多样性和可度性。目的性就是指行为是一种有意识的、自觉的、有计划的、有目标的、可以加以组织的活动,是自觉的意志行动。能动性是指人的行为动机是客观世界作用于人的感官,经过大脑思维所做出的一种能动反映,并且人的行为不是消极地适应外部世界,而是一个能动地改造世界的过程。所谓预见性是指人的行为方式和行为结果等是可以预见的,因为人的行为具有共同的规律。所谓行为的多样性是指人的行为有性质不同、时间长短不同、难易程度不同等区别。所谓可度性是指人的行为通过各种手段可进行计划、控制、组织和测度。所谓程序性就是行为发生的顺序性,即"前因后果",也就是任何行为都有原因,任何行为都有结果。

(三) 习惯

习惯是指积久养成的生活方式,指逐渐养成而不易改变的行为。

1.意义

当人一味追求快速成功,渴求拥有大智慧时,往往忽略了良好的习惯才是步向成功的钥匙。好习惯一旦形成,它就极具稳定性。心理上的行为习惯左右着我们的思维方式,决定我们的待人接物;生理上的行为习惯左右着我们的行为发生,决定我们的生活起居。托·布·里德曾说过:"在日常事务的自理中,一盎司习惯抵得上一磅智慧。"

习惯的养成犹如纺纱,一开始只是一条细细的丝线,随着我们不断地重复相同的行为,就好像在原来那条丝线上不断缠上一条又一条丝线,最后它便成了一条粗绳,把我们的思想和行为给缠得死死的。

习惯若不是最好的仆人,便就是最差的主人。

2.培养

习惯的养成,并非一朝一夕之事,而要想改正某种不良习惯,更需要耗损较大的时间精力,也就是养成习惯或打破习惯(建立新习惯)都需要时间和精力的。根据专家的研究发现,21天以上的重复会形成习惯,90天以上的重复会形成稳定的习惯。所以一个观念如果被别人或者是自己验证了21次以上,它一定会变成你的信念。

习惯的形成大致分成三个阶段:

(1)第一阶段,1~7天

这个阶段的特征是"刻意,不自然"。你需要十分刻意地提醒自己去改变,而你也会觉得有些不自然,不舒服,需要意志力的参与,所以这一阶段是思想的行为化的关键时期,因为需要有意识的意志行为产生的能量耗损,易于出现放弃行为,而这种终止习惯的行为其本质是思想认知的问题,继而在有限的外界因素(经历和时间耗损)影响下,对目标(习惯)的坚定性(表现为意志力)的动摇。

(2)第二阶段,8~21天

这一阶段的特征是"刻意,自然"。你已经觉得比较自然,比较舒服了,我们时间经历的耗损已经变得自然和稳固,没有打破"生理和心理的

能量流习惯",不会在我们生理和心理产生较大的波折起伏,进而一切
"顺畅无扰"。因为这一阶段还不是很稳固,一不留意,受到较小的其他
干预和影响,你还会恢复到从前,因此,你还需要刻意地提醒自己改变。

(3)第三阶段,22~90天

这个阶段的特征是"不经意,自然"。其实这就是习惯,这一阶段被
称为"习惯性的稳定期"。一旦跨入这个阶段,你就已经完成了自我改
造,这个习惯已成为你生命中的有机组成部分,完全融入你的生理和心理
的流程中,它就会自然而然地持续为你"效劳"。

习惯的养成是一步一步经过时间和精力的耗损而逐步形成的。一般
情况下,良好的习惯是"向上向善"的,需要"有意或刻意"为之,故需要较
大的"时间精力"耗损。所以,良好习惯是需要"有意培养的",故应在行
为上大力付出的。

而不良习惯由于它的"惰性""随波逐流性"等,能耗较小,不易觉察,
使得它易于滋生和形成,故而应在思想上高度防范。有句心灵鸡汤说得
好"假如你感觉到吃力,因为你正在走上坡路,假如你感觉到舒适,那么
你是在走下坡路!"的确,高的位置待遇是需要"吃力"的向上爬的!

(四)性格

性格是指表现在人对现实的态度和相应的行为方式中的比较稳定
的、具有核心意义的、一种与社会相关最密切的人格特征。在性格中包含
有许多社会道德含义。性格表现了人们对现实和周围世界的态度,并表
现在行为举止中。性格主要体现在对自己、对别人、对事物的态度和所采
取的言行上。其分类很多,常见的可以分为以下六种:

1.现实型

现实型的人喜欢户外、机械以及体育类的活动或职业。喜欢与"物"
打交道而不喜欢与"人"打交道,喜欢制造、修理东西,喜欢操作设备和机
器,喜欢看到有形的东西。有毅力、勤勉,却缺乏创造性和原创性。喜欢

用熟悉的方法做事并建立固定模式,考虑问题往往比较绝对。不喜欢模棱两可,不喜欢抽象理论和哲学思辨。是个传统、保守的人,缺乏良好的人际关系和言语沟通技巧。当成为别人瞩目中心时会感到不自在,不善于表达自己的情感。别人认为他比较腼腆害羞,但是绝大多数现实主义者都秉承着实事求是的生活和工作作风。

2. 探索型

探索型的人好奇心强,爱问问题。必须了解、解释和预测身边发生的事,有探索科学奥秘的热情。对于非科学、过于简单或超自然的解释,多持否定和批判的态度。对于喜欢做的事能够全神贯注,心无旁骛。独立自主并喜欢单枪匹马做事。不喜欢管人也不喜欢被管,喜欢从理论和思辨的角度看问题。喜欢解决抽象、含糊的问题,具有创造性,常有新鲜创意,往往难以接受传统价值观。逃避那种高度结构化、束缚性强的环境。处理事情按部就班、精确且有条理,对于自己的智力很有信心。在社交场合常会感到困窘,缺乏领导能力和说服技巧。在人际关系方面拘谨、刻板。不太善于表达情感,可能给人不太友善的感觉,探索型应该更加注重自身的发展与创新精神。

3. 艺术型

艺术型的人有创造力、善表达、有原则、天真、有个性。喜欢与众不同并努力做个卓绝出众的人。不喜欢从事笨重的体力活动,不喜欢高度规范化和程序化的任务。喜欢通过艺术作品表现事物,表现自我,希望得到众人的关注和赞赏,对于批评很敏感。在衣着、言行举止上倾向于无拘无束、不循传统。喜欢在无人监督的情况下工作,处事比较冲动。非常重视美及审美的品位,比较情绪化且心思复杂。喜欢抽象的工作及非结构化的环境。寻求别人的接纳和赞美,觉得亲密的人际关系有压力而避免之。主要通过艺术间接与别人交流以弥补疏离感,常常自我省思,思想天马行空,无拘无束,拥有强大的发散性思维。

4. 社会型

社会型的人友善、热心、外向、合作。喜欢与人为伍。能洞察别人的情感和问题。喜欢扮演帮助别人的角色,如教师、顾问。喜欢表达自己并在人群中具有说服力,喜欢当焦点人物并乐于处在团体的中心位置。对于生活及与人相处都很敏感、理想化和谨慎。喜欢哲学问题,如人生、宗教及道德伦理问题。不喜欢从事与机器或资料有关的工作,或是结构严密、重复性的工作。和别人相处融洽并能自然地表达情感,待人处事圆滑,给人以仁慈、乐于助人的印象,如果能够得到社会的认可将对国家做出重大的贡献。

5. 管理型

管理型的人外向、自省、有说服力、乐观。喜欢有胆略的活动,敢于冒险。支配欲强,对管理和领导工作感兴趣。通常喜欢追求权力、财富、地位。善于辞令,总是力求使别人接受自己的观点,具有劝说、调配人的才能。自认为很受他人欢迎,缺乏从事细致工作的耐心。不喜欢那些需要长期智力活动的工作,管理型的人头脑清楚,思维敏捷,是可靠的生活和社会的保障。

6. 常规型

常规型的人做事一板一眼、固执、脚踏实地,喜欢做抄写、计算等遵守固定程序的活动,是个可信赖、有效率且尽责的人。依赖团体和组织以获得安全感并努力成为好成员,在大型机构中从事一般性工作就感到满足,不寻求担任领导职务。知道自己该做什么事时,会感到很自在。不习惯自己对事情做判断和决策,因而不喜欢模棱两可的指示,希望精确了解到底要求自己做什么,对于明确规定的任务可以很好完成。倾向于保守和遵循传统,习惯于服从、执行上级命令。喜欢在令人愉快的室内环境工作,重视物质享受及财物。有自制力并有节制地表达自己的情感,避免紧张的人际关系,喜欢自然的人际关系。在熟识的人群中才会自在。喜欢有计划地做事,不喜欢打破惯例,不喜欢从事笨重的体力劳动,此类型基本上按照社会规律生活。

美国职业指导专家霍兰德认为,每个人都是这六种类型的不同组合,只是占主导地位的类型不同。而每一种职业的工作环境也是由六种不同的工作条件所组成,其中有一种占主导地位。一个人的职业是否成功,是否稳定,是否称心如意,在很大程度上取决于其个性类型与工作条件之间的适应情况。

从其概念和分类的各项具体描述来看,性格只不过是思想和行为的表现形式。或者是思想和行为模式的载体而已,认识性格的意义在于我们能够很好地通过行为习惯的表现来不断地重塑和调整我们的思想认知。

(五)命运

命指生命,运即经验历程。字面上的意义是指生命的经历。

1.命运观

对命运的看法叫作命运观。古今中外的命运观有:儒家的天命观、道家的自然命定论、佛家的因果论、基督教的上帝决定论、伊斯兰教的前定说、古典物理学的机械决定论(即拉普拉斯决定论)、量子力学等现代科学的非决定论及中性理论、马克思主义哲学的历史决定论及菩提量子的大统一命运观——全定论等。

命运一词一直是人类热议的话语,各位仁人志士都在不断地探究其秘密,也形成了以上不同的派别观念。笔者认为争论的焦点在于对命运的决定因素的探讨,概括起来无非就是三种:一是先天宿命论,相信命运不可以改写;二是双决定论,先天和后天共同作用的结果;三是后天决定论。

2.我们的观点

我们不再纠结于他们的观点,仅仅关注我们这代人在这种时空点上我们应该有的认识。笔者比较倾向于双决定论,先天后天因素对每个人都产生作用,只不过是对每个个体而言,影响因子的权重不同而已。

笔者认为,命运一词本身就包含有静态和动态的两种概念。"命运"静态而言就是你一生行为的结果是怎么样,是最终人生答卷的"成绩描述"。命运的动态就是你怎么样运作了你的一生,是个过程描述。将"命运"拆开来看,一是静态的"命",二是动态的"运",就是如何运作你的"命运"。基于此,对于命运是先天? 后天? 双重因素? 很显然答案就是:基于我们能做的就是"运"作,在这些影响因素中,"命"是"定量","运"是"变量",所以命是"运作"出来的。

古语有云:"命由天定,运由己生!"意思即"命"是与生俱来的,是与生俱来的天分和条件,是不可变更的。而"运"呢? 则是一个人一生的行程,这句话也阐述了,自己把握的只能是"运",就是自己的路怎样去走,合二为一就是命运。中国风水协会主席陈帅佛认为:"命是命,运是运。""命"和"运"是两个不同的东西,合在一起构成"命运"。我们不能改变与生俱来的一些东西("命"),但我们可以运作后天的人生历程,往往后天的历程的改变程度却是没有极限的。所以,命运掌握在自己的手里,没有人能主导你的命运,只有你自己可以。

人生的影响因素很多,如出身、时代、社会环境、个人修养和努力等,有些属于定量,即人力不可为因素,但大多数且具有决定性因素的是属于自己可以做主主动运作的变量,是"可为"的因素。所谓"立命",就是我要创造命运,而不是让"命"来束缚我。

四、实践

"思想产生行为,行为养成习惯,习惯形成性格,性格决定命运!"

所以,命运不是天定的,而是由自己选择的。获得了什么样的命运,这是自己一开始就埋下的思想种子发芽开花结的果子,只是大多数是在"不经意间"种下的种子,随之自然地产生一种行为,进而"不知不觉"地养成了一种习惯,从而形成了"无法改变"的性格,最后"不得不"接受命运。由于我们平素多为关注的就是性格和命运这两个状态量,殊不知它们是"种豆得豆种瓜得瓜"的结果,一切的改变必须从根源开始。

在人生的实践中,思想是第一位是最重要的,这也是人作为高级动物区别于其他动物的根本所在。思想为先,"选择"自己想要获得的命运,就要从思想入手,从建立积极进取的心态开始,并不断地强化这种思想和心态。在其驱使下付诸一定的行动,并不断的坚持一定的行动数量后,便逐渐地养成了一种习惯,这时候习惯的积累和养成使得量变得以加强,最后发生质的飞跃——形成良好的性格。此时思想和心态通过有形的行动已经外化为更高层次的人格魅力,最后综合形成人生的最后评价和结果——命运。

第三节　基本应用
——恪守道德,建章立制,尊重规律,遵纪守法

规章制度是一种社会博弈规则,是人们创造的用以规范人们相互交往的行为框架,它是一系列正式约束和非正式约束组成的规则网络,它规范着人们的行为,减少专业化和分工发展带来的交易费用的增加,解决人类所面临的合作问题,创造有效组织运行的条件。

国不可一日无法,党不可一日无纪,家不可一日无规,企业不可一日无制度。

一、规章制度的基本概念

1. 定义

规章制度,也称制度,是国家机关、社会团体、企事业单位,为了维护正常的工作、劳动、学习、生活的秩序,保证国家各项政策的顺利执行和各项工作的正常开展,依照法律、法令、政策而制定的具有法规性或指导性与约束力的应用文,是各种行政法规、章程、制度、公约的总称。

新经济史的先驱者、开拓者和抗议者美国人道格拉斯·C·诺斯认为:"制度是社会的游戏规则,更规范地讲,它们是为人们的相互关系而人为设定的一些制约。"他将制度分为三种类型,即正式规则、非正式规则和这些规则的执行机制。正式规则又称正式制度,是指政府、国家或统治者等按照一定的目的和程序有意识创造的一系列的政治、经济规则及契约等法律法规,以及由这些规则构成的社会的等级结构,包括从宪法到成文法与普通法,再到明细的规则和个别契约等,它们共同构成人们行为的激励和约束;非正式规则是人们在长期实践中无意识形成的,具有持久的生命力,并构成世代相传的文化的一部分,包括价值信念、伦理规范、道德观念、风俗习惯及意识形态等因素;实施机制是为了确保上述规则得以执行的相关制度安排,它是制度安排中的关键一环。这三部分构成完整的制度内涵,是一个不可分割的整体。

规章制度包括行政法规(条例、规定、办法、细则)、章程、制度(制度、规则、规程、守则、须知)、公约四大类。不同的类别,反映不同的需要,适用于不同的范围,起着不同的作用。

2.特点

(1)指导性和约束性

制度对相关人员工作内容和工作方式有一定的提示和指导,同时也明确相关人员禁止做些什么,以及违背了会受到什么样的惩罚。因此,制度有指导性和约束性的特点。

(2)鞭策性和激励性

制度通常就张贴或悬挂在工作现场,随时鞭策和激励着人员遵守纪律、努力学习、勤奋工作,有较强的暗示作用。

(3)规范性和程序性

制度对实现工作程序的规范化,岗位责任的法规化,管理方法的科学化,起着重大作用。制度的制定必须以有关政策、法律、法令为依据。制度本身要有程序性,为人们的工作和活动提供可供遵循的依据,即给人们指出了可依赖的"路径"。

规章制度的使用范围极其广泛,大至国家机关、社会团体、各行业、各系统,小至单位、部门、班组。它是国家法律、法令、政策的具体化,是人们行动的准则和依据,因此,规章制度对社会经济、科学技术、文化教育事业的发展,对社会公共秩序的维护,有着十分重要的作用。

二、规章制度的市质意义探讨

1.制度的本质是事物发展规律的文字体现

生命的有限性面对丰富多彩的社会生活和精神需求,有限的时间和精力内取得较大收益是人类一直孜孜追求的事情。所以高效低成本就是基本的要求,唯一途径就是按照事物发展的基本规律从事。人类在苦苦追寻规律的路径上,发掘出了定理、公式、规章制度等形式的"结晶"和"捷径",它们无疑都是人类节约精力和时间的法宝,在不断地无限的接近规律,不断地提高效率和质量。

制度的本质就是在人类组织生活中,为指导规范和约束集体和个人行为,鞭策和激励全体成员,按照既定程序进行有条不紊的协作劳动,高效低成本的生产劳动价值,丰富人类不断增长的物质和精神生活。它本质就是事物发展规律的基本体现,所以好的制度就是依据事物发展规律而做出的文字体现。

2.制度管理的本质是降低成本

纵观人类历史,管理大体上经历了经验人治管理、制度规范管理、现代文化管理三个阶段。从某种意义上说,制度、规则、流程、标准是科学管理问题中应有之义。为什么要靠制度去管理一个组织,多数人认为是为了秩序,其实,制度管理的本质是为了建立"路径依赖",降低成本。

能耗最小化是人的自我保护的本能之一,基于路径依赖原理,规章制度就很好的提供了一条成熟的路径。试想一个组织有一套被大家认可的制度,成员之间就会有一个可靠的预期,成员相信组织会履行承诺,组织相信成员会尽职守责,所有成员都能知道流程标准,达到运行信息的极大对称,各个部门间会按分工协同配合。用不着去做更多的沟通、斡旋、解释、催促工作,就可以节省大量的时间和精力,即可以减少管理成本。假如有人违反了规定,不按制度办,出了问题,因为有规则可依,不需要去耗费精力和时间去研究讨论处理方案等,处理起来也比较简单便捷。从而杜绝了精力和时间的浪费,节约成本。

3.制度管理的核心效果是保证人的最大自由

制度的指导性和约束性以及规范性和程序性,在最大程度上保证了集体中各个体的秩序化运行,通力合作并协调运作,使得组织中的各个成员按照自己的轨道和模式有序的运行,而不会出现轨迹和行为的冲突,从而造成各成员个体的轨迹和行为的破坏,也就是自由的限制。制度犹如十字路口的红绿灯,是限制自由通行还是保障自由畅行,通过秩序化的通行实现最大程度的自由畅行。

有人说过自由不是你想做什么就做什么,而是你不想做什么就不做什么,也就意味着你的轨迹和行为不受他人的影响。生活中我们总以为一片"自由"飘零的羽毛最自由,其实不然,它是最不自由的,它的轨迹完全是被环境因素左右,自己没有任何的可控力,相反质量较大的一块铁块,貌似无法移动,不得自由,但由于受到重力等因素的影响,谁也无法将它随意的移动和改变,这就是它最大的自由。

4.法治与人治的协调

制度与人是相互作用的,是螺旋式上升的一个关联体,它们是可以相互促进的,相互转换的。只有发展地看待制度的完善与人的提高,才能把管理的目的抓住。环境、指向性、状态是我们研究制度与人在管理中重要性的三项指标。

环境和指向性比较好理解,不再赘述。制度与人在管理中分别的状态是改善与提高管理水平的根本。人的状态有积极和不积极,制度分为适合和不适合,那么四个基本要素一结合就会有四种状态。

（1）高效

积极的人在适合的制度中,这当然是管理追求的最高境界,此时人在制度中,因"不违法,所以就不存在法",在现状上表现往往是"无为自治"的景象,所以"无为自治"并不一定是无规则,而是因为人与制度和谐统一,制度无形了,而人有形的,人也就容易被神话。

（2）人治

积极的人在不适合的制度中,此时人的主观能动性当得以最大限度发挥,改造不适合的制度,重建新体制、新秩序,这是时势造就英雄的最佳时机。改革闯将、变革先锋都会成为这个阶段的产物,所以英雄辈出的年代一定不是最佳状态。

（3）法制

不积极的人在适合的制度中,制度约束人、改造人、规范人的功能就能得以发挥。这时"不依尺寸、难成方圆"就显得十分有意义。

（4）重建

不积极的人在不适合的制度中,这是一个僵化、低效的状态。这个状态不应是调整为目的,推倒重来进行重建、重塑才是良策。

至此,面对人治与法制的讨论便有了结果,笔者认为当制度与人在状态中就不需要去讨论孰重孰轻,也就是当制度与人这两个词前面有形容词、状语时,研究和讨论才会脱离"先有鸡、先有蛋"的循环论。

当然,随着物质的不断丰盈,人们思想觉悟的不断提高,人们已具有高度的觉悟,那将是高度的无为自治的理想状况,制度消失,物质丰盈,人性绽放,无为而治。

三、规章制度的制定

1.分粥理论的启示

有一个故事,说七个人曾经住在一起,每天分一大桶粥。可是,粥每天都是不够的。一开始,他们抓阄决定谁来分粥,每天轮一个。于是每周下来,他们只有一天是饱的,就是自己分粥的那一天。后来他们开始推选出一个道德高尚的人出来分粥。强权就会产生腐败,大家开始挖空心思去讨好他,贿赂他,搞得整个小团体乌烟瘴气。然后大家开始组成三人的分粥委员会及四人的评选委员会,互相攻击扯皮下来,粥吃到嘴里全是凉的。最后想出来一个方法:轮流分粥,但分粥的人要等其他人都挑完后拿剩下的最后一碗。为了不让自己吃到最少的,每个人都尽量分得平均,就算不平,也只能认了。大家快快乐乐,和和气气,日子越过越好。

分粥启示:一是组织内高效低成本解决问题的根本是建立制度;二是不同的分配制度,就会有不同的风气。所以说不同的制度会导致不同的后果。一个好的规章制度不但能化解集团内部矛盾,更重要的是可以把集体智慧凝结下来,达到提高效益和公平、公正之目的。

在制度创新过程中,社会的制度意识很重要。所谓社会制度意识就是人们对规则的看法、对规则的认同及其对规则的尊重等的总称。有这样一个故事,有三个中国人在半块场地投篮,不一会儿,来了四个美国小伙子,想一起打篮球。中国人说可以,并提出,我们三个人,你们四个人,怎么打? 四个美国小伙子连相互看一眼都没有,便走到罚球区,以投篮决胜负,很快淘汰掉其中的一个。如果生活中,人们时时处处用这种默示条款(即没有明文规定,但大家都认可的事实)来规范自己的日常行为,凡事就简单快捷多了,心情也会很顺畅。在美国,小伙子们都有一个根深蒂固的信念:那就是以公开的竞争决定胜负是最好的规则。

制度是约束人的一种行为规则。这种规则是如何形成的? 当前关于制度形成的力量主要有两种观点:一种是制度是自然演化的结果,如经济学家哈耶克就是这种观点;另一种观点认为制度是人为设计的结果,这些设计者往往是社会的精英,不少人持有或在自己的理论分析中暗含着这种观点。

笔者认为制度是在社会与自然演进过程中,人们根据自己对事物与自然发展规律的判断而人为设计的规律的形式体现。

2.制度的制定和执行

制度在社会生活和组织管理中具有重要的作用,那么它就一定要清晰界定各方的权利与责任,尽可能涵盖可能发生的主要问题,而且,要有一个简单明确的处理问题的程序。所以,一套先进的、完善的、适合的制度一定是在实践中不断设计、修订、补充才能形成的。制度的背后是机制、导向和文化。好的制度可以节约成本,提高效率,正确激励,推动进步。因此进行制度上的变革和创新,追求良规善治,就是一件带有根本性的大事。

(1)注意制度建设的系统性、完整性和可操作性

制度是指导组织成员行为的标准性文件,它的建设要有一个完整的体系,每项制度又包含具体完整的内容,各制度在制定过程中,要根据组织管理需要和轻重缓急突出各阶段的建设重点及制度本身的重点,注意制度与制度之间的系统性、关联性。同时,制定的制度需要通过推行来规范管理,如果制度本身不具有可操作性,那么制度就仅仅成为摆设和累赘。

(2)加强制度的推行、检查、评估

制度的制定过程本身是对管理过程的规范,由于一项制度从报批到批准有一个过程,在制度报批后,对新制度与原有制度或做法没有原则性冲突的,可按新报批的制度执行起来。待制度正式批准后进行重点的落实、推进,并且不定期地对执行情况进行检查、纠正,逐步使组织成员对一项制度的遵守变成其自觉行为。

(3)制度制定要符合人本化需要

制度与人的动机、行为有着内在的联系。从深层次看,历史上的任何制度,都是当时人的利益及其选择的结果。作为制度规定的执行者,组织成员是真正制约制度作用的关键因素,是制度作用发挥的核心。因此,制度化管理还须和人本化管理结合起来才能发挥其真正的作用,在制度建设中考虑人性管理的因素,在拟定制度的时候综合考虑组织成员的人性需求,平衡组织成员个体需要和组织目标要求,协调激励与约束机制,畅

通沟通和信息交流渠道,将组织成员需要与组织目的有机结合,从制度上体现一定的措施约定来调动组织成员的情绪,就能够真正调动组织成员工作的主动性和能动性,增强职工自觉管理工作的行为动力,制度就有可能得到广泛的尊重与遵守。

(4)注意核心制度的相对稳定性

制度体系在建设初期应集思广益,反复讨论确定制度建设思路和框架,这一阶段的重要因素是领导能否深入其中发挥好带头作用。制度建设中要体现组织基本管理思想和流程,对这些管理流程要纵向横向充分论证,确保流程在各部门间有效执行,这一阶段的重要因素是管理人员能否深入细致地对业务流程进行分析讨论。制度有了,就需要大力宣传贯彻,明晰考核,以确保制度有效执行。特别要注意的是,组织基本制度应保持一定的稳定性,不能频繁更换。组织不能今天上一套制度,过几天又换一套制度,应按照组织发展的需要有针对性地去补充完善,而不能动不动就推倒从来,制度没有延续性会不利于基层管理有效推进。

(5)关注制度的路径依赖

路径依赖即制度存在自我强化和惯性,我们常常看到,一项制度并不好,但它还是延续下去了。由于搭便车行为,许多制度创新并不总在最佳的时刻进行,而是在那以后,情况糟糕到大家忍无可忍的时候才进行;甚至,也可能人们"以滥为滥",谁也没有信心和兴趣去改变这不合理的制度,于是出现制度"锁定"效应,出现"利旧"的弊端,最终大家在腐败没落的制度中消亡。人类最初的二十几个文明最后不少都销声匿迹了,与制度锁定不能创新密切相关。记得经济学家汪丁丁说过:"当一个民族面临制度锁定效应时,这是一个民族的悲哀。"

(6)制度是一种稀缺资源

流行于世界的新制度经济学,就是对制度进行成本—收益计算的学问。一般资源的稀缺性通常与"匮乏性"相联系,而制度稀缺性则源于制度供给的有关约束条件。尽管表面上看人们可以按照自己的需要和意愿来选择制度,现实生活中制度资源也相当丰富,但制度变迁的条件和成本限制了人们的选择空间,甚至扭曲了人们的"理性"行为,以致现存的制度安排不仅难以达到最优水准,在一定条件下还会发生相反的运作。无论我们怎样强化制度创新的进程,相对于人类对制度的需求而言,制度供给总是相对不足。不然的话,社会上就不会存在那么多不合作的现象,在世界上就不会有那么多难以解决的暴力冲突。人类社会之所以难以达到"帕累托最佳境界",关键在于制度稀缺。

基于以上几点,所以要高度重视制度化建设工作,制定制度前一定要深入基层调研,并建立统一的制度管理部门,加大宣传和导向力度,并加强制度的执行、监管和监督。联想集团总裁柳传志说:"好的企业就像一个军队,令旗所到之处三军人人争先,个个奋勇,退却时阵脚不乱。好比一个斯巴达克方阵。"当前,执行力问题已经成为现代企业普遍关注的焦点,再好的制度,再好的决策,再好的思路,再好的创新,如果离开了执行力,一切都没有意义。可见,执行力决定着企业的兴衰成败。要想形成斯巴达克方阵,就要有一套行之有效的制度执行体系。

假设在人类之初的蒙昧状态,人类也没有制度来约束行为,会是一个什么样的局面?那将是"一切人对一切人的战争",每个人都努力追求着自己的"幸福"(当然那时的人们并不知道幸福为何物,但他们出于本能会追逐自己的利益),知识的缺乏使他们还没有认识到如何协调相互的利益和行为。正是经过漫长岁月相互残杀、斗争的切肤之痛,人们逐渐认识到行为的交互性而建立起约束人们行为的制度。知识的不断积累成为制度不断改进的动力。我们希望国家富强,实际上富强并不是一件难事,只要我们的制度安排:一能够激励人民求富,二能够保障人民有自由求富的权利,我们就会走向富强。

是知识和制度使社会秩序得到建立,使人类越来越走向文明。

第二章
我是谁？——认识自己

第一节　我与你们
——绝对平等，相对不平等

相对与绝对，可为不可为。

"人是平等的还是不平等的?"这一争论，人们站在不同的角度和立场有着不同的见解，各执一词，争论不休。笔者认为人是不平等中的平等。

法国作家巴尔扎克说:"平等或许是一种权利，但却没有任何力量使它变为现实，所以不平等是绝对的，平等是相对的。"企业家王石亦认为:"人天生是不平等的，出生不平等、教育不平等、成长不平等、机遇不平等、收入不平等、权利不平等，正是无数的不平等成为社会发展和人民争取幸福生活的源动力。"

由于时间和空间的差异性，世间没有任何两个相同的物体。正是这种差异性使得个体出现了不平等，而人的社会性使得我们面对相同的环境，这样我们又是平等的。更重要的是每一个个体都有一套独立的运算系统——大脑，这又使得我们具有更高层次决定意义的自由和平等。而在这些平等和不平等的因素中,有些是属于不可抗力的固体因素,有些是属于可以改变的液体因素。它们因人而异,对人的发展起着不同的作用。

一、人人都处于不平等中的平等

万维唯物指出:万物皆不同。即对于人类这个群体来说,每个人都是独一无二的存在。意味着每个人都是不平等的。这种不平等是由两种因素造成的:一是先天的,即个人的智力体力、家庭出身等;二是后天的,即个人的学习、工作环境、个人经历等。

这种不平等是不可否认的存在,是绝对的存在,同时也是全面的存在。一是人类群体内的所有个人,都不能例外;二是在个人成长的所有阶段,都不能例外。

同时,万维唯物也指出:万物皆平等。即万物在运动中的地位是平等的,不受其能力的限制。这种平等是由物质的万维联系性决定的。亦即,通过万维联系,任一个体皆有可能改变运动结果。而在一个系统内,引起系统失败的,恰恰是其中最弱的个体,也从另一个角度说明"弱势"的"强势"作用。

由以上可知,人的物质性决定人是生来不平等的,人的万维联系性决定人的地位是平等的。保障人的平等是每个进步的社会必须要做的事情。但保障的前提是必须承认人的不平等,并且这种不平等是全面的、长期的、绝对的存在,必须认识到每个个体皆有改变系统运动结果的可能,而且最弱的个体最容易引起系统的失败。

那种认为人生来是平等的,只要设置公平的程序,就能保证结果的平等的观点是错误的。只有正视不平等的存在,从而设置相应的制度与程序,才能保障结果的平等。

二、不平等与平等因素及其作用

从孕育开始,我们便被定位于人类社会的某一点,在宇宙和人类的坐标系中便具有了自己的坐标,这个坐标点决定了我们具有和其他坐标点的差异性,我们的不平等便已注定。这些不平等的种子便开始随着生命过程不断的发芽生长,结出不同的果实,对人产生不同的作用力,使得我们在人生的坐标系中朝着不同的方向运动者。当然人生轨迹的决定因素除了这些外力外,还有环境的力量和自身的因素,而我们身处同一坐标系,这谁都逃不出,所以外界对于我们都是相对平等。而具有决定性力量的就是内力——我们的大脑,它产生的作用力的范围无穷大,每个人对它具有绝对的支配权,可以再无穷的范围内自由的选择,这是人类发展的动力源泉。

(一)不平等因素及其作用

自身因素:自身具有的与他人的区别性,包括外在仪表形象和内在心理素质等。

外在因素:个体所处特定环境的区别性,包括经济因素、文化因素和社会因素等。

因素	具体			作用力	备注
自身因素	仪表形象	悦人	正向	较强亲和力	
			反向	忽视内涵品质发展	
		平平	正向	注重内涵品质	
			反向	消极自闭	
	内在心理	外倾	正向	较多的发展平台	
			反向	忽视内涵品质发展	
		内倾	正向	仔细谨慎	
			反向	封锁自闭、按部就班	

续表

因素	具体		作用力		备注
外在因素	经济因素	较好	正向	较多的发展支持	
			反向	较少的发展动力	
		一般	正向	较多的发展动力	
			反向	较少的发展支持	
	文化因素	较好	正向	较强的成长品质	
			反向	较强的自负、自大	
		一般	正向	较强的成长动力	
			反向	较弱的成长品质	
	社会因素	较好	正向	较多的发展平台	
			反向	较弱的进步动力	
		一般	正向	较强的进步动力	
			反向	较强的反社会动机	

以上表格只是理想型的分型,生活中好多属于混合型的,是多种因素共同作用的结果。

从表中不难看出,个体的差异致使人们产生了不平等的因素,归结起来有的属于"不可抗力性的"坐标点性质的因素,以一点来看坐标是一定的,诸如外在因素的家庭出身、家庭经济情况;内在因素的美与丑等,我们无法改变,我们没办法到公安机关去注销掉身为贫苦农民的父母亲,而重新注册一位或"官"或"富"的父母,使自己也成为人们艳羡的"官二代"或"富二代"。也许我们可以花巨额资金实现外在容颜的美丽,但很多的事实告诉我们这种短期行为是没有时效性的。在这里,面对这么多的"不可抗力",我们只能静静地接受上帝的礼物。不平等的因素更多的是线性的,处于动态的变动之中,我们在一定的时间和空间中可以慢慢地调整的。这里我们较多的关注每一个坐标点既定的不平等因素及其对自我发展的影响。

有那么多的不平等因素,它们的作用又如何呢?从上表中可以看出是既有积极又有消极作用的辩证作用,不可一概而论,那么消极和积极的决定因素是什么?它就是你自己,这里我们先做基本分析,其作用后面在平等因素中予以详述。

(二)平等因素及其作用

万事万物都是矛盾的统一体,有不平等就有平等。它们对人生发展都起着重要的作用。平等因素包括竞争平台和心灵主体等。

1.竞争平台

竞争平台是指在一定的范围内合作交流平台的同一性。

人的社会性使得我们相互之间要有合作和竞争,我们都在基本相同的平台上,也许个体存在诸多的差异,但竞争平台是一致的,评判标准是一致的。正如莘莘学子,个体因素千差万别,但我们可以参加统一的国考,同样的命题,同样的标准去在千军万马中奔跑竞争。进入某一高等学府,来自五湖四海的学子们,面对的是同样的学校软硬环境,同样的师资力量,在这一点不因你们的各方的不平等因素而提供给你们不同的平台。

平台一样,但相同的平台在每个个体身上所产生的作用却千差万别。如高校中,有的学生大学几年的图书证仅仅作为自己是学校主人应有的权利标识而已,基本没进过图书馆进行相关的资料查阅。我们有着众多的问题而没有去咨询我们的导师、辅导员以及咨询师等,这些是大家都可以免费利用的资源。如学校提供大量的实验设备,配备专业教师并给予实践的平台,可是参与者却寥寥无几。更有奇怪的现象就是翘课去参加校外的高额缴费培训班。这里务必声明的一点是,这一切在你们进入学校的时候,每个人无论家庭经济等方面的差异,而都以同样的经济标准以学费的名义交给学校,那一瞬间你就和学校的协议生效,学校必须提供你德、智、体、美等方面发展的平台,可是我们学生却"单方不履行合同",翘课、"拒绝成长"等,眼睛却盯着那些无关痛痒的食堂饭菜等有关生活舒适度的因素。所以,在这个平台上我们是一样的,不论贫穷与富有,不论高矮与美丑,我们都平等的身处其中,可利用率却相差甚远,这是一种浪费、一种违约,也是我们以后人生不同归宿的分道口。

2.心灵主体

心灵主体是指个体所具有的人格独立性与思维开放性。

前面说明了有诸多的人力不可为的不平等,也有外界提供的平等的竞争平台,它对每个个体的发展和成长都有一定的影响。如果你长相具有"鹿某""章某某"一样的颜值,你在演艺界就会有较高的成功几率;或者你具有"潘某某""宋某某"一样的"磕碜"长相,你就会在喜剧界具有更多的发言机会。如果你有性格外向,外表一般,但具有"某某姐姐"一样的性格,那么你就会拥有使你成为"女皇"的千万粉丝;如果你家境殷实得如任性的"王某某",你就会按照个人的兴趣去发展自己的事业而不会用太多的心思和精力顾及太多的与兴趣无关的制约因素。当然了,较好的经济和家庭环境下也有"李某某""房某某"的事情,这就是家庭较好经济因素对个体的另外一方向影响了……

说到这里,你就会疑惑,到底各方的不平等和平等对个体的影响是正向还是反向的?笔者认为不可轻易地进行链接,观察分析诸多的影响,我们发现产生正向反向的作用的唯一重要因素就是个体的态度,也就是心灵主体,这是发生正向和反向力的根本决定力量。同样的因素在自我思想的加工下呈现不同的结果,甚至出现相反的结果。所以外在因素不重要,重要的是你,你的心灵主体、你的大脑、你的思想。

(1)特立独行

无论前面那么多的平等和不平等,我们唯一可以置之度外的就是心灵主体的平等,它不依赖于前面的任何一因素可以独立存在,具有任意时空的效应。可以藐视一切的平等和不平等因素,可以转化一切的平等和不平等因素。

（2）无所不能

前面的一切平等和不平等对个体发展具有一定的作用，如"常规武器"，而心灵主体的平等这一因素却具有"核当量级"的能量"核武器"，可以摧毁一切挡在我们前面的障碍，更可以将一切的"不利"因素转化为有利因素。我可以在物质层面一无所有，但我却拥有一个健康的大脑，这样就可以化腐朽为神奇，扭转乾坤，成为"富一代"或"官一代"；你是一个强大的富二代、官二代，因为你"贫穷的大脑"，你家族的"富""官"到你这儿也只能"Game over！"

三、我们的出路在哪里

人生有着这么多的平等和不平等的因素影响着我们的发展，那么我们如何利用和规避它们，有效地为我们的个体发展服务，这是我们的核心，笔者认为有如下几点：

1. 认可

（1）认可既有的情况

这是我们无法规避的存在，我们无法选择，只能是静静地接受。这正是上帝赐予我们个体区别于其他个体的特征，更重要的是我们人生路上的"九九八十一"，是艰难更是考验，是困苦更是锤炼，是优势更是诱惑。

（2）认可两个方面影响

在前面的表格中列举了常见的一些平等和不平等的因素和产生的正反两个方面的作用，这个不容回避，颜值高的就是易于被接近，个体就是具有较高的自信。而相貌平平者不应有那种得不到的"嫉妒"，也不应有那种不切实际的"假如我是他"的幻想（你本来就不是他）。

（3）认可选择的平等权

每项因素有利有弊，是利是弊的决定权在你手里，你有绝对的选择权，对于自己成为"富二代"或"官二代"你没得选，可成为"富一代""官一代"你有绝对的选择权。

2.选择

（1）在既有的情况下选择

面对现实，立足实际，在既有的情况下进行选择。犹如"涉日事件"中的我们，立足岗位，努力提高自身素质，进而提高综合国力是根本，而不是在每一次的反日行动中"从一浪一浪的呼喊声中获得一次一次的生理高潮"，拖着疲惫的身体回到阴暗的地下蜗居处，啃着馒头"在纠结着中美博弈的操作方案"中郁闷地睡去。

（2）在每个因素里面选择正向的力量

凡事有利有弊，在每个因素里面选择正向的力量，回避或者消灭反向的力量。让颜值高作为你成功社交和自信力的源泉而不是一时半会利用的面具，让"磕碜"的外貌面对"主要看气质"自惭形秽；让较好的经济和家庭背景成为你成功的台阶，而不是滋生慵懒享受的温床；让拮据的经济和较差的家庭背景成为你进步的力量源泉，而不是懦弱无力的借口；让合理公平的竞争平台成为你的主战场，而不是你作为显示平等的标牌。所以成功或失败是你选择出来的，而不是别人或环境"迫使"你沦为"Looser"。

3.坚持

（1）坚持自己的选择，不轻言改变

人生就是无限的选择，选择就意味着不是唯一，就意味着当下情况下的选择，肯定回过头来或者在别人眼中你的选择不是最佳，但这是你的选择，更重要的是基于时间的一维性，我们绝对不可能再有从头再来的可能性。所以一旦决定，别轻易地改变，但可以适度的调整。人生转头回望，条条道路通罗马，而我们却耗费了大量的时间精力，再从中途不断回头到起点，不断地重复"重头再来"的悲壮故事，其实距离成功仅一步之遥。

（2）坚持实践，收获有效行动的逻辑

实践是人们能动地改造和探索现实世界的社会性的物质活动，自觉能动性和客观物质活动是重要特点，那么意志力过程是其核心要素。在此有两种情况,其一是前期准备充足者,思想高度集中于目标者心无旁骛,仅仅只有"生理"上有限的不适感,无意志力参与之感,正常的休整和调试即顺利有效的前行。其二是准备不足或心理因素稍差者,严重的"心理"不适感而行动退缩,这部分个体深感意志力缺陷,需较大努力克服心理因素,其实质也是认识不足造成的。况且,在实践过程中的设计因素的复杂和多维性使得我们收获更多的"意外收获"。

4.收获

包括两个方面,一是具体的在某项事情中的收获,即根据早期的计划拟定好的预期收益。二是过程收益和后期收益。传统社会的基本特征是确信,而近现代社会的基本特征是怀疑精神,在郑也夫先生的《文明是副产品》中描述人类的文明很大程度上是"副产品"造就的,不是有直接用途的那些东西造就的。事实上,人类文化宝库里的大多数东西,没有实际用处。没有实际用处的东西要比有直接实际用处的东西的知识含量大得多。无用之学最后才有大用处。基于此,拟定收益只是收益中很小的一部分,较大的是在实践过程中的"副产品",而正是这些贯穿其中的核心收益,使得我们领略到了万相之下的"宗",在其他事件中的触类旁通,相得益彰,这就是规律,这就是法无定法、法有万相(具体事件),万法归宗(过程收益和后期收益得到的),在以后的其他事件中,虽然这些前事件的过程收益和后期收益不为我们觉察和重视,但我们经常"自然而然"地应用这些"宗"来高效的解决诸多问题。

第二节　我与自己
——认识自己,征服自己

认识自己才能认识世界,

征服自己才能征服世界。

古往今来,人们想了解又最难了解的正是自己。"认识自我"是一直萦绕在人们心头的一个难题。古希腊戴尔波伊神托所的入口处就矗立着"认识你自己"五个醒目大字的石碑。成功与失败的关键区分点之一就是对自我是否有正确的认识。正确认识自己是实现自身价值的前提。中国有句成语叫"知人者智,自知者明"。这些都反映出认识自我的重要性。

正确认识自我的本质就是正确的自我定位,对自身的软硬条件进行正确梳理和定位,以便能恰当地运用它们,并匹配恰当行为,以实现最大的价值。生活中,往往出现过大或过小地认识自我的问题,产生诸多的问题。怎样认识自我,发现优势和劣势,如何有效地整合自我资源,这绝不是一件小事。

一、正确认识自我及其意义

(一)认识自我

认识自我,就是要从生理的自我、心理的自我、社会的自我三个方面来全面深刻地了解自己。即作为主体对自身生理和心理的认识,以及对自己与周围关系的认识,如自我评价、自我监督、自我控制、自尊心、自信心等,由主观的"我"对客观的"我"进行理解和觉察。

生理的自我认识较为容易,心理和社会的自我认识较为不易。由于主体的"自我保护机制",往往我们凡事以自己的一切为参照点来认识和评价事物,所以心理和社会的认识是最困难的,常见的就是一些专业的量表,最朴素简单的就是他人的这面镜子。

(二)意义

客观的自我认识是实现人生价值的一个重要前提。通过自我认识,认识到你自身具备什么样的"起点水平",结合自己的目标是这个"终点"要求,分析评估自己的优势和劣势及周围环境水平,以便能够有效地整合自身和环境的资源,最大限度地挖掘自身的潜力,并匹配以恰当的行为,最大限度和最快地实现自身价值,高效率地实现自身人生的意义。

认识自我在自我价值实现中发挥着重要的作用。有的人太重视自我(看大自我),过高估计自己的能力,往往思想上目中无人,狂妄自大,提出不切实际的目标,行为上盲目冒进,结果弄得鸡飞蛋打,别人也可能认为他自命不凡、自命清高、骄傲自大,避而远之,远去的是你的一份"社会资源和帮助"。也有人过于自卑,太轻视自我(看小自我),低估自己的实际水平,造成畏首畏尾,萎靡不振,一事无成。甚至自暴自弃,自甘堕落,破罐破摔,做出一些有损他人利益的举动。在别人眼中,你懦弱无能,因而无视你的存在,无视的往往是你的"优势和资源"。

我们天生都是不一样的,每个人拥有自身不可估量的潜在价值和优势,用以解决自己特殊的问题,同时也拥有自身天生的一些"缺陷"。上帝是极其公平的,生物本身的复杂性也告诉我们人的一切是平衡的。而我们如何能够正确有效合理地将这些优势资源和劣势资源进行整合,发挥优势,弥补劣势,这是形成成功和失败的分水岭。发挥并应用我们的优势资源,纠正或规避我们的劣势资源,那么成功是显而易见的,前提是你要知道自己的优势和劣势。

二、自我认识的内容

（一）生理自我的认识

1. 生理自我认识的意义

"体，乃载知识之舟，寓道德之舍。"其重要性显而易见。在人生的实践过程中，身体是一切有形和无形的载体所在，是一切的宿主，否则的话一切如过眼烟云，心灵便是"孤魂野鬼"。俗语说得好："皮之不存，毛将焉附？"所以如何正确地认识自身身体，这是"自我"认识的首要任务。

一切素质能力的载体，就是人的身体。毛主席曾说过："身体是革命的本钱。"这些话都可以说明一个道理，那就是没有一个健康强壮的身体，就不能去实现远大的抱负、崇高的理想。"文明其精神，野蛮其体魄"是毛主席在其少年时代对自己提出的要求。周总理曾经有过健康工作五十年的愿望，但就是因为过度劳累损害了身体，留下了遗憾。在历史上"出师未捷身先死"的事例更是屡见不鲜。这一切，足以说明身体素质的重要性。

可以说，一个个体是否了解自己的身体，且具有强健的体魄，关系到自己的生存，影响到学业或事业的成败。作为整个民族的身体素质，还将维系着这个民族的兴衰。所以首先要认识的就是自己的身体，它对我们能够很好地"保养和维护"这个灵性的化身具有重要的意义，避免出现"拉手亲吻"后就会怀孕的笑话，甚至"头疼脑热"就要去烧香拜佛的窘境。

2. 生理自我认识的内容

对生理自我的认识包括人体解剖学、组织胚胎学、生理学三门学科的学习和认识。当然一般情况下我们不是专业的医学或生命健康研究者，但对基本的生理常识应该有一定认识。

（1）人体解剖学

人体解剖学是一门研究正常人体形态和构造的科学，隶属于生物科学的形态学范畴。在医学领域，它是一门重要的基础课程，其任务是揭示人体各系统器官的形态和结构特征，各器官、结构间的毗邻和连属，为进一步学习后续的医学基础课程和临床医学课程奠定基础。人体解剖学也是美术、音乐、体育等学科的必修科目。人体解剖学由于所服务的对象不同，分为系统解剖学、局部解剖学、艺术解剖学、运动解剖学以及应用（手术）解剖学等。

（2）组织胚胎学

组织学与胚胎学是相互关联的两门学科，我国医学教育习惯将它们列为一门基础课程。组织学是研究机体微细结构及其相关功能的科学，它是以显微镜观察组织切片为基本方法的，故又称显微解剖学。胚胎学是研究动物个体发育过程中形态结构的变化，叙述怎样从一个受精卵发育成胚胎，从而了解各种动物发育的特点和规律的生物学分支学科。也可广义地理解为研究精子、卵子的产生、成熟和受精，以及受精卵发育到成体的过程的学科。

（3）生理学

人体生理学是研究生命活动规律的科学，是医学发展的基础，生理学是生物科学的一个分支，是以生物机体的生命活动现象和机体各个组成部分的功能为研究对象的一门科学。人体生理学的任务就是研究构成人体各个系统的器官和细胞的正常活动过程，特别是各个器官、细胞功能表现的内部机制，不同细胞、器官、系统之间的互相联系和相互作用，并阐明人体作为一个整体，其各部分的功能活动是如何相互协调、相互制约，从而能在复杂多变的环境中维持正常的生命活动过程的。

在对生理自我的认识中，我们不可能掌握得很全面很详细，但应对它们有一定的了解，尤其是一些基本的知识。特别是人体解剖学，应该有根本性的认识。

（二）心理自我的认识

人的心理状况和应激反应，较大程度上决定一个人的为人处世的效率和效果。只有自己了解自己，才能掌握自己，控制自己，并有意识地训练和提高自己的心理素质，进而发展自己，实现自我存在的价值。

在人生经历中，我们会不断受到外界生活事件的刺激，会在各自内心产生一定的应激效应，是好是坏，是大是小各不相同，决定于一个人的心理处理机制，所以了解和有意识地培养良好的心理处理机制是一个人成长和成熟的根本标志之一。平素，我们往往经受着社会的种种压力和不同程度的精神刺激，诸多社会事件的刺激，都可造成心理天平的失衡，导致社会适应不良，影响心身健康，严重者引起心理疾病。然而，"解铃还需系铃人"，心理天平的调衡，无疑是个人起主导作用。对此，人们不尽了然，尤其在现在物质的极大丰盈，人们逐渐地从简单的对物质生活的追求过渡到对高级精神生活的追求和享受，基于此而产生出种种的心理问题，心理问题的"复杂无形"和"无所不能"，让我们束手无策。所以从心理卫生的角度，了解心理自我，学习心理自我测评与调适的理论与技巧，以期达到心理天平自我调衡的目的，旨在保持心理健康和社会适应良好。

（三）社会自我的认识

社会自我认识是个体对自己在社会生活中所担任的各种社会角色的知觉，包括对各种角色关系、角色地位、角色技能和角色体验的认知和评价。

社会自我是自我概念的重要组成部分，已有研究证明社会自我在青少年晚期变得非常突出，并占据着重要的位置。因此，大学生社会自我研究对促进大学生自我概念的健康发展有着重要的意义，这也是青年学子进入社会，承担社会责任，标志自己独立存在的"必修课"。

三、自我认识的途径和方法

(一)加强基本知识和基本理论的学习和掌握

专家指出,作为社会中的一个成员,要自立于这个社会之上,就必须建立属于自己的、必要的和科学合理的知识结构,使整个知识体系呈"T"型展开,其中横向表示要有一定的宽广度,包容多方面、多学科的知识,以满足工作、生活、交往等方面的需要;纵向表示要具备相当的精深度,在专业上深刻透彻,以满足更深层次的需要。换句话说,就是要做本行业、本部门的通才,做某些方面的专才,具有专与博的兼容性。

对于自我认识的基本知识和基本理论的学习,是解决自我认识的知识基础。社会中现在不乏一些将专业知识作为唯一追求的人,忽略一个成功人士必备的合理的知识结构。基于此,我们就不难理解会出现某高才生和女朋友牵手和接吻后就担心怀孕的现象,也就不难理解某博士生被一中学生骗至偏远山区卖掉的现象等。也许我们不是医学、心理学和社会学的专家学者,但作为一个社会人,想要成就人生,应该知晓医学、心理学和社会学的基本知识和理论。一来熟知自己的资源和基本状况,在任何时候任何事情上可以从自身实际出发,避免不必要的时间和精力耗损。二来根据"法无定法,万法归宗"的原则,医学、心理学和社会学的基本知识和理论可以促进和深化其他方面知识的掌握和理解。

(二)加强基本方法和技巧的运用

自我认识不是一朝一夕或一招一式就能做到的,基于我们人生时间和精力的有限性,我们必须加强基本方法和技巧的运用。

1.从"他人"和"它事"中认识自己

常言道:"以铜为镜,可以正衣冠;以人为镜,可以知得失;以史为镜,可以知兴衰。"在自我认识中可以借助"他人"和"它事"这面镜子来清楚地反映自己。

（1）直接评价

从和自己接触的他人直接对自己各方面的评价中认识自己。"人在事中迷"，作为一个旁观者，更能清楚地看到别人的方方面面。所以他人对自我的评价具有较强的借鉴意义。

当然由于生物自我保护的本能，会出现两种情况必须注意：一是一般情况下对他人的认识多以挑剔和否定为主，所以形成的评价"负向"较多和"浮夸"。二是在对他人表达时一般情况下不会过多地对"短项"进行直接评价，而是正向迎合的较多些，这就要求我们在听取别人的评价时应当理性和客观。在这里自己在接受别人评价信息时也会出现对于"短项"的"不易接纳"和"正向迎合"的"悦纳"现象，这也是特别需要注意的。

（2）间接映射

从自己在环境中的写实性的表现和处境来映射自己，从而形成对自己的认识。你的一切能力和素质直接的体现就是你对社会问题的处理和应对及其最终结果。它从两个方面来看：一是问题处理和应对的过程中的表现，诸如高效、敏捷、迅速、得心应手、泰然自若等。二是问题处理和应对的结果呈现，诸如社会处境、工作处境、社会和家庭地位、强项和弱项、兴趣和爱好、过去和现在的自己等。

在间接映射中，要注意几点：一是"法有万象"。你的素质和能力的表现的方式是多种多样的，在种种的表现下要能找出其本质性和核心性的东西，以便正确的形成自我认识；二是种种的"社会表现"的自我影响权重。在种种的"社会表现"中，自我和环境的影响权重值是不一样的，也有偶然性的因素可能形成的"社会表现"，这里必须要有认识。

2. 用科学的方法认识自己

在人类历史上有许多如何识人识己的方法，可以进行借鉴。现在科学的发展，人们发明了许多较为科学的自我认识的方式方法，诸如医疗体检和化验,检验设施和手段,心理测验的诸多工具和方法、技巧等,职业能力测试等工具和方法,可以借鉴。

这些科学的工具和方法,是人们在生活生产过程中不断总结和发展出来的,它们具有一定的科学性和借鉴意义,但是必须注意它们的局限性,仅供参考和借鉴,不具有绝对的决定性意义。局限性体现在:一是它们具有时代性,它们是一定时代条件下的产物,随着时间和科学技术的进步,人们的认识会更加科学化。二是它们面对使用个体的"个体性"。这些科学的工具和方法只能是在一定程度下对"大多数"总结出来的一般结果,而每个个体的"特殊性"使得应用的具体性出现一定的"偏离",这些都是必须注意的。

在采用上述方法,综合各种情况后,自己进一步全面的分析对比,采纳正确的认识,剔除错误的看法,客观地评价自己,既不高估自己,也不贬低自己。认识自己的优势、劣势、自己的与众不同和发展潜力。认识自己的生理特点,认识自己的理想、价值观、兴趣爱好、能力、性格等心理特点。

需要注意的是,认识自我,要尽量客观、准确、全面,避免因为个人认识或个人动机出现较大误差。再者认识自我,包括认识自己的现状和未来,是为了更好地把握自己,发展自己,要避免因此限制自己,成为发展的桎梏。

第三节　我与他们
——理性从众,拒绝盲从

棋逢高手,行随高人;

理性从众,拒绝盲从。

"从众"是一种比较普遍的社会心理和行为现象。通俗地解释就是

"人云亦云""随大流"，大家都这么认为，我也就这么认为，大家都这么做，我也就跟着这么做。在我们生活中从众现象比比皆是。如何理性从众，拒绝盲从，提高效率，杜绝有限时间精力的无端耗损，是青年学子必备的基本素质之一。

一、定义及其影响

（一）定义

从众是指群体成员在真实的或想象的群体维系力下其行为或信念上的改变，及其伴随的行为方式。

这个定义的核心是群体维系力使得个体改变其行为，并以某种方式来行动，这种行为方式在没有群体维系力时，个体是不会这样做的。人的社会性决定人必然是有群体性的，而群体即意味着有种力量维系在一起，群体中的每个个体都必然受群体的维系力。群体的维系力可能是明确的，也可能是含糊的，也就是在定义中所说的"真实的"或"想象的"。明确的维系力是指，如果个体不从众，群体会采取威胁或惩罚等进一步的行为；含糊的或想象的群体维系力指的是，个体认为如果他不从众的话，群体可能会惩罚他，即使群体实际上并没有威胁或惩罚他。

从众现象在日常生活中比比皆是。美国人詹姆斯·瑟伯有一段十分传神的文字，来描述人的从众心理："突然，一个人跑了起来。也许是他猛然想起了与情人的约会，现在已经超过约定时间很久了。不管他想些什么吧，反正他在大街上跑了起来，向东跑去。另一个人也跑了起来，这可能是个兴致勃勃的报童。第三个人，一个有急事的胖胖的绅士，也小跑起来……十分钟之内，这条大街上所有的人都跑了起来。嘈杂的声音逐渐清晰了，可以听清'大堤'这个词。'决堤了！'这充满恐怖的声音，可能是电车上一位老妇人喊的，或许是一个交通警察说的，也可能是一个男孩子说的。没有人知道是谁说的，也没有人知道真正发生了什么事。但是两千多人都突然奔逃起来。'向东!'人群喊叫了起来。东边远离大河,东边安全。'向东去!向东去!'……"

(二)影响

从众现象对于个人或集体具有重要的意义。从其行为动力因素可分为理性从众和盲目从众,其产生的效果亦截然不同。

理性从众行为,使得个人或集体获得更多的社会支持和帮助,从而实现自身或群体的价值。它的核心是理性指导自己行为,拒绝盲从。诸如哥白尼理性不盲从,发现了"日心说",实现了天文学中的根本变革,使得人们在更高的尺度上审视自我;达尔文理性不盲从著书《物种起源》,使人类从此脱离神的怀抱,走向理性的回归;因为理性从众,富强、民主……的社会主义核心价值观根植人心,社会面貌欣然向上。理性不盲从,才能使我们走上正确的道路,在有限的时间精力下取得更大的成功。

盲目从众会无端的耗损我们有限的时间和精力,更深层次的就是在事务处置过程中失去自我。因为盲从,东施效颦终成笑话;因为盲从,邪教、传销贻害无穷;因为盲从,刘某某追星导致家破人亡;因为盲从,蹉跎岁月,空留遗憾无尽。

二、从众分类

不同的研究者对从众行为有不同的分类,这里介绍两位典型的研究者以及笔者的观点。

(一)迈尔斯

美国心理学家迈尔斯(D. G. Myers,1993)认为,同一种从众行为从心理上可以划分为"简单服从"和"内心接受"两种形式。

个体保留他的个人观念而仅仅改变其公开行为,这种从众形式叫作"简单的服从";个体既在公开行为中又在私下态度上与群体保持一致,这种从众形式叫作"内心接受"。"简单服从"和"内心接受"之间的区别是重要的,因为它可以使人们预测群体维系力撤销之后个体的行为。"简单服从"的个体在群体压力撤销之后,仍然保留着与群体不一致的信念,人们没有把握肯定他以后会按群体的规范行动;但对于"内心接受"的个体而言,人们对其行为进行预测的把握就较大。

(二)凯尔曼

美国学者凯尔曼(H. C. Kelman,1958)提出了其他分类法,他集中考虑的是个体选择从众的原因。他认为,为了受到群体的奖励或者为了避免惩罚,个体表现出与群体相一致的行为,这时简单服从就会产生;当个体相信群体的观点或行为是正确的时候,内心接受(或内在化)更有可能产生。然而,柯尔曼提出了第三个范畴,称为认同。当个体为了维持与一个他认为是重要的他人或群体的关系,而模仿这个人或群体的行为时,便会发生认同。随着时间的推移,只要个体继续认为这种关系是有价值的,这种形式的从众便会长期继续下去。

(三)笔者

笔者认为,从众的产生不是单一因素的简单对比,而是由诸多因素综合决定,不纠结于理论,关键是如何认识其实质以指导我们的生活。在此,笔者认为从众有以下两种情况:

1.理性从众

理性从众是指个体对自身和群体较为理性的认识后而产生的心理和行为上的从众。

(1)"不怀疑"

具有理性的分析后认为群体性质与自己的价值观完全重合,而坚定不移地坚持群体心理和行为。这种从众行为具有较强的维系力和持久的坚持性。

(2)"不值得"

个体站在更高的层次上,价值判断认为不值得耗费精力和时间去进行维系此种"大流",而在行为上的"随大流",且心理上没有抵抗情绪,静观其自然存在,无喜无憎,无欢无忧。

(3)"不知道"

个体理性分析认为个体对群体性质和自己的价值观认知欠缺,自己无法判断时,认为"大家的判断"应该就是"正确的",而出现的与大众心理和行为的一致现象,但是随着个体认知水平的发展或群体维系力的变化,个体会出现对从众行为的重新认识。

(4)"不得已"

个体理性分析认为群体维系力与自己价值观冲突的力量相比,群体维系力大于自己价值观的判断,而出现的行为上的从众和"心理上自我保留",这种"从众"会随着个体力量的增长而渐渐出现"脱颖而出"的现象,以前的从众只是权宜之计。

2.盲目从众

盲目从众是指个体忽略自身价值判断而不假思索的认可群体维系力的存在,从而出现的心理和行为上的完全"从众",也就是盲从。

(1)"主动盲从"

个体以偏概全的认知偏差导致的从众行为,诸如追星一族,他有比较稳固的群体和心理倾向,易出现"全好"的绝对思维。

(2)"被动盲从"

在一定的思想攻势下出现的"思维定势"而出现的从众行为,诸如法轮功、传销等行为,经过思想攻势,在个体心理产生"一切都得听他的,他的一切都是对的"思维定式后,一声令下,群起而从之。

盲从因为个体忽略自身价值判断的不假思索,使得其具有"偏执"的性格,而对个体和社会产生较大的危害,最终个体会出现"茕茕孑立,形影相吊,寡而不育,抑郁而死"的窘境。

三、从众理论研究和分析

从众是一种普遍而且对人的发展有重要影响的现象。有众多的学者对其进行了较多的研究,形成了不同的理论和分析。

(一)理论研究

1. 从众个性理论

美国心理学家克拉奇菲尔德研究了在行政职位上的一些商业者和军事人员的从众行为。他发现,实验中,经常从众的人一般说来智力较差,缺乏领导能力,有较高的自卑感;而那些有较多专制独裁特性的人常常不从众。他描述从众者具有较少的自我力量,较少忍耐自己冲动的能力以及忍耐模糊性的能力,不愿意接受责任和委托,很少自省,缺少创造性,而具有较多的偏见。进一步的研究发现,有偏见的个体比不具有偏见的个体更容易从众。

2. 从众群体压力理论

群体压力理论注重群体施加于个体身上的压力,这个理论的核心概念是群体压力,即群体对其成员形成的约束力与影响力,包括信息压力和规范压力两种。代表人物是美国社会学家阿希和凯利等人,他们认为存在两种信息来源,当个体长大之后,可以根据这两种信息来源来体验现实及学习正确的行为。一个根据物理现实或个人的体验来自于"尝试错误"的学习获得的"个人的信息",如被炉子烫手后,不再去摸发热的炉子。第二种信息由其他人或其他群体提供的来源是来自社会现实的"社会的信息"。例如,因为父母告诉孩子炉子是热的,不能碰;长大后,懂得了世界并非由绝对物理现实构成的。

一般说来,群体对个体施加压力使其从众有两种形式,一种是来自群体的信息性压力,就是提供有关个体应该如何行动,把事情办好的信息;另一种是来自群体规范性社会压力,就是如果个体不从众的话,群体拥有拒绝(嘲笑、打击、排斥等)该个体的可能性。绝大多数场合,两种影响的形式会同时作用于个体。某些特定场合下,一种形式可能比另一种形式更强烈。并且,某些个体可能对一种形式要比对另一种形式更敏感。一般来说,两种形式是共存的。

3. 谢利夫的自主运动范式

研究从众有几种主要的经验方法,其中最早的是美国心理学家谢利夫的研究,他的兴趣在于考查群体是怎样形成规范的。他利用自主运动效应(又称游动效应或似动错觉),认为群体将会建立起成员愿意服从的规范。

4. 阿希的线段判断实验范式

美国社会心理学家阿希认为,谢利夫实验中的被试者之所以从众的原因之一,就是他们所要判断的刺激是模糊的。为此,阿希设计了一个研究从众的独特方法,即将人们置于其他群体成员的意见之中,称为阿希实验。他采取线条判断的任务,因为他发现,当要求人们单独判断线条时,即没有群体影响时,他们几乎没有什么错误地就能完成任务。这个情境与谢利夫的情境是不同的。在谢利夫的研究中没有正确的答案:一个人所知觉的光点运动距离与另一个人所知觉的距离本身差别就很大。然而,阿希发现他的被试者有三分之一以上时间附和了群体不正确的观点,即使当他们知道群体是错误的,也会这样做。当面对群体一致的不正确观点时,绝大多数被试者至少从众一次,只有四分之一的被试者能够坚持自己正确的意见。

当然了,有关从众研究的理论还有很多,诸如对阿希实验研究范式改进最有影响的克拉奇菲尔德技术等。

(二)理论分析

从前面的理论可以看出,产生从众的原因和影响因素较为复杂,归结起来有如下分析:

1.从众的根本原因:行为参照和对偏离的恐惧

在许多情境中,人们由于缺乏进行适当行为的知识,必须从其他途径来获得行为引导。根据社会比较理论,在情境不确定的时候,其他人的行为最具有参照价值。而从众所指向的是多数人的行为,自然就成了最可靠的参照系统。在通常情况下,人们在遇到不明确情境时,对于多数人的行为会尤为信任。在不了解更多信息的情况下,我们也会更愿意到人多的商店购物,到人多的地点去旅行。在常识上,人们会自然地假定,那么多人的出现自有他们的理由,而在这些理由中,自己行为的合理性也包括在其中的可能性,要远大于人数较少的时候。所以就出现了"买菜看老太,买瓜看瓜皮"的快捷选择法。而不法商人雇佣"托儿"来进行不正当促销之所以能奏效,正是利用了人们的这种从众心理。

"木秀于林,风必摧之",这一格言提醒人们,对于群体一般状况的偏离,会面临群体的强大压力乃至严厉制裁。研究证明,任何群体都有维持群体一致性的显著倾向和执行机制。对于同群体保持一致的成员,群体的反应是喜欢、接受和优待,对于偏离者,群体则倾向于厌恶、拒绝和制裁。因此,任何人对于群体的偏离都有很大冒险。

2.从众的影响因素

(1)群体因素

一般地说,群体规模大、凝聚力强、群体意见的一致性等,都易于使个人产生从众行为。

(2)情境因素

这主要有信息的模糊性与权威人士的影响力两个方面。即一个人处在这两种情况下,易于产生从众心理。

(3)个人因素

这主要反映在人格特征、性别差异与文化差异等三个方面。一般地说,智力低下、自信心不足、性格软弱者,较易从众;妇女比男子容易从众;不同文化背景的人,其从众表现有一定差别。就个人从众的发生看,从众可能是盲目的,也可能是自觉的;可能是表面的顺从,也可能是内心的接受。而就其意义说,从众可能是消极的,也可能是积极的。

3.从众的作用

有的人对"从众"持否定态度。其实它具有两面性:消极的一面是抑制个性发展,束缚思维,扼杀创造力,使人变得无主见和墨守成规,甚至在从众行为中的匿名感使得个体出现群体性的违规现象;但也有积极的一面,即有助于学习他人的智慧经验,扩大视野,克服固执己见、盲目自信,修正自己的思维方式、减少不必要的烦恼和误会等。

不仅如此,在客观存在的公理与事实面前,有时我们也不得不"从众"。如"母鸡会下蛋,公鸡不会下蛋"——这个众人承认的常识,谁能不从呢? 在日常交往中,点头意味着肯定,摇头意味着否定,而这种肯定与否定的表示法在印度某地恰恰相反。当你到该地时,若不"入乡随俗",往往寸步难行。因此,对"从众"这一社会心理和行为,要具体问题具体分析,不能认为"从众"就是无主见,"墙上一棵草,风吹一边倒!"

四、我们如何面对从众行为

(一)大学生中常见的从众现象

大学生特殊的年龄和心理阶段使得大学校园的从众行为较为普遍,它既有积极方面,又有消极方面。研究大学生从众现象,对于优化群体结构,利用从众行为的积极影响,防止其消极作用,具有重要的意义。

理性从众可以学习他人的智慧经验,扩大视野,克服固执己见、盲目自信,修正自己的思维方式、减少不必要的烦恼等。而盲目从众,反映了部分大学生自我意识弱化,独立性较差,缺乏个体倾向性的世界观、人生观、价值观,这是从众行为中消极现象抬头的主要原因,即使从众行为出现积极效应,但一旦失去这种从众氛围,又很容易不知所措,找不到自己努力的方向,走向社会后的迷惘、失落,甚至引起心理疾患,实际上这是从众现象最直接的后遗症。到底如何把握,笔者认为高校从众现象从内容和形式上体现在三大方面和两个平台。

1.三大方面

大学校园年轻学子们的从众现象在内容方面主要体现在三个方面,即学风营造(学习从众)、生活引导(生活从众)与社会参与(社会从众)。

(1)学风营造(学习从众)

高校是学生获取知识的重要场所。学生核心任务就是学习,所以高校的学风建设是校风建设的核心要素:积极建设良好的学习风气,增加集体的正向吸引力,弘扬正能量,杜绝不良风气滋生蔓延,抵制不良诱惑。

高校招生逐渐透明公开,学生入校时的智力水平基本相当,随机安排学生的班级与宿舍,但从大一开始,出现明显的"不同步"现象,在各个方面却显示出不同层次。优等生、英语过级、研究生录取等相对来说,班级、宿舍都比较集中。宿舍成员集体出动参加各种证书培训班,已是大学校园蔚然流行的风景,当然,学渣宿舍,集体逃课、留级、甚至处分的宿舍也不罕见。这明显的就是舍风的影响。难怪一男生直言:"哥儿几个都在拼命学,我不上进,岂不丢人?"

(2)生活引导(生活从众)

高校是学生走向成人和成熟的必要阶段,除了学习,还得积极处理各种生活事务,必然需要参与到群体中去。"下棋找高手,弄斧到班门!"参与到优秀的组织和团队中去,以提升自己的才能。但由于阅历和认知水平的区别,在情境不明之时需要及时有效的行为参照,以避免偏离群体的焦虑,这时就需要理性从众,参与到一些官方或是积极健康向上的一些群体或行为中去,也许自己还无法判断的好处。正如笔者买菜,自己无法判断物美价廉的蔬菜或无时间去研究这些,往往采取的措施就是跟着比较老到的老大娘,她买哪家什么菜我就买哪家什么菜,因为她已经帮你把质量和价格把好关了。

当然也会出现大量的盲从现象,不加判断的衣食住行的盲目攀比以彰显个性。校园里不乏"穿衣戴帽各有一套,抽烟喝酒各有所好""吃的高档、穿戴时髦、玩的够派、抽烟名牌"之辈。有些大学生下餐馆、赶舞场、览名胜、春游、秋游、过生日、会朋友、吃奖金、喝补助,名目繁多,五花八门。大学生纷纷搭上宿舍、班级、朋友、老乡的班车,无视自己的经济基础,钞票大把大把地花。另外还有恋爱从众、赌博从众、入党从众、择业从众等,有当局者一语道破天机:"无可奈何,为了面子,只好不顾底子喽。"

(3)社会参与(社会从众)

高校是个小社会,也是学生由学生向社会人转变的跳板,学生迫切需要逐渐地接触社会的方方面面的事情,以便毕业后较好地融入,但往往出现盲从现象:"淡泊名利"的盲从,进入法轮功等邪教组织;市场的"急功近利"的盲从,掉入传销组织;"保家卫国"的盲从,加入打砸抢的洪流;"奢侈消费"的盲从,进入到"二奶小三"的队伍等。

增加辨识力,需要阅历、知识等的沉淀,不是一学就会的事情,但有个基本原则必须把握住:凡事有因,凡事有度,凡事有果。天上不会掉馅饼,世上没有免费的午餐,凡事三思而后行,无法判断之时,借助群体的判断力。

2. 两个平台

班级和宿舍是学生大学生活的人格完善和形成的主战场。引发大学生从众效应最值得注意的是"班级效应"和"宿舍效应"。在班级之外的群体从众行为往往发生在老生、老乡等群体中。

(1)班级和宿舍效应

新生入学后,都在探索新的学习方法,寻求新的学习动力。班级、宿舍每个成员的学习态度、学习方法、学习成绩以及平时学习时间的利用,都成了其他成员最直接的"参照物"、他们在形成自己的学习特点的同时,在某些方面也程度不同地与班级、宿舍大多数人保持一致。不仅如此,作息习惯、生活情趣、业余爱好也易趋同和从众,共同合成对班级、宿舍成员的鞭策力。某大学一个班有几名爱好长跑的同学,男生健壮、女生苗条以及运动会上的风光引得同学啧啧称羡,不知不觉大部分同学成了他们的追随者,去年冬季全校越野赛前 10 名中,竟有 5 位是该班同学。某医学院 93 级 6 名学生,大学五年一直同室而卧,早晨 6 时起床,晚 11 时入睡,该室同学能弹会拉,运动会上"屡建奇功",演讲比赛叱咤风云,毕业分配前 5 人报考研究生全被录取。"班级效应""宿舍效应"在班风、舍风中的作用,由此可见一斑。反之,庸俗的从众行为往往会导致班风、舍风消极落后。

（2）老生模范和老乡引导

从众于老生、老乡也是新生中较为普遍的现象。新生涉世不深、情况不熟,易简单模仿和随从于他人的行为。他们有的把"信得过"的老生、老乡作为他们学习的"楷模",有的干脆"跟着'二老'走,永远不回头",盲目从众。学习上表现为"老生（乡）怎么干就怎么干",在遵守校规校纪方面表现为"向老生（乡）看齐"。如此,很容易导致"从良则良,随莠则莠"的结局。某校一寝室,入学伊始,老生老乡频频光临此舍,传舞弊、赌博之"经",送逃课、恋爱之"宝",结果年终,两人留级,余四人侥幸通过。

大学生要理性从众,借助集体的力量,坚守自我,做到"我心有主",要坚持自己的主见,恪守自己的操行,排除外界的干扰和诱惑,以求做到"任凭风吹浪打,我自闲庭信步"的境界。不要人云亦云,亦不要随波逐流。做到了这些,才有可能坚守精神家园,成就一番事业。要拥有自己的思维,拒绝盲从。

大学生,摆脱从众的盲目色彩,用独立的思想和明晰的脚印使自己主动融入集体的行列,这样,你将拥有一个真正属于自己的人生。

当代大学生了解从众心理,并恰当地处理其行为,具有重要的意义。我们要扬"从众"的积极面,避"从众"的消极面,努力培养和提高自己独立思考和明辨是非的能力;遇事和看待问题,既要慎重考虑多数人的意见和做法,也要有自己的思考和分析,从而使判断能够正确,并以此来决定自己的行动。凡事或都"从众"或都"反从众"都是要不得的。

(二)大学生处理从众行为的基本原则

1. 相信科学,依靠科学,理性不盲从

如非典时期,传言四起,人们的恐慌达到了高潮。在记者会上,钟南山院士以其人格担保,呼吁市民保持理性。那句流传甚广的"非典可防、可治"通过媒体传播开去,迅速稳定了民情人心。与其说人们相信钟南山,还不如说是相信科学能够最终战胜非典病魔。

2. 相信组织,依靠组织,理性不盲从

如在涉日事件、南海等事件中一些青年用极端的行为来发泄自己心中的愤懑,这样不但无益于提升中华民族的浩然正气、文明形象,还损害了我们的大国风范,更是中了西方反华势力的诡计,将我国民众的爱国热情引向非文明、非理性的方向发展,以达到扰乱中国社会秩序,破坏社会和谐,并最终达到遏制中国走向大国复兴的丑恶目的。因此,我们唯有理性不盲从,笃定而不冲动,我们才能冷静地对待问题;唯有文明而不粗暴,守礼而不极端,相信政府,依靠政府,我们才能心怀宽容、面带微笑地向世界敞开怀抱。

3. 相信自己,依靠自己,理性不盲从

正如对明星、权威人士的盲目崇拜,媒体舆论的盲目追随,所谓科学(伪科学)的盲目肯定。他们无视事实真相探讨,而以点带面、以偏概全的逻辑支持一切;或根据其相应的目的抽取事实片段进行升华;或以科学的外衣覆盖伪科学的事实。

理性从众可以产生示范学习作用和聚集协同作用,这对于弱势群体的保护和成长是很有帮助的。在我们在判断群体维系力和个人价值判断力量对比中,出于归属感、安全感和信息成本的考虑,适时适度的从众行为对自我的发展是有积极意义的。

宠辱皆忘,看天上云卷云舒,去留无意,望庭前花开花落,向太阳挥一挥手,去捕捉理性的灵光!

第三章
我在哪？——认识环境

第一节　我的集体
——集体主义与个人利益最大化

家是最小国,国是千万家;

有了强的国,才有富的家。

古往今来,有关集体主义和个人主义的概念似乎很清晰,提起它貌似显而易见,毋庸置疑,而当我们掩卷长思,仔细梳理,却又发现那还"真的不好说"。我们有必要站在一个全新的角度对集体主义和个人主义进行再认识。

笔者认为,任何绝对的说法都是不妥的,只有结合中国实际和世界发展的历史,在新时代条件下,坚持历史、唯物、辩证的发展观,才能树立全新的集体主义和个人主义观念:集体主义的本质是个人利益的最大化,合理的个人利益和集体利益本质上是一致的。

一、经典的集体主义和个人主义的解读

集体主义是无产阶级世界观的内容之一,是调节个人利益与集体利

益的原则,指一切言行以合乎无产阶级及其广大人民群众集体利益为根本出发点的思想。集体主义是共产主义道德的核心,是社会主义精神文明的重要标志。它同资产阶级个人主义是根本对立的,是共产主义道德区别于一切旧道德的本质特征。集体主义,是主张个人从属于社会,个人利益应当服从集团、民族、阶级和国家利益的一种思想理论,是一种精神。它的最高标准是一切言论和行动符合人民群众的集体利益。

社会主义制度的建立,为集体主义道德原则的实现提供了条件,而全体人民也以建立共同的理想、共同的奋斗目标、共同的道德、共同的纪律作为自己的要求。在社会主义条件下,国家、集体和个人三者之间的利益,从根本上说是一致的。国家利益、集体利益是通过每个劳动者的集体努力来实现的,而国家利益、集体利益的发展,又是个人利益得以实现的最可靠的保证。不论是以集体主义否定正当的个人利益,或是以个人利益反对集体主义,都是错误的。集体主义首先要求人们要为社会集体利益的发展做出自己的贡献;集体主义原则尊重劳动者正当的个人利益,尊重劳动者个人才能的充分发挥。

集体主义原则是与个人主义原则根本对立的。集体主义原则反对并谴责把个人利益凌驾于国家、集体利益之上,更不允许用个人利益否定国家和集体利益。在实际生活中,国家、集体和个人三者利益的一致,并不等于在每一个具体问题上三者的利益都完全相同,三者之间在利益上发生矛盾和冲突的情况是经常发生的。集体主义作为一种道德原则,一方面,要求国家和集体不断调整各种政策和措施,关心劳动者的个人利益,尽量使他们的个人利益得到发展;另一方面,也引导人们自觉地以个人利益服从集体利益,必要时甚至牺牲个人利益,保护集体和国家的利益。

二、几个基市现象

纵观人类社会发展的基本事实,在人类社会发展的过程中的人类物质财富和精神财富的不断增长和发达是伴随着人类由个体到集体、由小集体到大集体的不断发展和壮大的过程。也就是说集体合作是个人利益和集体利益最大化的根本途径。

（一）人类社会演变

1. 人类社会进程

人类社会是物质运动的最高形式，是人们在特定的物质资料生产基础上相互交往共同活动形成的各种关系的有机系统。在汉语中，"社"指古时祭地神之所，"会"是众人之聚合。"社"与"会"联用，最早见于北宋理学家程颐所说的"乡民为社会"（《二程集》），意为众人会合、结为社团。英语、法语、德语中都有"结合"之意，19世纪80年代初，日本学者译为"社会"，意即人类社会。

人类社会的演变有两种归纳法，即五阶段论和三阶段论。按照生产资料的占有和劳动成果的分配形式，人类社会演变的过程可以划分为原始社会、奴隶社会、封建社会、资本主义社会、（社会主义）共产主义社会。从社会组织制度形态的角度（私有制、阶级、民族国家），我们可将人类社会划分为原始社会、民族国家社会、全球一体化社会三种宏观历史形态或三个宏观历史时代。

2. 各阶段特点

无论是五阶段论还是三阶段论，人类演化发展的基本脉络是不变的，从单一的小部落、小集体开始，到大一统的地球村，那就是物质财富和精神财富的不断丰盈是伴随着人类聚集合作程度的加大而产生的规模效应。聚集产生大财富，合作产生高效益，个人只有在集体中才能最大限度地发展和满足，这是一种必由之路。

在原始社会，人们在一定的范围内聚集成很多部落，部落成员较少，部落之间老死不相往来，生产力极度落后，人们靠打猎为生，合作方式很是简单，那时候没有剩余产品，人们打来猎物都要平分。奴隶社会早期，人类聚集程度进一步加大，各个部落联合形成了奴隶制国家，部落长老演

变为奴隶主,通过军队来巩固奴隶主阶级的经济基础。到了封建社会晚
期,特别是工业革命后,出现了大规模的机械化,这时候,农民不再被束缚
在土地上,而是跑到城里去务工了,这是更为复杂的社会分工和合作的开
始。等到资本主义发展到了高级阶段,通过相互兼并、相互吞并,人类社
会的聚集程度再次加强,形成了资本主义社会。而社会主义国家,通过国
家分配,实现劳动的可持续发展,最终解放了生产力,物质生活资料极大
丰富。在实现了共产主义之后,人类社会的阶级和国家消失,成为大一
统,物质生活资料极大丰富了,人们的自私自利之心就会消失,工作不再
是谋生的手段,而成了人类生活的一部分,是一种需要和快乐了,最终实
现各尽其能、按需分配。

3. 最终归宿

人类的最高理想是实现共产主义社会,无国家、无阶级差别的大统
一——全球一体化社会,有以下几个基本特征:第一,社会生产力高度发
展,物质财富极大丰富;第二,社会成员共同占有全部生产资料;第三,实
行各尽所能、按需分配的原则;第四,彻底消灭了阶级差别和重大社会差
别;第五,全体社会成员具有高度的共产主义觉悟和道德品质;第六,国家
消亡。上述特征,尽管只是共产主义社会的大致轮廓,但它已经表明,共
产主义是人类历史上最美好、最进步、最合理的社会制度,最终的大融合
实现了人的最高利益的最大化。

(二)两种效应

有关集体和个人的相关效应很多,诸如整体效应、集体效应、狼群效
应等,都从一定的方面强调个人只有恰当地融入集体之中,才能保证个人
最大利益的实现和实现集体又好又快的发展。这里我们就两个典型的效
应做一说明。

1. 集聚效应

集聚效应是指各种产业和经济活动在空间上集中产生的经济效果,

以及吸引经济活动向一定地区靠近的向心力，是导致城市形成和不断扩大的基本因素。集聚效应是一种常见的经济现象，如产业的集聚效应，最典型的例子当数美国硅谷，聚集了几十家全球 IT 巨头和数不清的中小型高科技公司。国内的例子也不少见，在浙江，诸如小家电、制鞋、制衣、制扣、打火机等行业都各自聚集在特定的地区，形成一种地区集中化的制造业布局。类似的效应也出现在其他领域，北京上海这样的大城市就具有多种集聚效应，包括经济、文化、人才、交通乃至政治等。未来社会的聚集效应将会越来越大，在中国亿级的城市即将呈现，各行业的联合也将随着互联网和物联网的发展而成大一统。

个人通过聚集效应使得社会生产的物质和精神财富达到最大化，并成为这些物质精神财富的享有者，且能健康茁壮地成长，形成一个良性的循环，达到物质丰盈，人性绽放。

2. 森林效应

一棵树如果孤零零地生长于荒郊，即使成活也多半是枯矮畸形，如果生长于森林丛中，则枝枝争抢水露，棵棵竞取阳光，以致参天耸立郁郁葱葱。管理专家们将此现象称之为"森林效应"。森林效应说明：个人的成长是在集体中通过与人交往、与人竞争而发生的，集体的要求、活动、议论评价和成员素质等都对个人成长具有举足轻重的作用。

森林效应的主旨在于每个个体在有限的生命资源下，保持一种与周围环境和谐的竞争状态，就必须克服自身的弱点，这也可以看作是群体优势。森林里的树木为什么都长得笔直高大？这是为了争夺阳光，以求更大生存空间，每一棵树都拼命向上生长的缘故，却不因为树木众多而彼此倾轧，反而形成相互竞争的良好势头，结果每一棵树都高大笔直，成材率极高。

我们生活中的优质取材也只有在森林中，故个人要成长成参天大树也只有深植在广阔的森林中。这也就是集体离北上广之后，大部分人还是又继续回到拥挤的大城市中去，去实现自己伟大的抱负。

三、分析与探讨

集体主义的概念是斯大林在 1934 年 7 月,同英国作家威尔斯的谈话中明确提出来的(《和英国作家赫伯特·乔治·威尔斯的对话》)。他说:"集体主义、社会主义并不否认个人利益,而是把个人利益和集体利益有机结合起来……"他在谈话中提出个人和集体之间、个人利益和集体利益之间没有而且也不应当有不可调和的对立。不应当有这种对立,是因为集体主义、社会主义并不否认个人利益,而是把个人利益和集体利益结合起来。社会主义是不能撇开个人利益的。只有社会主义社会才能给这种个人利益以最充分的满足。此外,社会主义社会是保护个人利益唯一可靠的保证。

IBM 日本总部曾发生过一个著名的"东京事件",起因是 IBM 东京公司高层决定秘密重奖几位工作出色的骨干分子。这件事本来是机密,在美国 IBM 本部也是一种例行的激励手段,但让管理层意想不到的是,领奖的几个人刚走不久,一些没有得到奖励的人就跑来要求辞职。他们这么做倒不是出于闹情绪,原因很简单——别人被重奖,而自己没有得到奖励,证明自己工作成绩不突出,得不到领导认可,继续"混"下去没劲,还不如自己知趣点,主动申请走人,免得日后被老板裁掉那么尴尬。令管理层更想不到的是,等这些人刚走,那些受到奖励的人也跑来要求辞职! 原因更简单——由于自己被老板重奖的原因,害得同事们丢了饭碗,而同事因此辞职又害得公司运转陷入了被动。所以是既对不起同事也对不起公司,只好坚决辞职,以谢同事和公司。在这起事件中充分说明个人主义和集体主义是相辅相成的。

(一)个人主义和集体主义价值观解读

当前,价值观问题已超越哲学的范畴,成为人文社会科学领域的一个带有根本性的问题。但是价值观问题的讨论,存在着模式化、概念化、空洞化的倾向。虽然这些概念和范畴都具备了价值内涵,反映了人类社会的一些价值寄托,但它们在很大程度上已变成了口号性的东西,使核心价值观已被概念包裹得越来越厚,妨碍了人们对问题本质的认识。价值观念属于主观意识形态范畴,它涉及人们对客观事物的看法以及对不同事物的取舍态度和标准。比如说,在中国社会,人们提倡和推崇的是"为人民服务"的社会价值观念,而在美国,这一价值取向却几乎没有市场,美国人信奉的"先为自我,我再帮人";在中国人心目中,国家民族利益是至高无上的,其次是他们赖以生存的集体的利益,最后才会考虑自己的个人利益;可是在美国人看来,占第一位的是民主、自由和国家的利益,占第二位的是对物质财富和个人幸福的追求,第三位才是热情好客以及对他人的帮助。集体主义和个人主义作为中国和美国价值观念的精髓,集中反映了东西方文化的差异,我们不能认为哪一种价值观念更好,因为他们是各自历史文化的产物。在中国文化里,个人利益要服从集体利益。如果一个中国人抛开集体和国家,刻意追求个人的物质利益,也许他的"个人主义"在其他人眼里就成了自私自利的行为;同样,假设一个美国人在美国奉行"集体主义"原则,或许他会被认为是毫无个性,个人能力低下的庸者。

集体主义是无产阶级为完成自身解放和解放全人类的历史使命而在道德上的一种必然要求,它是无产阶级高尚品德的集中表现。集体主义是无产阶级在进行生产斗争和反对资产阶级的阶级斗争中形成的。社会主义制度的建立,为集体主义道德原则的实现提供了条件,而全体人民也以建立共同的理想、共同的奋斗目标、共同的道德、共同的纪律作为自己的要求。在社会主义条件下,国家、集体和个人三者之间的利益,从根本上说是一致的。国家利益、集体利益是通过每个劳动者的集体努力来实现的,而国家利益、集体利益的发展,又是个人利益得以实现的最可靠的保障,只有在集体中,个人才能获得全面发展。

坚持集体主义原则,与承认正当的个人利益是一致的,不论是以集体主义否定正当的个人利益,或是以个人利益反对集体主义,都是错误的。集体主义首先要求人们要为社会集体利益的发展做出自己的贡献;集体主义原则尊重劳动者正当的个人利益,尊重劳动者个人才能的充分发挥。

(二)个人主义和集体主义的文化解读

个人主义认为个人是社会的单元,是判断价值标准的出发点,而社会是由个人组成的;集体主义认为,群体才是社会的单元,是判断价值标准的出发点,社会是由群体组成的,个人是群体的一部分,必须服从群体的利益。说到个人主义和集体主义,不能不提美国和日本,因为在大量的文献当中,这两个国家都是被当作上述两种主义的典型代表的。不消说,美国是典型的个人主义国家,而日本则是奉行集体主义的样板。他们信奉权威人士,尊重长者意见,互相谦让,避免冲突。在人际关系方面,日本社会仍然强调层级观念,崇尚集体归属感,不鼓励挑战权威意见。日本文化的特征可以表述为:强调群体胜过个人;强调和谐胜过冲突;强调通过协作来与对手竞争,强调合作互惠;强调成就感与归属感;强调义务与责任。

美国的个人主义源自这个国家的文化传统。美国是个年轻的国家,他的文化传统深受安格鲁撒克逊民族的影响。美国人信奉自由,崇尚言论自由、迁徙自由;他们信奉自由放任的社会组织形式,信奉市场的力量,不愿意政府过多干涉自己的行为。美国人不太强调社会等级的不同,他们不愿意服从政治权贵,也不愿意顺从上级。在美国人眼里,人人生而平等。平等主义意味着平等的权利与机会,并尊重别人的权利与机会。在解决集体问题时,往往通过投票来获取多数人意见。他们信奉自我约束、依靠自我,通过自身努力获得成功的人士会得到社会更多的掌声。人们的社会地位更多地源自他们自己的成就,包括所受的教育与个人在工作中取得的成绩。

从整体上看,美国人的个人主义倾向强过日本人,日本人的集体主义情怀要远胜美国人。这种文化上的差异,可以部分地解释美日两国在经济上的不同表现。比如,美国人会经常跳槽,而日本人往往从一而终。再比如,在制造业领域,一般而言,美国人更擅长新产品的研究与开发,所谓开风气之先。而日本人则更擅长工艺的改进与产品性能的提高。因此,我们常常看到,他国企业开发的某种新产品,但最终赚大钱的,则是日本企业。看看家用电器,我们就能找到不少例子。比如录像机、电视机、摄像机等。从传承上来讲,比起美国来,中国文化当然跟日本文化更加接近。中国是历史古国,中国人受孔孟文化的熏陶,比起日本人来,更加持久。孔孟文化要求人要有善心,要自律,要对上级忠诚,要跟同伴搞好关系,要和谐。另外,我们的传统文化要求我们要尊重长者,尊重权贵。社会上,地位和等级观念仍然深入人心。如果要论个人主义还是集体主义的话,几乎所有的文献都指出,中国文化(或者孔孟文化)更加强调集体主义,强调人与人之间的合作,这跟美国人崇尚个人主义与相互竞争形成了鲜明对比。

(三)个人主义的解读

安·兰德(Ayn Rand,1905—1982)是俄裔美籍当代小说家,"客观主义哲学"的创始人,大众哲学家,她对个人主义的解读是需要我们认真研读的。

个人主义的土壤在我国历来是贫瘠的。其贫瘠的原因有二:一是对个人主义理解的偏差。在我们的概念里,将个人主义与侵害他人相混淆,个人主义等同于洪水猛兽;二是历史上君主专制权力的强大,借集体主义使君主专权更加稳固,个人主义的土壤严重的水土流失。

1. 个人主义和集体主义不是非此即彼

当我们提到个人主义的时候,一般是这样理解的:只顾自己的利益,不顾他人的利益,而且随心所欲地侵害他人的利益。这样的理解将个人主义与集体主义在道德上完全对立起来;利己就意味着损害他人,利己也必然损害他人。其实,这种偏狭的理解,或者说错误的诠释,并不在错误本身,而在于这正是集体主义所需要的理解和诠释。只有这样的诠释才能将个人主义置于道德的被告席上,大力讨伐,并彻底清除,也才能大张旗鼓地使人们接受集体主义观念。

安·兰德在《自私的德行》中对这种理解进行了细致的剖析。她将个人主义与损人利己严格甄别开来。她认为,个人主义只是有强烈独立意识的人,并且将自己的利益与他人的利益区分开来而已。他不会为他人牺牲自己的利益,同时也不会因为自己而牺牲他人的利益。他力求井水不犯河水,一清二白。当他与他人发生利益关系时,实际上他是一个交易者,不是一个掠夺者。

其实,个人主义这个概念并不包含道德评价,但是,在汉语里,或者说在历来的君权专制国家概念里,赋予这个词以不可逆转的道德内涵和评判。也就是,为他人的利益的行为是善,为自己利益的行为是恶,君子不言利,行动的受益者成为道德价值的标准。既然关心自己的利益是罪恶,那么,这就意味着个人渴求生存的欲望是罪恶,人的生命本身也就是罪恶,以正义的名义就可以对个人利益进行任意侵害。所以,在中国文化中,个人生命被消解了,个人的尊严,个人的利益都被赋予了道德上可疑的内涵。这种为他人或者为国家的集体主义,实际上是一部分人在以国家的、以道德的名义侵害他人的利益,这种侵害就成为冠冕堂皇的行为。

安·兰德的这种分析的结论是,这种集体主义至上、国家至上的伦理道德原则成为人类的敌人。因为在它面前,人人只有奉献,不能谈利,那么人人只有损失,只有痛苦,没有其余。那么,个人为其他人牺牲了自己的利益,也就同样希望别人为自己牺牲他们的利益。这样的关系带来的就是相互憎恨与厌恶,甚至相互敌意,而不是相互的愉悦。所以,在集体主义盛行的文化中,个人利益常被冠冕堂皇地侵害的同时,被侵害人再以暴力的方式侵害他人利益的行为也就较为普遍和自然。更可怕的是,这种侵害被认为是道德的,公平的。

实际上,在这样的社会伦理道德环境中,谁的利益都无法得到有效的保护。今天以权力侵害他人利益的人，明天可能被更大的权力者所侵害，今天以暴力侵害他人利益，明天自己也许被更强的暴力所侵害。因此，集体主义这种道德本身已经完全丧失了道德的意义，所以，兰德才认为它是人类的敌人。

极端的个人主义当然不值得提倡，但是对于中国来说，健全的个人主义其实从来就没有建立起来过。中国传统文化中的个人主义更多的是个人情怀上的，很难是一个社会制度上的原则，或者说就根本没有形成过这样的原则。没有健全的个人主义道德原则，那么极端的个人主义行为就成为常态。

2.个人利益和集体利益的相辅相成

以道德的名义，或者以集体主义的名义侵害个人利益之后，结果是怎样的呢？我们来看一个例子。

春秋战国时，各国都欲争霸天下。鲁国规定：无论谁在别国发现鲁国人做了奴隶，都可以花钱将他赎回来，鲁国政府再将所花费用补偿给当事人。

孔子的学生子贡是一个商人，他很富有。他在郑国发现了一个鲁国人沦为奴隶，就花钱将他赎出来，带回了鲁国。子贡为鲁国做了一件好事，鲁国政府按照规定将赎奴隶的钱补偿给他。子贡却表示，不要这笔补偿了，就当为国家做了贡献，这样他又为鲁国做了一件好事。鲁国政府就将子贡树为榜样，号召人们向他学习。

孔子听说这件事以后，严厉地批评了子贡的行为，也批评政府的做法。孔子认为无论子贡还是鲁国政府的做法都对鲁国有百害而无一利，是极端不道德的。

为什么孔子对这样一件看上去对国家很有益的事情却提出严厉批评呢？

当鲁国因为子贡的行为而将他树立为榜样之后，就会出现以下这些现象：

　　其一，如果一个并不富裕的人在别的国家看见一个鲁国人沦为奴隶，本来他可以花钱将奴隶赎回来，再得到政府的补偿。他自己没有损失，对国家却是有利的。即便是一个贫穷的人，他也可以借钱先将人赎出来，回国以后得到政府的补偿，再将借款还给人家就是。他们这样做，既对国家有利，同时自己也没有损失什么。本来这是皆大欢喜的结果。可是，现在有了子贡这个榜样，事情就不同了。如果再发现鲁国人沦为奴隶，在赎还是不赎的问题上，他们可能就会犹豫不决，最后很可能放弃行动，不再赎人了。因为，当他们付出了代价赎出了奴隶以后，回国向政府要补偿的时候，社会舆论或政府就会以子贡这个榜样来衡量要求他们。社会舆论也会说，你怎么不向子贡学习？人家都没要补偿，与子贡相比你的觉悟太低了。出人意料的结果是他们做了对国家有益的事情，却被认为是没有觉悟的，甚至还要遭到谴责。在这种要么金钱损失、要么道德谴责的两难选择和双重压力之下，他们就会放弃对国家有益的行为了。

　　其二，那么很富有的人呢？就像子贡这样富有的人，本来钱财并不是问题，但他们也不一定赎人了。因为，即便他们很富有，可是人的天性都是自私的，他们不想白白损失一笔钱财。本来可以将人赎回来，再得到政府的补偿，自己没有损失，却对国家有利。现在他们却因为子贡这个榜样的存在，不敢贸然赎人了。可想而知，如果他们去向政府要补偿，社会舆论和政府自然又会用子贡来衡量他们的行为。你们跟子贡一样富有，本来就不缺这一点钱，人家都不要赎金，你们怎么还要呢？结果，他们也面临着金钱损失和道德谴责的两难处境。既然如此，那就多一事不如少一事，为了避免麻烦和损失，放弃是最好的选择。

　　其三，鲁国政府出于功利的目的侵害了子贡的个人利益，树立子贡这个榜样，本来就不是道德的。因为，道德不能有功利目的，有了功利目的就变为不道德了。这种做法不但与道德实践相违背，也与国家存在的目的相违背。因为，更多的个人为了保护个人利益，就会放弃举手之劳的道德实践来保护自己的利益。以国家集体主义名义从国民那里攫取利益，而且这种攫取是以树立道德榜样的形式进行,要求人们具备自觉的殉道精神和高尚的自我牺牲精神。这种现象表面看去十分正当,而且堂皇,其结果是却将民众推入道德谴责和利益损失的两难境地,他们在心理上不免尴尬和猥琐,也使人们丧失了道德判断能力和道德的价值标准。

如果不尊重人们的个人利益,不承认人的最低道德标准,任意侵害个人利益,其结果并不可能使人们趋向集体主义和道德追求,而是使人们采取非常措施保护个人利益,或者采取极端个人主义立场,完全背离道德原则。

3. 权利和责任的一致性

当我们强调个人主义的危害的时候,似乎只看到了个人权利的滥觞,以及个人与集体和国家利益之间的冲突和矛盾,而完全忘记了与这种权利相辅相成的责任。实际上,权利本身就是责任。个人主义,除了个人的权利,就是个人要负起个人的责任。

当国家以集体利益,或大多数人的利益为由肆无忌惮地侵犯个人利益的时候,除了使个人陷入无能为力的境地之外,也将他们个人的社会责任解除了。当国家机器以广大人民的利益和国家利益侵犯个人利益之后,个人为了保护自己的利益,就会放弃道德和良心的约束,走向极端个人主义。他们就会用不法的方式侵犯国家利益和大多数人民的利益,不再顾及良心和道德的约束。这时,国家机器就会以更强有力的方式对个人利益进行侵犯和压制,个人就会变本加厉地以非法的形式保护或获得利益。恶性循环就这么形成了。

同样,集体决策,也就是有权利而没有责任,个人在这之中又被消解了,这是一种单边不对称结构。

我们可以看看相反的例子。

二战结束以后,犹太人几十年不懈地对流亡国外的德国纳粹进行追捕。有一些人仅仅是下级军官,或是一般的执行命令者。随着时间的推移,后来抓捕到的都是耄耋老人,行将就木。在他们的邻居看来,这些老人祥和慈爱,安度晚年,与人无争。但犹太人对他们照抓不误,他们要为几十年以前的行为负责任,哪怕当时他们仅仅是执行上司的命令。这种几十年的追捕得到整个西方社会的支持,至少是默认,包括德国。犹太人的做法与我们东方对待日本战犯的态度形成鲜明对比。我们将战争罪行笼统的归于日本军国主义这个抽象的集体概念,对个人的行为往往一笔带过,不予追究,我们甚至认为这些个人也是受害者。真是让人匪夷所思。难怪二战结束几十年以后,德国和日本对待战争的态度如此天壤之别。

如果从另一个角度去看这种东西方的差异,西方人的行为正是体现了对个人的看重,或者说是尊重,也就是个人主义的另一种表现。好比一部机器,个人就像是机器上的螺丝钉。如果没有这一个一个的螺丝钉,机器就不能正常运转,机器就不成其为机器了。如果没有纳粹的每一个人,也就是一个一个螺丝钉,纳粹的屠杀机器就不能正常运转。所以每个螺丝钉都有它不可推卸的责任,每一个人都不是命令的简单执行者,他们都要承担相应的责任。实际上犹太人的这种不懈的追捕,是个人主义价值观的体现。

我们东方恰好相反,我们把战争的罪行清算在抽象的军国主义概念和少数几个魁首身上,其他人的责任就隐藏在这个概念之后逃遁了。我们将个人和集体相对立,其结果是个人往往不对自己的行为负责。那么,这种不负责任得不到惩罚,一旦机会和土壤适宜,便会卷土重来,甚至变本加厉。

权利与责任是正比例关系。权利也就意味着责任,没有权利,也就没有责任。

当个人利益与集体利益或者国家利益相冲突时,应更多地尊重并维护个人利益。这样做从表面上看似乎对国家和集体是不利的,也最容易遭到诘问和批评。实际上恰恰相反,这样做既维护了个人利益又维护了国家利益。因为,国因人而存在,不是人因国而存在。如果过分强调了国家和集体利益,那么国家机器势必得到强化。本来在国家和个人之间,个人就是弱者,如果再进一步强化国家的权利,造成的后果之一就是执掌国家权力的政府官员滥用权力,和政府权力部门的恶性膨胀。

中国长达两千多年的封建历史时期,为什么历朝历代史治如此之难,腐败如此之重,总是在这个恶性循环的螺旋里,不能自拔? 这与国家机器的强大和个人利益的毫无保障有直接关系。

个人主义,在强调个人利益的同时,也赋予了个人以责任,有多大的利益,就有多大的责任,这是正比关系,因为权利本身就是责任。在个人主义原则下,每个人都要为自己的行为负责。所以勇于负责任在西方文化中是重要的内容,哪怕是国家和政府有重大失误的时候,个人的责任也没有推卸的理由,尤其是政府官员。

4. 复兴大业

兰德认为,文艺复兴和资本主义革命最伟大的成就就是发现了个人。张扬个性,尊重个人权力和利益,才是资本主义革命最伟大的成就。

前一段时间曾经也有学者主张我们国家需要文艺复兴。问题是不在于复兴本身,而在于这个复兴是兴什么? 如果是兴四书五经,兴"国学",那么这就不是复兴,而是倒退,至少退回到五四以前。

如果这个复兴是指兴五四精神,至少我们将断裂了将近一个世纪的精神脉络接续了。

梁启超先生 1902 年 2 月在《新民说》的系列文章中讲到:"今日欲言独立,当先言个人之独立,乃能言全体之独立""为我也,利己也,中国古义以为恶德者也。是果恶德乎?""天下之道德法律,未有不自立而者也……故人而无利己之思想者,则必放弃其权利,弛掷其责任,而终至于无以自立。""盖西国政治之基础在于民权,而民权之巩固由于国民竞争权利寸步不肯稍让。即以人人不拔一毫之心,以自利者利天下。观于此,然后知中国人号称利己心重者,实则非真利己也。苟其真利己,何以他人剥夺己之权利,握制己之生命,而恬然安之,恬然让之,曾不以为意也。"

梁启超还提到杨朱学说,"昔中国杨朱以为我立教,曰:'人人不拔一毫,人人不利天下,天下治矣。'吾昔甚疑其言,甚恶其言",但是现在却认为这是至理名言。因为"一部分之权利,合之即为全体之权利;一私人之权利思想,积之即为一国家之权利思想。故欲养成此思想,必自个人始。人之皆不肯损一毫,则亦谁复敢撄他人之锋而损其一毫者,故曰天下治矣,非虚言也。"这可以说是近代中国第一位明确提出个人主义的思想家。

胡适先生受到易卜生的影响,提出了"健全的个体主义"。他特别强调"社会最大的罪恶莫过于摧折个人的个性",并由此过渡到以人格自由独立、个性价值尊严为精神核心的"救出自己,完善自己"的"健全的个人主义"。

胡适的认识之所以更深刻就在于,他同时指出:"要发展个人的个性,须要有两个条件。第一须使个人有自由意志。第二须使个人担干系,负责任。"

四、我们的选择

个人利益最大化是指一个人在符合法律道德并不影响他人利益的基础上,综合各种因素选择自己能得到最大利益或者最符合自己利益的情况的行为。

"利益"通俗地讲为"好处",它包括具体的,看得见,摸得着的物质上的利益,如金钱、财物;也包括抽象的精神和社会上的利益,如声誉、地位、影响力等。所谓个人利益的最大化,就是使个人价值得到充分体现,进而得到物质及精神上最大收获。那么如何正确实现个人利益的最大化呢?

(一) 应正确处理"利"和"义"的关系

"利"和"义"往往相伴而生,先有义而后有利,有义必有利,而有利未必有义。只追求"利"而放弃"义"是本末倒置,往往适得其反。只有"义字当先"，凡事皆入正轨，各得其位，"利"等随之而来。

法国著名的化学家拉瓦锡在从事化学研究的工作上取得了巨大成就，然而同时又在政府中充当包税官。他敲诈勒索、贪污腐败、反对革命，终于在他五十一岁那年被送上断头台。现实生活中，这样的事例太多了，王宝森、胡长清等他们身居要职，可以说是从物质上、"精神上"得到了众人羡慕的利益，但最终因违背了为人根本"道义"而被世人唾弃，成为阶下囚。因此，我们在追求自己利益的时候，必须要以不违背"道义"为前提，那些为了获得自己蝇头小利而不惜损害他人利益，甚至背弃道义，即便得到了一点点好处，也最终将一无所获。从长期和总的收益来看，他们是亏损的。

（二）必须正确处理好个人利益与集体利益的关系

相传，佛祖释迦牟尼问弟子："一滴水怎样才能不干涸？"弟子答不上来。释迦牟尼说："把它放到大海中去。"一滴水离开大海，很快就会干涸。一个人脱离了集体，将会一事无成。因为任何成绩的取得都是智慧的结晶。牛顿说得好："如果说我看得远，那是因为我站在巨人的肩膀上。"的确，除了牛顿的自身实践外，如果没有前人创造高等数学和力学知识，他也是创立不了地心引力论的。奥斯特洛夫斯基说："谁离开了集体，谁的命运就更悲哀。"这是千真万确的，脱离了集体，任何人也就会像离开大海的一滴水，无可挽回的干涸下去。一个人只有当他把自己和集体事业融合在一起的时候，才最有力量获得成功。也就是说融入集体是个人利益最大化的根本途径。

（三）爱岗敬业，树立终身学习的人生信念

人生价值的体现就是在"业"。行走人世间，无论是有形的无形的"业"都是自我价值的基本体现，而"岗"则是"业"之实现的有形依托。所以爱岗敬业是成功的重要因素，价值实现的基本依托。只有敬业爱岗

才能做好本职工作。

大型电视连续剧《水浒传》中鲁智深的扮演者臧金生,为了把人物演得更加逼真而采取紧急增肥的办法。"涮羊肉要最肥的,鸡蛋一天十几个,饭前一把乳酶生,饭后一把酵母片,睡觉之前灌啤酒",就是这样,短短两个月时间,他硬是揣出了23公斤!人家告诉他,这种非正常增肥是对身体有很大危害并折寿的,可是他并不后悔,说:"一要对得起古人,老祖宗留下了那么好的文化遗产;二是要对得起'上帝',尊重观众得拿出实际行动;三要对得起艺术家的良心,这是咱自己的事业嘛。"多么朴实感人。正是臧老这种爱岗敬业精神,才使鲁智深人物形象栩栩如生展现在观众面前,成就了他艺术的辉煌。

基于人生时间和精力的有限性,我们人的一生的一切行为就是效率的竞争。如果把时间和精力的有限性放大,几乎所有的人都可以成功的。而提高效率的方式方法有很多,终极的方法方式就是认知结构的不断调整,而实现的方式就是学习,坚持终身学习,这是效率提高的唯一高效、有效的途径。

学习有两种,一是和"书本"学习,即得到业已形成的"经典和经验"。另外就是在实践中学习,这是"动思",实际上就是在实践中激发思考,进而改善行为和思维,形成一定的"经典和经验",从而提升效率的一种方式。

在有限的时间和精力下,要实现人生的价值,爱岗敬业是基本依托,而终生学习是有效途径。

第二节　我的环境
——善用资源，借力发力，成就人生

假舆马者，非利足也，而致千里；

假舟楫者，非能水也，而绝江河。

我们是大自然中的一员，我们的成长和成熟离不开大自然。人是社会性动物，我们的成熟和成长无法脱离社会的大家庭。自然和社会是我们生存的基本环境。

在伟大的大自然和丰富多彩的社会面前，人类是何等的渺小和无能为力，但是，人类却做出了伟大的成绩，使得我们自由的驰骋于宇宙间，其原因就在于我们人类的驾驭能力。我们每个个体如此渺小和脆弱，但我们可以站在巨人的肩膀上，尽管我们没有老虎狮子的凶猛，却可以轻松的降服它们；没有豹子的矫健，我们却可以飞速的前进；没有动物们敏锐的感觉器官，但我们却可以无所不及；我们更没有"某某"的智商，我们却可以让他们为我服务。这一切归功于我们可以做到"我们不可能穷尽一切技术，但我们可以站在巨人的肩膀上"，我们可以有效的利用和驾驭我们所生存的环境。

一、社会环境的定义和分类

人需要环境，人离不开环境。人的成长主要依靠两个因素：教育与社会环境。

（一）定义

社会环境是指人类生存及活动范围内的社会物质、精神条件的总和。

广义的社会环境包括整个社会经济文化体系,如生产力、生产关系、社会制度、社会意识和社会文化。狭义的社会环境仅指人类生活的直接环境,如家庭、劳动组织、学习条件和其他集体性社团等。社会环境对人的形成和发展进化起着重要作用,同时人类活动给予社会环境以深刻的影响,而人类本身在适应改造社会环境的过程中也在不断变化。

社会环境的构成因素是众多而复杂的,但就对传播活动的影响来说,它主要有四个因素:政治因素、经济因素、文化因素、讯息因素。一是政治因素,包括政治制度及政治状况,如政局稳定情况、公民参政状况、法制建设情况、决策透明度、言论自由度、媒介受控度等;二是经济因素,关系到经济制度和经济状况,如实行市场经济的程度、媒介产业化进程、经济发展速度、物质丰富程度、人民生活状况、广告活动情况等;三是文化因素,是指教育、科技、文艺、道德、宗教、价值观念、风俗习惯等;四是讯息因素,包括讯息来源和传输情况、讯息的真实公正程度、讯息爆炸和污染状况等。如果上述因素呈现出良好的适宜和稳定状态,那么就会对大众传播活动起着促进、推动的作用;相反,就会产生消极的作用。

(二)分类

对社会环境所包含的内容和分类,不同的团体有不同的看法。有的根据与人之间相互影响的大小分为大环境和小环境(世界的、国家的以及家庭环境等)。有的根据人的发展的影响因素而言作者认为分为政治环境、经济环境、道德环境和教育环境等四大类,下面就这一分类做一简单介绍。

1.政治环境

政治环境由人生活所在地的政治组织营造的一个环境。政治组织一般具有明确的政治纲领、政治目标,并且具有严密的组织系统和组织机构,因此,它对人社会化的影响有其独特之处,主要反映在政治组织总是围绕一定的政治纲领、政治目标对人施加影响,向他们输出特定的价值观念和行为规范,组织一定的活动,并努力吸引人们参加组织等。

2.经济环境

经济环境由人所处生活地区的整体经济水平决定。包括所在社区、所在省份甚至国家的经济环境。所谓经济基础决定上层建筑,经济景气的环境能让人们普遍产生富足、优裕的心理,该地区的政治政策也便倾向于加强精神文明建设;反之,该地区可能更加注重生活质量的提高。而人处在不同的经济环境中,形成的价值观、世界观、人生观也必然不同。

3.道德环境

道德是反映和调整人们在现实生活中的利益关系的价值观念和行为规范的总和,是由各种各样的规则所构成的规范体系。道德环境作为社会环境的一部分,是人们道德观念产生和道德行为的场所。道德环境的优劣,直接反映社会的道德状况和影响个体道德的形成。在人的社会化过程中,其内在道德修养对其行为的导向、校正有着十分重要的作用,而这种道德修养的来源,正是其所在环境中的一种普遍的道德风尚。

4.教育环境

教育环境包括家庭教育、学校教育和社会大教育三大环境。对于个人而言,要受到前面所列政治、经济、道德等的影响,首先要通过接受教育来明确各种概念及其作用,才可能在已经形成并不断发展的知识体系上,接受来自各方各面的影响。比如,古有"孟母三迁",就是塑造一个良好的教育环境,以期让人能树立最基本的正确价值观。

二、环境和人的发展的相互作用

人们总要在一定的环境中生活,有看得见的,有看不见的,却无时无刻不在影响人的思想和行为,相反人的思想和行为对环境也产生一定的影响。在这种认识下,人的主动性就体现在对环境的策略上。

(一)相互影响

1.环境对人的影响

人的世界观、人生观、价值观是在长期的生活环境和学习过程中形成的,是各种文化因素交互影响的结果。世界观、人生观、价值观一经形成,就具有确定的方向性,对人的综合素质和终身发展产生深远而持久的影响。

环境对人的影响是潜移默化的,环境造就人,环境作用人,环境塑造人。一方面由于"就近和便利原则",周围环境对环境中的个体具有较强的作用力,使得个体紧紧地围绕在共同体周围,防止脱离。另外一方面,个体基于对共同体偏离的恐惧和个体生存的自我保护本能,人们往往采取的就是和共同体的一致行为,做到相似相溶,这样就更加巩固了共同体对个人的影响力。

在环境面前,人的力量是渺小的,同时也是伟大的。我们无法回避"近朱者赤,近墨者黑",只有通过"孟母三迁"来变换环境,不得已时也只有"清者自清,浊者自浊",或者进一步的"呐喊与崛起"来对环境进行改造。

2.人对环境的优化作用

环境对人的作用是潜移默化的,而人对环境的作用却是主动优化的过程。因为被动对环境的适应能量耗损较少,易出现"温水煮青蛙"的现象,润物细无声,进而"满目翠绿如烟来"。

对环境的优化是一种异动行为,进而会需要较大的心理和生理能量以及时间精力的较大耗损,故而是一种艰苦卓绝的苦行之旅,但它的长期收益却和付出是相匹配的,它是推动人类或者某个集体不断进步的基本动力因素。

(二)我们的选择

环境是无限的,大到宇宙、小到社区,可以把大环境分解成许多的小环境。对具体的个人来讲,大环境规定着我们总的趋势和方向,小环境具体和直接地影响着我们,而我们对大环境的改造能力极其有限,而对小环境我们却可以直接有效地进行改造。所以研究环境对人发展的影响我们可以从两个方面来考虑:第一,怎样选择和适应自己适合的环境;第二,怎样创造适合自己的环境。其实质就是怎样有效地合理配置环境资源,从中选择适宜自己的资源来服务于自己的成长,促进自身价值的实现。

常言道:"鸟随鸾凤飞腾远,人伴贤良品自高。""与善人居,如入芝兰之室,久而不闻其香;与恶人居,如入鲍鱼之肆,久而不闻其臭。"正因如此,我们才应该扬善惩恶,才应该在和谐的社会大环境下,打造一个个良好的小环境,如此,我们心灵的绿荫才能更繁茂,我们工作的热情才能更高涨,我们对事物的分析才能更入理,也更透彻。

三、我们所处的时代

我们作为社会人,当然离不开一定的环境。我们要实现自身的价值,施展自己的才华,只有顺应时代的要求,"得天应势",才能将环境资源变成为自己服务的正向力量,否则"大自然的力量是无穷的",我们将被淹没在历史的洪流中,或被历史的车轮碾得粉碎。

我们身处的大环境包括多种,涉及多方面的内容,对这些的看法和观点,众说纷纭。在实际生活过程中,对环境的分析和评价一般直观地从世界大环境、国内环境以及家庭环境来分析。这样将更加直接的与我们的传统思维相映射。这里我们不再细分和细究,从笔者的认识角度感知一下我们所处的环境——这个时代的趋势和一些特点。

(一)大洗牌时代的到来

随着人类社会的不断发展和进步,我们的社会体制、观念和技术等在不断地沿袭和更新。随着时间的推移,基于"路径依赖"而产生的社会矛盾的累积效应,以及"利旧"成本的增加,我们累积下来的各项成果逐渐失去市场,"低垂之果"即将耗尽,其原因是社会的一系列的基础都发生了质的变化,旧的体制、观念和技术已经完全不适应新的社会发展,我们需要全新的体制来适应新的形势需要,这就是大洗牌时代的到来。

各行各业"低垂之果"已经耗尽,需要全新的"游戏规则"来适应新的形势和发展变化,各行各业"大洗牌时代已经到来"。这对我们这一代人是个挑战。一是观念转变问题,现在不再是"四平八稳"的以老观念和思想可以应付得了的问题,各种的"莫名其妙"都是合情合理的问题了,各种的跨界无厘头已不再新鲜。二是各行各业必须以全新的方式和方法来处理问题,必须制订全新的"游戏规则",以信息和知识为基本依托的经济增长点。

(二)一切"自我决定"时代的到来

人类社会的发展经历了几个特定的时期,有着其显著的特点。而目前我们所处的时期正是一切"自我决定"时代的到来,一切问题的根源和解决方案"全在自己"。

农业文明时期,依靠勤劳和勇敢解决自我的问题,最终解决不了所有问题而祈求诸多的"神",但由于人们改造自然能力有限,大多数是解决不了的问题,故"诸神崛起!"应运而生了专管各个方面并与现实社会相对应的"神",于是乎人们的吃喝拉撒睡等都有解决的途径——即使诸神根本解决不了问题,但人们的"心愿有所归";工业文明时期,人们依靠合作解决自我问题,解决不了的祈求政府或集体来解决。所以工业文明时期人们逐渐的将所有自身问题的解决归结于自己和政府或集体等实体,逐渐摆脱了对"虚无缥缈"的神的祈求,这是巨大的进步。

而到了现在社会,我们无论是称作信息文明或知识文明时期都行,其典型特征是通过信息或者知识来解决我们的问题,"行遍天下,拎着自己的大脑袋,一切 OK!"依靠的完全只有自己了。在以信息和知识文明为代表的新的时期,随着人们对自我认识的逐渐深入,人们发现一切问题的根源和解决途径只能是自己了,这就是自己高度的觉悟和丰富的知识。一切"自我决定"时代的到来,"我是一切因,一切我终结!"

第三节　我的初心
——不忘初心,端正动机,继续前行

我们每个人都有初心,这也是所有事物发展初期的最美好最根本的基础,理想、目标、动机等在一定程度上具有相同的意义。初心纯洁、热烈、美好,它是人生起点的希冀与梦想,事业开端的承诺与信念,迷途困挫中的责任与担当,铅华尽染时的恪守与坚持。在飞速发展的现代社会,丰盈的物质世界高度发达,多彩的精神世界初现端倪,"乱花渐欲迷人眼",不知不觉中逐渐远离纯真的初心。社会在呼唤"慢节奏",其实质就是停下迷乱的脚步,回归"初心"。在庆祝中国共产党成立九十五周年大会上,习近平发表重要讲话,他强调:"面向未来,面对挑战,全党同志一定要不忘初心、继续前进。"一时间大街小巷热议纷纷,反响非凡。

一、初心初探

初心意指做某件事时的初衷和原因。出自《华严经》中的名句"不忘初心,方得始终",意思是只有坚守本心信条,才能德行圆满。随着时间的消逝,岁月慢慢地销蚀了我们的初心,我们渐渐远离我们的初衷,待事至终将,发现不得其所的原因正是初心的远离和丧失,也就是"不忘初心,方得始终"的由来。

人类的行为有两种,一种是如《辘轳女人和井》中的主人翁:"春夏秋冬,忙忙活活,急急匆匆,赶路搭车,一路上的好景色没仔细琢磨,回到家里还照样推碾子拉磨,闭上眼睛就睡呀,张开嘴巴就喝!"这是农业社会乃至工业社会的部分群体的基本状态,他们的状态来自两种:一是"不思不想"，犹如婴幼儿之"纯真"状态的心理，一切自然发生。二是"不想思不想想"，认为除了认真做事，"那些"是他人或"上帝"应该做或想的事情，我们不用"思或想"。

另外一种是凡事之前的"初心"指导下的"凡是行为"，这是现在社会的多数人的基状态，凡事总要"前思后想"，总要问个为什么，尔后付诸行动，并在行动中不断地反馈。在其行动之前的一切动力因素就是"初心"，也许有人称作是"理想、目标、动机"等，不一而论，其核心品质一致，那就是凡事的"主线"，一切行为环其而行，继而避免"无事生非"而产生的时间和精力的无端"耗损"。"人生有限"的本质就是"时间和精力"的有限。

（一）初心的产生

初心的产生有两种，一种是"外力"所为，表现在两个方面，一是自身之外业已形成的对自身的规定，诸如教师的"为人师表"，军人的"保家卫国"，医生的"救死扶伤"等。二是外事外物刺激自身后产生的想法，诸如小孩参加科技展归来的"科学家梦想"、艺术展归来后的"艺术家"梦想以及玩过警察抓小偷后的"大盖帽"的梦想。另外一种是"内力"所为，即"前思后想"的结果，行为之前的动因。

初心表达了人们从事某种事情之前最初质朴的期盼和愿景，没有伟大与渺小之分，没有任何粉饰和做作。其后经过分类和加工便形成了理想、目标和动机等。所以它们在一定程度上反映了初心的意义。

（二）初心的作用

初心具有极其重要的作用，表现在以下几个方面：一是具有目标的作用，即凡事凡物的"航标灯"，避免"南辕北辙"的窘境、"天鹅、虾和梭子鱼"的无端精力耗损，特别可怕的就是"无事生非"。二是动力的作用，初心激励和鼓舞着一颗激动的心，时刻保持者执着的青春和活力，避免任何风吹草动的"骚扰"和有意无意的"销蚀"。三是升华的作用，即在纷繁芜杂的事物中提高精神境界，"不管风吹浪打，胜似闲庭信步"。

二、不忘初心，有效行动，继续前进

（一）初心不可无

初心者，初衷、初因也，理想、目标、动机等在一定意义上都是它的一种表达方式，但又有一定的区别。初心也许看起来并不高大上，也许并不是深思熟虑后的结果，但具有巨大的作用，故此"要得始终，必有初心"，亦即凡事"给个理由先！"也许你不知道科学家是什么，但你长大就要做科学家，因为你的直觉告诉你这个好，社会系统加强和巩固了这个称号，所以你要做。也许你看到母亲生病时难以下咽的食物，你发誓长大后要做名厨师，给母亲做好吃的，你肯定没想到这个"初心"不怎么高大上，更没想到你这个孝子孝心，或做中华美食的传承者。初心者，蕴含着一种伟大的导向和意志力，寄托着一种思想和套路。

（二）初心不可不"科学"

凡事"给个理由先！"这就是科学的思维。一种是"我比较愚钝，不知如何设定自己的初心？"，那么科学的方法就是在目前情况下权威人士的主流科学和思想的结晶。我们要坚信社会上有一大批精英人士已经帮你做好这些工作，我们要做的就是选择既有，坚持实践。犹如选手机一样，也许你不晓得哪种手机好，那么主流手机市场的推荐的打包化的处理——名牌，至于为什么，那就是"大家都说好！"另外一种就是用自身掌握的科学的思维，结合自身实践经验，制定出适合自己的"初心"，坚信并坚持实践。也许和别人比起来不怎么高大上，也许和主流比起来比较"另类"，但这是你自己的，符合你自身实际的，人类穷其一生要做的事情就是发现自己的坐标，并努力到达自己的坐标，而每个人就是一个独立的个体,具有一个独立的坐标!

(三)初心不可不实践

美好的初心加上有效行动将会成就美丽人生,两者缺一不可,初心已有,唯有的就是背起行囊阔步向前。在我们的征程中,要坚持不忘初心,不断前进。

1. 注重自我发展和自身实际及时代特点的结合

人各不同,物有千性,适合适应你的才是正确的。一切的根本就是你自己,你是独一无二的,别人的成功绝不可能在你身上复制。你能做的就是坚持初心,结合自身实际,参考既已发生的,选择适合自身的,走有特色的自身发展道路,实现自身人生价值。

2. 注重初心引导和过程管理及动力绩效的结合

初心是航标灯,感召着我们以百倍的信心前进,随着时间的推移和实践的深入,信念和信心逐渐被退化,逐渐偏离初心。那么不忘初心的同时,加强过程管理,是增强信心和提高绩效的根本途径。坚定初心不动摇,以坚定的信念和充足的信心,"自信人生二百年,会当击水三千里"的勇气,毫无畏惧面对一切困难和挑战,就能坚定不移开辟新天地、创造新奇迹。

3. 注重坚持根本和与时俱进及开放改革的结合

坚持初心不忘,其本质要义不在字面,而在于其根深和更高的意义,坚持历史唯物主义,与时俱进,坚持初心要义的根本方向,不走封闭僵化的老路,也不走改旗易帜的邪路,坚持开放思路,不断创新,开拓更加成熟的发展道路,实现有质量有水平的人生模式。

4. 注重坚持初心和抵御风险和拒腐防变的结合

初心因其美好质朴而纯真,但伴随之岁月推移和实践的发展而受到销蚀,甚至出现背离的风险,所以要时刻保持警惕,不忘初心,不断自我净化、自我完善、自我革新、自我提高能力,防止精神懈怠的危险、能力不足的危险、脱离实际的危险、消极腐败的危险,增强忧患意识、创新意识、初心意识、使命意识。

三、不忘初心,端正动机,拒腐防变

初心美好质朴,引人入境,使人成功。坚持美好初心,良好动机,拒腐防变。质朴的初心,经过加工和分类,表现为理想、目标、动机等。凡事从初心开始,初心贯穿始终,拒腐防变。

(一)不忘初心,端正动机

在我们成长的过程中,迎接着不断地选择,每项选择的初衷左右着整个事物的发展,正如唐·王勃所言:源洁则流清,行端则影直。秉承美好质朴的初心,树立良好动机,在过程中坚定理想信念,牢记目标宗旨,必将取得巨大成功。如青年学子们的大学之梦为例做一分析。

自我们出生开始,社会、家庭、父母亲人已经给予我们一条必选的成长途径——上学——上大学,我们从出生到二十几岁的成长期的终极目标基本被锁定在大学这个终极目标上。可作为男一号(或女一号)的我们基本上都很少仔细琢磨过这个事情,我们仅有一个概念就是"这是好事情,是自己一生成功的必然选择",这就是我们的初心。随着时间推移和阅历增加,我们逐渐产生了成为"科学家""艺术家""教师""医生",甚至"美食家"的理想和目标,继而在此指导下不断地巩固自己的动机,进而形成坚定的信念,再付之于一定的具体方法和措施,成功便是自然而然。

在此有必要再谈一谈有关动机的问题,为什么要成为"科学家"或者"美食家"呢? 这时候五花八门的动机就出来了。有"为中华之崛起而读书!",有"书中自有黄金屋,书中自有颜如玉",有"书香门第!"等不一而举,同一理想、目标或行为,不同的动机,会使得采取不同的措施,最后会产生不同的结果,甚至截然相反的结果,这不得不引起我们的重视,因此所有事情的动机是十分重要的问题。

人的每一项活动都有一定的目的,都是为着实现确定的目标,而目标又使人产生动力,形成为实现这一目标而奋斗的意志。目标与为实现这一目标而奋斗的意志就构成了动机,从中可以看出良好的动机是保证事物发展走向的坚定性和过程纯洁性,进而保证初心实现的根本因素。初心是向善向好的,动机是内在原因和真实目的,是推动事物发展的精神力量。所以良好动机是首要问题。不但要实现理想更要保证理想的纯洁性和方向性,正确的动机是根本问题,是激励人们行为的主观原因,它从根本上决定了每一个人的素质和行为,是人们世界观、人生观、价值观的集中反映。因此,树立正确的动机是十分重要的问题。

(二)端正动机,拒腐防变

人生路漫漫,所经历事情万万千,成功失败各有千秋。失败者甚至出现腐化堕落,滑向罪恶深渊者教训深刻。诸如当今社会的热词"腐败"问题。世界上所有国家,无论发达还是欠发达、大国或小国、资本主义国家还是社会主义国家都存在腐败问题。上至总统、议长,下至普通公务员。腐败对国家和社会产生了巨大的危害,甚至导致亡党亡国。在政治上,权力腐败破坏国家政治和法制的统一, 引发和激化社会矛盾,破坏安定团结,消解党和政府的权威。在经济上,权力腐败制造分配不公,刺激不正当竞争,直接破坏了按劳分配和市场经济等价交换的基本原则。在精神文化层面,腐败不但侵蚀腐败者的思想、灵魂、道德,而且腐蚀整个社会的精神和信仰,毒化社会风气,膨胀私欲。

静观所有的腐败对象,不难看出,很多贪官的人生轨迹大致相同,在青年时期秉承美好初心,励精图治,敬业为公,在各个时期的不同工作岗位上,勤勤恳恳,尽职尽责。为政初期几年,秉承初心,多有建树。然而,随着职务的升迁,权力的增大,隐藏在内心深处的从政动机呈现,良好从事的初心逐渐褪色,个人的精神世界逐渐发生了变化,初心已被欲望和不良动机销蚀,入党从政之初的铮铮誓言荡然无存,从政为官的动机发生扭曲变化,读书学习、艰苦朴素的作风逐渐淡化,民主开明、勤奋务实的风格悄然离去,世界观、人生观、价值观开始扭曲,思维方式发生了改变,进而产生不良欲望推动不良行为,最终臣服于各种私欲,终致人生穷途末路。

细疏腐败与廉洁从政之路,在分合中探究其因,主流分析多为封建思想残余、制度缺失、市场功利性的影响,使得私欲膨胀,思想腐化堕落,貌似这些外部的原因是造成腐败的根本原因。细而思之,内因是主导因素,这些只不过是外部刺激物而已,根本的原因在于初心已死,恶欲滋生,私欲当道,进而产生不良动机,付之于无良行为,产生腐化堕落。细数腐败案件,细阅贪腐财物,穷其几生几世消费不完,巨额财物自己不晓,却无数蝇头小利也不放过。至其东窗事发,一脸懵懂,巨额财物不知何用,四墙之内,仰问上苍,终言:千间房屋夜间无外一床安宿,万亩良田一日终究只需三餐。细细品之这不就是我们人生的初心么,回归始终,只不过是过程中为外物所惑,己利所蔽,淡忘初心。

"路漫漫其修远兮,吾将上下而求索。"不忘初心、端正动机,继续前进。长久的快乐,绝不在喧闹中,更不在浮华里,它源于光明心力的宁静!人生云水过,平常自然心,当繁花落尽洗尽铅华,我们是否还能记得,那昔日的初始之心!

第四章
我还缺什么？——认识力点

第一节　我的优劣
——木桶理论,长板短板

因境依权,顺势而为。

一只木桶,哪些因素决定了它的容水量?

以前有一个著名的木桶定律(短板效应)——一个木桶能装多少水,取决于最短的一块板。有人说在工业化时代,这个理论的确非常有效。但随着时代的发展,在全球互联网的时代,这个理论实际早已破产。提出了长板效应,当你把桶倾斜,你会发现能装最多的水取决于你的长板。那么到底是长板还是短板决定存水量?

一、木桶定律(短板效应)和长板效应的基本解释和困惑

(一)基本解释

木桶定律是由美国管理学家彼得提出的,说的是由多块木板构成的水桶,其价值在于其盛水量的多少,但决定水桶盛水量多少的关键因素不

是其最长的板块,而是其最短的板块。

木桶定律是讲一只水桶能装多少水取决于它最短的那块木板。一只木桶想盛满水,必须每块木板都一样平齐且无破损,如果这只桶的木板中有一块不齐或者某块木板下面有破洞,这只桶就无法盛满水。一只木桶能盛多少水,并不取决于最长的那块木板,而是取决于最短的那块木板,也可称为短板效应。随着社会的进步,知识量的飞速增加和探究的不断深入,面对短板效应有人提出了长板效应:当你把桶倾斜,你会发现能装最多的水取决于你的长板。

随着它被应用得越来越频繁,应用场合及范围也越来越广泛,这由许多块木板组成的"水桶"不仅可象征一个企业、一个部门、一个班组,也可象征某一个员工,而"水桶"的最大容量则象征着整体的实力和竞争力。

(二)我们的困惑

现在众多的媒体文章提出了"木桶理论已死,长板理论告诉你:优势才是王道!"的观点? 那么,我们应该怎么办? 在此分析一下短板效应和长板效应的困惑。

在特定的"盛水"环境中,短板决定你的成绩,长板再长也没用。比如高考,奥数金牌得主数学满分也拉不开和其他人的差距,英语一门挂了可能连一本都上不了;再比如,部门年终考核大多数实施的"安全一票否决制"、研究生招考中的单科最低分数线,无视你辉煌的成就和无比强大的综合分数。反过来,在特定的"比长"环境中,长板决定你的成绩。比如在清华北大等自主招生中,如果你得了青奥会金牌,哪怕你语文巨烂,也能脱颖而出。在周围社会中仅凭一"技"之能而畅行"江湖"的比比皆是。

我们如何办?

二、我们的主张

上面的例子比较极端,在现实生活中,你得考虑自己所处的特定的时空环境、任务和游戏规则,往往实际的情况是两者相交错的,在众多的材料中出现了木桶理论(短板效应)、木桶定律、短板效应、长板效应的概念,有些迷茫。在此,我们先统一一个概念,木桶理论即木桶盛水量的理论,其有长板效应和短板效应及其他效应。

(一) 基本战术:选择优势,因"境"依"权"而为

1. "长板""短板"同时存在,成功失败由你选择

在每个人或组织内部"长板""短板"同时存在。基于我们性格、环境的影响,产生心理聚焦现象,不同主体的自我觉知便不同,"长板""短板"的觉知度便不同,但是它们是同时存在的,我们首先要做的就是清楚地找出我们的"长板""短板"(在《人是平等中的不平等》章节中有详解),另外它们也是相对的。

这里我们经常把它的原因往往归结为"上苍",事有两面,其实根本原因是我们的选择。有个这样的故事:杰克是一个非常冷血的人,他不仅凶狠残暴,而且冷酷无情。在生活中,他不仅酗酒成性,而且还有很深的毒瘾,所以人们都不愿意搭理他。到了最疯狂的时候,他曾经和酒吧里面的青年吵架并把对方砍死,也被判为终身监禁。这位不成功的男人有两个儿子。而这两个儿子却走上了不同的道路。我们先来看一下大儿子。他的大儿子知道自己的父亲进了监狱,自己又没有人照顾。所以逐渐的,他就开始放纵自己,他没有工作,也不愿意去劳动。后来没有办法,他只能靠抢劫和贩卖毒品为生,和他的父亲一样走上了犯罪的道路。这样的人的下场我们自然是知道的,没过多久,他就被抓进了监狱。人们本来以为,这位没有人照顾的小儿子也会走上父亲的道路,但是我们却想错了。小儿子生活得非常美满,有一位很贤惠的太太和乖巧的儿子,而且还成立了自己的公司。人们对他的成长非常的不理解,但是这个青年就是在这样地努力着。后来,人们问这两个儿子为什么会这样的时候,他们的回答却是惊人的一致:"有这样的父亲,有什么办法呢?"

是啊，同样的条件，你选择了长板还是短板，你就会变成长板或是短板。而当你选了一块长板，围绕这块长板展开布局，为你赚到利润。如果你同时拥有系统化的思考，你就可以用合作、购买的方式，补足自己其他的短板。它产生的原因本质上是路径依赖原理的基本应用。

2. 因"境"依"权"而为

长或短，都是基于一定的时空概念以及主体认知水平，故是相对的概念。那么到底如何实施？笔者建议因"境"依"权"而为，即根据事物的性质或主体的能力和事物的"权重"而采取相应的措施。

（1）因境而为

基于个人的认识水平或者事物的性质，我们把对于事物的所可采取的措施分为认识上可为、认识上不可为和事物本质可为、事物本质不可为。比如一般情况下的搬东西行为：对于五十千克的重物，我们就会产生搬动和搬不动的两种认识，会直接产生相应的心理效应而出现搬动和搬不动的实际效果；而对于十千克的重物，对于成年人而言性质上属于可搬动，而一百千克的重物对于成年人而言性质上是属于搬不动的。

对于可为因素，我们尽可能地去把短板做长，对于不可为的，如果属于认识上的不可为，可以再进行一步就是第三方评估，属于可为的就努力改变，如果属于不可为的那就放弃对它的行为。

（2）依"权"而为

对于权重比较大的长板或短板都需付出相应较大的力气去处理它，对于权重较小的大可不必花费较大力气。其实质就是八二定律的本质，遵循效率原则。

（二）基本战略——"一专多能零缺陷"

木桶理论指出了在一定情况下的状态影响因素问题，作为一个现代人应该辩证地看待这些问题。所以在职业生涯发展中，最好的能力策略是"一专多能零缺陷"："一专"指让自己有一项专长非常强直至才干；"多能"指有可能多储备几项能力可以搭配着使用;"零缺陷"指通过自身努力和对外合作,让自己的弱势变得及格即可。而最需要避免的情况是"性情大于才情",你有些小优势,但是由于与你合作的成本太大,没有人愿意和你合作。同样在组织发展过程中遵循"一专多能零缺陷","一专"指让组织有一强有力的优势项目或叫作核心竞争力;"多能"指围绕核心竞争优势的互相支撑的项目;"零缺陷"指没有硬伤,一切均达到平均水平。

(三)"强者更强"战略——"马太效应"

纵观所有成功者就是将"长板"不断地复制,优势做强。失败者往往是将"短板"不断地复制,弱势放大。这就是我们在社会上经常见到的"强者更强,弱者更弱!"的"马太效应"。

"马太效应"产生的社会和心理机制就是"荣誉追加"或"荣誉终身"两种效应。"荣誉追加":当主体获得一定的优势(长板)或劣势(短板)后,由于相似相溶原理,我们的心理产生相应的心理聚焦产生晕轮效应,从而不断地优势或劣势的追加,使得强者越强,弱者更弱。"荣誉终身":当外界给予一定的"长"或"短"的"荣誉"后,主体"迫不得已"的需按照这个荣誉的标准来严格要求自己,解决"荣誉"和自身实际之间的差距产生心理的焦虑,以保持趋同感,从而产生优势或劣势的增强。比如相貌出众的妙龄女子于内往往具有较高的自信度,于外往往具有较好的亲和力和交际优势等。

长或短均可产生马太效应,使得"强者更强,弱者更弱!"那么我们需要的是"长"的马太效应,避免"短"的马太效应。所以现代个人或组织的发展要出人头地就需要我们注重长板效应。

今天的公司实在没有必要精通一切,如果财务不够专业,可以聘用比自己更有优势的会计事务所;如果在人力资源上欠缺,可以聘用猎头或者人力资源咨询机构;市场、公关如果是短板,有大量的优秀广告和宣传公司为你量身定做;同样的还有法律服务、战略咨询、员工心理服务……当代的公司只需要有一块足够长的长板,以及一个有"完整的桶"的意识的管理者,就可以通过合作的方式补齐自己的短板。

所以今天的企业发展应从短板效应变成长板效应。

百事可乐在中国的战略就是这样:他们把制作、渠道、发货、物流全部外包,只保留市场部寥寥几个人运营百事可乐的品牌。仅仅做好品牌这个长板就好。你今天喝到的青岛啤酒,都来自你附近方圆 100 公里的啤酒厂,瓶子和盖子来自另外一家专门做瓶盖的厂家,而青岛啤酒做的仅仅是拿出自己的配方,贴上自己的标签。GOOGLE 在 2014 年初宣布 29.1亿美金将摩托罗拉出售给联想,出售一周,GOOGLE 股价上涨 8%,理由也基于长板理论——CEO 佩奇解释说:"这笔交易谷歌将精力投入到整个安卓生态系统的创新中,从而使全球智能手机用户受惠。"用"马太效应"解释就是:"GOOGLE 就是做系统的,我们买回来个手机公司补短板(硬件),现在发现不如专注我们擅长的长板(系统)更好。"

伟大的公司也没必要每块板都强,而是把一块板做到极致——淘宝做好了交易平台;小米做好了粉丝互动;新东方做好了精神建设;腾讯则抓住了几乎八成的中国网民等。

专业的细分让我们无法补齐所有的短板,互联网让企业内外信息流通的速度和量不断加大,让合作的成本变得越来越低。这个时候,当一个工作不如意,你找到合作者的机会和成本都越来越小。与其非得要花精力治愈自己的某些"顽疾",不如花同样的时间和精力,把自己的优势发挥出来。现代很多经理人的工作方式,就是"自己 + 助理 + 外脑 + 导师"的工作方式。

这与应对疾病的策略一样,先别让自己得会快速致死的"急性病"(比如工作态度、诚信、合作能力、基本的综合能力),然后和自己的"慢性病"和平共处(比如某些方面的天赋与技能不足),专注发挥自己的优势。

历史上不乏这样的例子,丘吉尔、罗斯福与林肯都是抑郁症患者。林肯的抑郁症甚至严重到在婚礼上临时发作,落跑而无法正常结婚。但即使是抑郁症发病的间隙,也足够让林肯发起南北战争,让丘吉尔与罗斯福打赢二战。乔布斯是个扭曲现实、怪癖、不近人情和挑剔苛刻的家伙;周星驰是个出了名的坏脾气和反复无常的人;马云则以忽悠和出尔反尔著称。对于企业,他们意识到自己的问题,知道自己有的长板、短板也需要其他人弥补,对于他们自己,他们则始终关注自己的优势——这让我们看到了伟大的林肯、坚强的罗斯福、永不妥协的丘吉尔、追求完美的乔布斯、搞笑的周星驰和帮助了千万个生意人的马云。把出色一面发挥出来,就已经足够。

"木桶理论,长板效应",不仅适用于个人,也适用于企业公司等现代集团化发展。外语培训的俞敏洪,电子商务的马云,小米手机的雷军……无一不是利用了自己的长板而立足于世。多年来为人们所熟悉的词语"双赢""多赢",不也正是长板效应的例证吗?

故而,生活中须正视自己的弱项,但大可不必过于计较自己的那块"短板",因为当木桶倾斜时,决定一个木桶最大容量的,却是那块长板!

对于个人来讲,更是如此。只关注短板,可能让你沦为万金油式的通才,而不是专才。长板才是凸显个人独特优势,指引自己未来发展方向的关键所在。样样通,反而是样样都只有三脚猫的功夫,唯有在某一方面专注而精进,才可能成为某个方面的专才。作为刚刚步入社会的年轻人,更要及时找出自己的兴趣所在或关注点,勇猛精进,让这块长板指引自己的职业发展之路。如果兴趣过广,什么都想做,什么都感兴趣,最终的结果可能是什么都做不成功。李书福一门心思搞汽车,最终搞成了吉利汽车;巴菲特专心致志玩股票,最终也成了世界级富翁。从这个意义上来说,短板决定的是你的发展基础是否牢固,决定的是你的竞争力发挥的程度,而长板则让你找准自己的发展方向和独特竞争力,二者皆不可偏颇。

找准自己的长板,让它尽可能地高,同时别忘了短板的提高,尽量让它们之间的差距不要太大,这才是木桶的生长之道!

第二节 我的认知
——正确认知，有效处置

　　人生在世，人与人之间的差异的本质就是如何认知和有效处置的问题。认知是根本，处置只是顺水推舟的自然而然，其体现为一个人的心理。我们面对同样的事物和现象，因为各自的心理差异，我们便产生不同的认知，进而实施相应处置策略和措施，最后表现出不同的效果。

　　认知的社会表现就是人们把自己搁置到不同的阶层，分列到不同的类别中去。虽然某些观点认为当前社会阶层已经基本固化，但对于时间精力有限以及先天条件已经固化的我们来说，认知结构的调整是唯一实现跨越阶层的路径。在此我们有必要澄清这些差别产生的原因及影响因素，进而正确认知，有效处置，实现辉煌人生。

一、认知和处置的心理学基础

　　心理现象人皆有之，它是宇宙中最复杂的现象之一。心理学就是研究心理现象发生、发展和活动规律的科学。动物和人都有心理，高级的心理活动是人的基本特征之一。心理学是一门内容广泛的学科，一般可分为基础心理学和应用心理学，在此我们主要关注基础心理学的相关概念和知识。基础心理学是以正常成人的心理现象为研究对象，总结心理活动最普遍、最一般规律的心理学的基础学科。

　　基础心理学的内容可以分为四个方面，即认知、情绪情感和意志、需要和动机、能力和人格。总的来说可以分为两个方面：心理过程和个性心理特征。心理过程是指心理现象发生、发展和消失的过程，它具有时间上的延续性。个性心理特征是个体心理活动过程体现出来的特点。

（一）心理过程

当外界事物作用于感觉器官的时候，人们总要认识它。在认识它的同时，人们又会产生对它的态度，引起人们的情绪，激发人们的行动，这就是人们的认知、情绪情感和意志过程，我们把这三类心理现象称为心理过程，因为它们都是以过程的形式存在的，都要经历发生、发展和结束的不同阶段，也就是常说的知、情、意；知是人脑接受外界输入的信息，经过头脑的加工处理转换成内在的心理活动，进而支配人的行为的过程；情是人在认知输入信息的基础上所产生的满意、不满意、喜爱、厌恶、憎恨等主观体验；意是指推动人的奋斗目标并且维持这些行为的内部动力。

知、情、意不是孤立的，而是互相关联的一个统一的整体，它们相互联系、相互制约、相互渗透、相互促进。认知是基础，情绪情感是推动力的源泉，意志力是认知向行为实践转换的推动力，也就是认知是产生情、意的基础，行是在认知的基础上和情的推动下产生的，它能提高认识、增强情感、磨炼意志、行为控制、调节情感、提高认知。

1. 认知

人的认知过程是一个非常复杂的过程，指人认识客观事物的过程，即对信息进行加工处理的过程，是人由表及里、由现象到本质地反映客观事物特征与内在联系的心理活动。它由人的感觉、知觉、记忆、思维和想象等认知要素组成。

人们通过各个感觉器官认识了作用于他的事物的一个个属性，产生感觉。人们又能把各个感觉结合起来，产生对事物的整体认识，这就是知觉。感觉和知觉都是对事物外部现象的认识，属于感性认识阶段。人们通过思维才能产生对事物本质的认识，这是由表及里、去粗取精的过程，这个过程的产生依赖于记忆。记忆提供了过去获得的经验，使人们能把过去获得的经历和现在的经历联系起来，加以对照，从而认识到事物的本质和事物之间的内在联系，达到理性认识，使人们不仅知道了某种现象，且知道这种现象的来龙去脉。

（1）感觉

感觉是我们认识世界的起点，是人们对客观事物的个别属性（比如物体的颜色、形状、声音等）进行直接反映的过程。感觉分为外部感觉（视、听、味、嗅、触觉）和内部感觉（平衡觉、运动觉、机体觉），其中视听提供的外部信息占人们所获信息的 80% ~ 90% 。

（2）知觉

知觉是人脑对直接作用于感官的客观事物整体的综合反映，是较为复杂的心理现象，是大脑对不同感觉信息进行综合加工的结果。知觉以感觉为前提，但它不是感觉的简单的集合，而是在综合了多种感觉的基础上形成的整体映象。

（3）思维

思维是客观事物的一般属性和内在联系在人们头脑中概括的间接的反映过程，它所反映的是事物的本质特征和一般规律。并且，通过语言活动，人们把自己思维活动的结果，认识活动的成果与别人进行交流，接受别人的经验。另外，人们还具有想象的活动，这是凭借在头脑中保存的具体形象来进行的。

2. 情绪情感和意志

人有喜怒哀乐，这是人的情绪情感，它是伴随着认识和意志过程产生的对外界事物的态度和体验，这种态度和体验是以人的需要为中介的，当外界事物正好满足人的需要时，就会引起愉快的体验，否则就会引起消极的体验，所以情绪情感是对客观事物与主体需要之间的关系的反映。在有些材料里面也把它称为深度感知。

意志是人的思维决策见之于行动的心理过程，表现了心理对行为的支配。支配的力量有强有弱，我们以此来评价一个人的意志品质。

在此，笔者认为情绪情感和意志只是一种状态，它们实质上是由认知决定的。我们平素的控制情绪情感和提升意志力的具体落实的操作方式归根结底是从认知入手的。

(二)心理特征

每个人的心理过程都表现出他个人的特点,构成了他独特的心理面貌,组成一个人心理面貌的就是他的心理特征。需要和动机反映了他心理活动的能力,能力说明他对某种活动的适应性,气质和性格表现了他的人格特征。

1. 需要和动机

人的心理都有其推动力量,这种力量就是人的需要,需要是以欲望、要求的形式表现出来,它反应的是人体内的不平衡状态。人要维持和发展自己的生命,就必须有一定的外部条件来满足他,饿了就得吃,渴了就得喝,累了就需要休息,食物和水就是人赖以生存的外部条件,当这些外部条件缺乏时,就会反映到人的头脑里,让人产生对物质和社会条件的需求,这就是需要,当人们意识到这种需要的时候,这种需要就转化成推动人们从事某种活动,并朝向一定目标前进的内部动力,即人心理活动的动机。所以,需要和动机是推动人们从事心理活动的内部动力。

2. 能力和人格

认知、情绪情感和意志这些心理现象是人人都有的,但每个人所表现出来的心理现象又各有特性。一个人的心理特征表现在他的心理活动的动力上,也表现在他的能力和人格上,人格又是由气质和性格组成的。

能力是顺利有效地完成某种活动所必须具备的心理条件。气质是心理活动动力特征的总和,也就是我们平常所说的脾气、秉性,表现在心理活动的速度、强度和稳定性方面的人格特征。性格是表现在人对事物的态度,以及与这种态度相适应的行为方式上的人格特征。

二、认知和处置过程中部分问题探究

在人的认知和处置问题过程中,也就是心理发展过程中必然会出现诸多的问题,一般可分为两种情况:正常心理和异常心理。正常心理有发展性的和不健康性的心理。这里我们关注发展性心理部分,它们虽然称不上是"心理问题",常常引不起我们的注意,但不知不觉地影响着我们处置问题的效果和效率。

前面谈到的基础心理学的四个方面的内容:认知、情绪情感和意志、需要和动机、能力和人格,可分为心理过程和心理特征两个大的方面。基于心理特征是心理发展过程中表现出来的状态量,是"被决定"的东西,这里我们主要对心理过程中的一些问题进行探究。

(一)各因素自身问题探究

心理过程各因素自身状况对问题的有效处置有着重要的影响。

1.认知过程

认知是人认识世界的过程,或者说是对作用于人的感觉器官的外界事物进行信息加工的过程。在此过程中易于出现一些问题,较大地影响问题的处理效果。

认知优化是认知过程的基本策略,就是坚持唯物主义和历史的观点,以科学的方法和思想指导认知。首先是坚持唯物主义,坚信物质决定意识,意识是物质的反映,反对唯心主义。在实际工作中坚持一切从实际出发,使主观符合客观。比如视觉认识中常见的错觉,思维中的思维惯性、"糟糕至极"等绝对判断,较大地影响我们的判断和认知。其次是发展的观点,不断改进方法和策略,坚持不断的优化认知结构。这也是基于时间、空间和社会维度的不断变化发展而不断发展的,拒绝"老眼光、老传统"。

2.情绪情感

人类的语言交流一般会传递两种信息:一是客观事实,一是情绪情感,这要求我们仔细斟酌,并正确处置。对于客观事实要尊重,对于情绪情感,正向的予以共情,负向的则应该有力的予以排斥和化解。

情绪情感是机体生存、发展和适应环境的重要手段,它构成一个基本的动力系统,驱动机体从事活动,提高机体的活动效率。它还对其他的心理活动具有较强的组织功能。同时也传递信息,沟通思想。

情绪情感的不当,将会产生极大的消极作用。一是不当情绪情感传递不当的信号,影响外界对自己的基本判断,进而出现不利行为,或者不当的情绪情感引起外界的排斥和不适应,进而出现排斥行为。二是消极的情绪情感对活动行为的瓦解和阻滞,进而产生畏缩不前或故步自封的不适应行为,或者对他人或集体产生消极负面的影响,比如"垃圾人"多传递的都是负面的情绪情感因素,引起内心深处强烈的不适感,而无视甚至排斥对方的存在。

3.意志

意志是有意识的确立目的,调节和支配行动,并通过克服困难和挫折,实现预定目的的心理过程,它是思想认识实现的基本途径,也是人生活动操作性的关联环节。

基于它的实现需要克服困难和挫折,即需要时间、精力和思想的有意耗损,而不是像吃饭聊天一样的随意行为,实现方式随意灵活,时间精力和思想耗损的无意性很强,所以它是人生价值实现和效率提高较为核心的环节。强化意志行为的关键要避开常见的认识误区,即重点放在只是教育强化"重要性"上,而忽略本质要义。其实大家都知道重要就是在实际中的如何克服时间精力和思想有意识的损耗带来的不适感,其核心操作方式是认可需要思想经历和思维的损耗,把关注的焦点放在目标实现的方式方法中来,关注目标、关注方式方法,淡化时间精力和思维的损耗,如吃饭睡觉聊天般的"无意间"。

(二)各因素相互影响探究

心理过程的各因素之间互相影响,互相促进,不可或缺。

1.正向影响

一定的认知、适当的情绪情感、必要的意志行为对问题的有效处置具有正向积极的作用。凡事有度，必得大成。

认知是对作用于人的感觉器官的外界事物进行信息加工的过程，其过程中必有情绪情感体验和意志行为。情绪情感是认知和意志行为的催化剂和润滑剂。而意志行为是认知和情绪情感实现和升华的必要过程。一定的认知能够有效地强化对事物的情绪和情感，进而强化问题解决的意志行为。而适当的情绪情感能够促使人们加强认知和意志行为。必要的意志行为将会深化认知行为，强化情绪情感。

2. 负面影响

心理过程的各因素之间的不当搭配将会很大的影响问题处置的效果。过度的认知将会使得情绪情感的润滑效力下降，从而反过头影响认知和意志行为的持续性。而较浅的认知往往使得情绪情感成为主要的推动力，往往易于感性从事，忽略客观因素，往往会沦为唯心主义的囚徒。过度的情绪情感行为会在事物处置过程中耗损较大的时间精力而出现不理性行为，甚至出现较大的偏激行为，使得意志行为沦为随意行为，最终和认知出现较大偏差，而较弱的情绪情感行为却可以使人无视人类丰富的情绪情感的作用，感觉人生无味而"遁入空门"，无欲无求，认知进入到非常人的模式之中，意志之力随遇而安。过强的意志使得人们无视认知的结构性作用，出现执意或偏执行为，较弱的意志往往会使得人们较长时间的滞留在认知的遐想中，沉溺在情绪情感的旋涡中。

第三节 我的力点
——给你力点,撬动地球

任他巨力来打我,
牵动四两拨千斤。

我们所做的一切究竟为了什么? 为什么要活着? 为什么要奋斗? 或者做这一切为了什么? 凡此回答,林林总总,不管你把它叫作"人生目的""人生目标"或者"人生追求"等,究其根本无非就是培养自己高尚的人格品质和伟大的创新品质,实现"高品质的人生"。

作为当代青年学子,我们进入高等学府干什么? 当然回答也很多,"学习科学文化,实现人生价值""学习科学文化,强大祖国,实现共产主义"以及"学习科学文化光宗耀祖"等,凡此种种的回答都表达了以学习科学文化为媒介,实现更高的目的和追求。细细品味我们的大学生活,培养目的有二:首先需要培养的就是树立完善的人格品质;其次就是培养伟大的创新精神,现实一点就是如何做人和做学问的问题。要实现这样的大学目的,我们必须具备哪些基本的素质呢?

一、高度的政治素质

政治素质是指政治主体在政治社会化的过程中,获得的对他的政治心理和政治行为发生长期稳定的内在作用的基本品质,是社会的政治理想、政治信念、政治态度和政治立场在人的心理中形成的,并通过言行表现出来的内在品质。它是人们从事社会政治活动所必需的基本条件和基本品质,是个人的政治方向、政治立场、政治观念、政治态度、政治信仰、政治技能的综合表现。

人总是要生活在一定的社会中,隶属于一定的国家和制度中,所以人的政治素质的高低是社会政治文明发展水平的重要标志,是一个政治角色对政治特别是对自己所承担的政治义务和所享受的政治权利的理解、把握、反应和见诸行动等情况的综合,只有这样,才能把握时代的脉搏,协调各项资源,把自己的价值实现和时代的价值主体统一协调,实现"共振",实现价值最大化。政治素质主要体现在以下几个方面:

(一)政治知识和政治理论

当代青年必须具备对共产主义、党和国家以及人类发展和政治艺术以及世界政治和时事政治等诸多知识的基本了解,同时应具备深厚的马列主义理论修养,具有高度的政治坚定性和理论成熟性。

(二)政治观念和政治意识

必须树立牢固的马列主义世界观、人生观和价值观,具有政治纪律观念、政治原则观念、法制观念和路线观念,保持高度的政治警觉性和纯洁性。

(三)政治态度和政治立场

要有强烈的政治责任感和事业心,以及高度的政治觉悟,坚持贯彻党的方针、路线、政策,真正为党和国家人民的命运着想,全心全意为人民服务。具备远大的共产主义理想,坚定共产主义一定能够实现,社会主义能够最终胜利。

二、科学的思想素质

思想素质是指人们对社会善恶美丑以及其他现象的认识、行为和做法,包括思想认识、思想觉悟、思想方法、价值观念等方面的素质。提高思想素质应从以下几个方面做起。

(一)建立辩证思维

辩证思维是指以发展变化的视角认识事物的思维方式,通常被认为是与逻辑思维相对立的一种思维方式。在逻辑思维中,事物一般是"非此即彼""非真即假",而在辩证思维中,事物可以在同一时间里"亦此亦彼""亦真亦假",而无碍思维活动的正常进行。

辩证思维指的是一种世界观。世界万物之间是相互联系,相互影响的,而辩证思维正是以世界万物之间的客观联系为基础,而进行的对世界进一步的认识和感知,并在思考的过程中感受人与自然的关系,进而得到某种结论的一种思维。辩证思维模式要求观察问题和分析问题时,以动态发展的眼光来看问题。

(二)加强历史唯物主义的修养

这也属于世界观。列宁说过:"历史唯物主义的一个绝对前提就是把问题放到一定的历史条件来观察。评价一个人、一件事都要遵循这一原则。那么提高个人的历史唯物主义修养,首先要学习历史知识,同时要学习历史方法。"

(三)处理好个人与社会的关系

这属于人生观方面的问题。正确处理好个人与社会的关系,这是人生价值观的核心。个人是集体的组成部分,不是集体的特殊分子。

(四)正确对待金钱、名誉和地位

在社会主义市场经济条件下,金钱、名誉和地位的作用在特定历史时期表现得比较重要,但不能把它当作人生的最高目标,要正确对待金钱、名誉和地位。它只是一种形式的体现,一种媒介而已。

（五）树立伟大理想

这也是思想素质一个很重要的因素。杨叔子院士常向学生们教导："君子不器"，一个有作为的人，一个高水平的人，不应该被当作别人的器皿。但是，现在如果一个人没有理想，他就仅是一个"器"而已，像个茶壶、茶碗一样，像一个没有蜡烛的灯笼一样，没有什么希望，没有什么亮光。只有有了理想，他才可能有丰富的内涵。

三、高尚的道德素质

道德素质指的是一定群体乃至整个社会在一定时期调解人与人之间的相互关系的价值标准和价值判断、道德规范和道德要求，内化为心灵内容后形成的整个精神内涵，是充满价值内容和主观取向的行政领导素质。主要内容包括以下几个方面：

（一）事业心和使命感

事业心是衡量一个人对事业及本职工作态度的主要指标，它反映出一个人的理想、目标和抱负。而使命感则要求一个人对自己的人生和自己所处的国家和社会负责，以自己最大的热情和毅力去完成自己的使命和任务。

（二）胸怀宽阔

现代人应该具备宽阔的胸怀，善于听取他人的不同意见，包容他们的缺点，使别人感到自己的亲切、温暖、友善和诚恳，并获得心理上的安全感。这样就可以团结可以团结的一切人，调动一切积极因素，更好的发挥人生价值。

（三）宁静致远，淡泊明志

现代人应该以较高的姿态面对生活中的各种物质和精神的利诱，志存高远,享受美好的人生。

四、较强的能力素质

能力素质指的是一个人能有效地实施领导,完成组织目标所具备的知识、才能条件的总和,它包括以下几个方面:

(一)政治能力

政治能力包括运用和发展思想政治理论,即坚持政治原则的能力、承担和履行政治责任的能力、政治问题的分析和处理能力等。

(二)决策、计划能力

决策、计划能力体现在预测能力、判断能力及制定方案的能力等方面,并在实施中合理的配置和运作各种资源,协调各种关系,促进目标较快的实现。

(三)学习能力

必须具备终身学习并学以致用的能力,才能抓住机遇,迎接挑战,发展自己。

(四)执行能力

阻止我们成功的障碍很大程度上在于执行力的问题,我们在诸多的状况下,其实"知道"的很多,知道应该怎么办,计划周密详细,但是却不能很好地付诸行动,或者坚持下来,美好的愿望和计划最终只能流产。

五、全面的知识素质

知识是与实践密切联系的概念,是人们在改造世界的实践中获得的认识与经验的综合,包括感性知识和理性知识。作为新时代的青年必须具有宽广的知识面。由于人生的综合性和多样性，人们必须对于一般社会科学和自然科学等各方面的知识，都要有所了解。特别是知识经济时代的到来，需要人与时俱进，不断拓宽知识面，树立大科学、大经济的新观念。包括以下几个方面：

（一）一般的科学知识

一般的科学知识指的是一般社会科学、自然科学各方面的知识，通常要经过比较系统的学习过程才能获得，这是生存之本。

（二）本职专业知识

只有在系统全面的掌握本职专业方面的知识，成为本专业的行家，才能尊重科学，按照科学规律办事，成为一名合格的建设者，这是生活之本。

（三）丰富的社会实践知识

应积极参与社会实践，熟悉社会生活，了解社会生活实践知识，积累丰富的工作经验，有助于从理论和实践的最佳结合点上解决问题。这是生命之本。

六、健康的心理素质

心理素质是指在先天和后天共同作用下形成的心理倾向和心理发展水平。也就是人们通过培养和锻炼，形成的对社会生活和人类思想感情的认识能力、理解能力，以及对社会的现实生活的处理和承受能力，表现为某个人在某一时期、某一场合表现出来的稳定的一贯的心理特征，是多种心理素质的高度凝结。

（一）心理素质的好差标准

衡量标准可以从智力是否正常、情绪是否健康、意志是否坚定、行为是否统一协调、人际关系是否和谐以及反应是否适度等方面进行。

(二)心理素质的提高方法

1. 自我肯定

清醒地认识自我,以坚定的信念,在不断地肯定、否定中进步,往往是事业成功的关键。

2. 抛弃自卑,增强自信

产生自卑的原因无非就是缺乏成功的经验或者缺乏客观公正的评估,所以要战胜自卑首先要战胜自我,为自己树立一个目标,客观公正的评估自己以坚强的信念和必胜的信心坚定地开展工作和学习生活。

3. 加强心理调节和情绪调节

先天的我们无能为力(定量),能做的就是后天的锻炼和提高,也就是心理和情绪的调节,通过改变这一变量来调整最终结果。

第五章
我该怎么做？——实现自己

第一部分 良好心态

第一节 天生禀赋

壹：天生冠军

我们自身具有成功的一切条件,没有成功是因为"你不想成功"!

一个生命是如此来之不易:生命的种子发芽前,在生命的宫殿曾发生过一场开天辟地、地动山摇的长途急行军,数以亿计的精子军团为争夺一个唯一的制高点,展开了极其悲壮的生死竞赛。只有一个最健康、最勇猛、最快捷的军团王子才能力克群雄、一马当先,占领生命的巅峰,和卵子公主结合产生新的生命体——受精卵。太阳出来了,母亲在痛苦的分娩中露出了幸福的微笑——每个人都是一个冠军王子和卵子公主结合的结果,因此,每个人生来就是"冠军"!

我们从生命酝酿的开始就是一步步艰难跋涉后的冠军接力,生命至此,我们已经淘汰了多少的对手!我们每个人都具有"冠军血统"和"冠军基因"。不管生活给了我们什么,生命永远值得我们珍视。当你遇到困难挫折、失意落魄甚至面临生命威胁时,回想我们走过的成功之路,请不要气馁、不要悲观,请对自己大声说:"我天生就是一个冠军!"

一、我们的生命本身就是一个伟大的胜利

"大家知道吗? 你生来就是要做冠军的!"

(一)你的诞生就是冠军行为的结果

你们要知道你们来到人世间是多么的不容易。你知道吗? 你是一个很特殊的人。为了生下你,许多斗争发生了,这些斗争又必须以成功告终。想想吧:数以亿计的精子参加了一场生死战斗,然而其中只有一个获得胜利——就是构成你的那一个! 这是为了达到一个目标而进行的大规模的战斗,这个目标就是包含一个微核的宝贵的卵。这个为精子所争夺的目标比针尖还要小,而每个精子也是小得要被放大几千倍才能为肉眼所见。然而,你的生命最决定性的战斗就是在这样的微型战场上进行的。

数以亿计的精子每一个头部都包含一个宝贵的负载,它由二十三条染色体所构成,正如同卵的微核包含二十三条染色体一样。每条染色体都是由紧密地串在一起的胶状小珠所构成,每条都包含数量不等的基因,精子中的染色体中全部遗传物质和倾向是由你的父亲和他的祖先所提供的,卵核中的染色体所包含的全部遗传物质和倾向则是由你的母亲和她的祖先所提供的。于是一个特殊的精子——最快、最健康的优胜者,同等待着的卵子结合起来,就形成一个微小的活细胞。

然而,作为一个活的生命的你,需要在母亲的子宫里发育、成长十个月,每一个时刻,你面临着流产甚至成为怪胎的挑战,只有这一切的战斗皆获大胜,才能最后如意。所以你能来到这个世界上,首先要感谢你的母亲。这个时候,生命已经开始,你已经成了一名"冠军",这种情况你以后必定还要面临。为了所有实际的目标,你已经从过去巨大的积蓄中,继承

了你所需要的一切潜在的力量和能力,以便达到你的目的。以后你会遇到很多障碍和困难,但是你要记住你生来就是一名冠军了,现在无论有什么障碍和困难处在你的道路上,它们都不及你在成胎时所克服的障碍和困难那么大!

我生来就已经是冠军了,还有什么可忧虑的? 还有什么可惧怕的? 尽管我的生命才刚刚开始,但我似乎知道,我还会继续胜利地成长,追求一个又一个的辉煌和胜利!

(二)我们自身就具有成功的因素和基础

1.经典故事

先从这个经典的故事开始吧!

自从被白人驱赶到保护区之后,印第安人一直过着贫困的日子。直到有一天他们终于时来运转,勘探发现在划归印第安人的土地底下,蕴藏着大量的石油。一夜暴富的印第安酋长决定一改坐光马背的习惯,订购了一部最高级的凯迪拉克大轿车。轿车在众族人的目光中由拖车运到。酋长每天坐着这辆凯迪拉克,由几匹健壮的骏马拉着在周边的村庄中巡视,每天都很风光。

人饱暖而后知荣辱,有车后的酋长又开始学英语,想要成为跟得上时代潮流的人。等他稍稍看得懂英文后,有天心血来潮,打开那份随车所带的操作手册。不看则已,一看之下,不禁令酋长火冒三丈。

原来操作手册上清清楚楚地写着,这部凯迪拉克大轿车拥有一百匹马力。酋长顿时恍然大悟,难怪他一直觉得这部轿车虽然高级,但跑起来的速度远不及自己以前的旧马车,原来问题出在这里,这辆大轿车应该附赠一百匹马儿来拉,才能使庞然大物跑得飞快。心想:那些人做生意不老实,竟然扣下了附赠的马匹。

稍通英文的酋长立刻写了一封火爆的抗议信寄到汽车公司,要求对方赔偿他应得的马匹。

凯迪拉克公司接到这封莫名其妙的信,虽然不明白信中所指何事,但也不敢怠慢客户,马上派一位专员前去了解情况。

专员到了印第安酋长的保护区,酋长暴怒地质问他,为什么没有将一百匹马同时带来。折腾了大半天,汽车公司的专员才稍稍明白情况,问他:你平时如何开车的? 酋长要族人牵来两匹马,将马绳拴在凯迪拉克前的保险杠上,由马匹拉着大轿车前行。

专员这才明白一点,便问酋长:"这部车的钥匙呢?"酋长摇头答道:"什么钥匙,没见过。"

专员笑着叹气,解下保险杠上的马,请酋长坐进后座,然后从箱中取出那部车的钥匙,插进锁孔轻轻一扭,蕴藏在引擎中的一百匹马力随即在排气管的隆隆作响中爆发。

专员向酋长点头致意,拉下档位,轻踩油门,轮胎发出与地面快速摩擦的声音,这部大轿车首次由一百匹马力驱动,全速奔驶出去。当地的技师说那辆汽车一点毛病也没有,但这位老印第安人永远学不会插入钥匙去开动引擎。如果汽车内部有一百匹马力,那么现在许多人都会误以为那辆汽车只有两匹马的能量而已。

2. 伟大启示

同一部车在"未找见钥匙"前后,却产生巨大的不同效果,令人感叹。你的钥匙就在车上,你优良的品质仅仅是"你未发现而已"。人的潜能犹如一座待开发的金矿,蕴藏量无穷,价值无比。大自然赐给每个人巨大的潜能,但由于没有进行各种智力训练,每个人的潜能似乎尚未得到淋漓尽致的发挥。大多数人命里注定不能成为爱因斯坦式的人物,但可以说,任何一个平凡的人都有可能成就一番惊天动地的伟业。人人都是天才,至少天才的特质都可以在普通人身上找到萌芽。

你的身上具有无穷无尽的潜力,蕴藏着无穷的资源,我们的一生就是开采和利用的过程,重要的是你肯不肯努力去挖掘,哪怕是迈出像插上钥匙这么简单的一步。笔者认为最起码一点不能浪费资源,不能做坐在金山上啃馒头的乞丐。就连霍金这个"不幸"的"幸运儿"都能把上帝赐予他的最后一点点恩赐——"大脑"发挥得淋漓尽致，我们还有什么理由"辜负"这完美的"上帝恩宠"呢？

笔者认为，我们所有人的显意识和潜意识的总量是一样的，也就是说我们天生是一样的，具有相同的能力储备，只不过是后天在能力储备开发上产生了不同，即表现出不同的社会价值。有的人将自我的能力发挥得淋漓尽致，取得显赫的社会地位，有的人仅仅开发了很小的一部分，也就相应的在社会上表现平平。所以人的差别不是先天的差别，而是后天自我能力开发的差别。

二、实现应该属于你的成功

什么是成功呢？具有物质的巨大丰盈还是精神的巨大胜利，不一而论。笔者认为成功等于物质外衣加上心灵的富足，也就是物质和精神的统一。

（一）成功概念探讨

成功就是物质和精神的高度统一，就是物质外衣下的心灵的富足。物质是形式外衣，内心富足是核心。

单纯地追求成功的物质外衣，把追求金钱或名声当成了成功的全部目标，那么"五色令人目盲，五音令人耳聋，五味令人口爽。驰骋田猎，令人发狂，难得之货，令人行妨"。在物欲外壳的追求当中，势必失去健康、幸福的心灵。追求物质名声而没有相应的心理满足，那么，外界的物质诱惑会使人对物质的追求陷入盲目和不断膨胀之中，久而久之，会使心灵麻木，走向畸形的世界，失去健康的生活。要有万物为我所用，不为所有的基本思想。人生在世，三餐一宿，行将就木，百八十斤，三尺方盒尽容下，而唯有你和他的心灵深处的那一切无处无时不在。

如果完全抛开物质的外衣，而一味地追求心灵的满足，这就进入另一个极端。没有物质作为基础的心灵满足,只是无源之水。过一种简单的生活,绝不是意味着舍弃对物质的追求,而是说这种追求必须同我们内心的信仰和目标一致。没有物质基础的心灵满足,必然会在外界物质环境的压力之下,使心灵不断地萎缩。柏拉图式的爱情无法恒久长远,一定的物质基础是为我们的心灵和精神服务的,是附属物。

因此只有物质外衣和心灵满足的契合,才能形成完整而平衡的成功。物质的诱惑使人的欲壑难填,物质外衣要不断地膨胀来满足不断增长的物欲;但心灵的满足是内敛的,能使我们在正确的目标信仰准则下懂得恰如其分地抑制不断膨胀的物欲。真正富足就是物质外衣和心灵富足的平衡和协调,各归其位,各司其职,各得其所。

(二)成功者基本要求

纵观大量的成功学书籍和对成功人士的分析,成功者必须具备的能力和素质归结为以下几点:

1.良好的心理品质

在对成功的追求中,我们许多人都曾经出现过这样一种情景,环境使得我们必须去做一件事情,我们的认知也知道应该怎么去做,而我们的实际行动也有能力去做,可是情绪问题妨碍我们采取行动。这实际上不是能力是否达到的问题,而是能力不平衡的问题。所以,良好的心理品质首先是自我心理结构的平衡以及相应的能力结构的平衡。这一切遵循"木桶原理",任何一项的不平衡使得我们的行为实现出现折扣。所以很多情况下不是我们做不好,而是我们的内心深处"不想做好",操作层面的技术问题是最简单的,难的是良好心理品质的塑造。

2.了解自己的需求

现实生活中,几乎是所有的人都知道目标的重要性,但如何确定自己的目标却是极其困难的,许多的人甚至不知道自己的目标是什么,也就是说不知道自己的具体需求。所以重要的是要知道自己的需求,确定自己的人生目标。这一切只是成功的开始。后面要做的就是调动你的一切资源，主动地追求目标，而不是被动地被环境和惯性推动，成为一个天才的"幻想家"或者"漫无目的的流浪者"，无端地耗散我们的精力和时间。

其实，我们需要停下来想一下，我们需要的是什么，追求的目标是什么。那么下一步的工作就是聚集自己的各种资源，把它们都聚集起来。这就好像用一个聚焦镜把阳光聚集在一个点上，你所聚焦的那个点——也就是你的目标——才会燃烧起来，否则，待日落西山，在你生命终结点，你的生命都无法燃烧起来。

3. 对自我和环境的评估

当你确定自己的目标后，下一步就是对自己和环境的评估，正如《孙子兵法》说的"知己知彼，百战不殆"。这包括对自己的评估，内容包括个性、资质、潜力、能力类型、目标、需求、意志力、信仰准则等方面的全面考量；对环境的评估，内容包括家庭环境、教育机会、社交圈以及社会时势等方面的评估。评估的目的是为了更好地协调资源为我服务。

4. 适当的方法和步骤

所有的成功者都不仅是理论家更是行动者。好的创意和思路必须付诸实践才能变为成功的结果。就如众人公认成功的公式：成功的心理基础 = 认知能力（IQ）* 情绪能力（EQ）* 行为能力（BQ），任何一项为零乘积必将为零。如果说思考力和判断力的差异，成功者和失败者没有本质性的差别，可是谈到行动却有显著不同。所以，准备好之后立即行动。

5. 爱与信仰

爱和信仰是成功者汲取能量的两个重要源泉。爱与信仰是人区别动物的根本标志，是人的本性最闪光的部分，是解决一切问题的万能钥匙，是人的自我实现的最高境界。丧失了对生活的热爱，即使拥有健康的身体、聪明的头脑和卓越的才华，也可能沦为失败者。人生的信仰为我们所有行动确立了一个不可轻易更改的最终目标，并为之终生不渝的奋斗和努力着。

6.能力的增长和经验的积累

成功不是我们静止的去努力追求,而是动态的,伴随着这我们自身成长一起去追求的。无论是从成功的经验,还是从失败的教训里面,成功者都应该从里面使自己能力得到增长,使经验得以积累。当成功的经验积累在我们的心里面时,我们的心灵仿佛装下了无穷的财富。

7.人际沟通

人是社会性动物。我们总是生活在人群中,任何成功的事业都需要他人的合作和帮助。良好的人际关系仿佛是成功列车的润滑剂,要建立良好的人际关系就必须依靠有效的人际沟通。而有效的人际沟通就是有效的交流。人与人之间不需要语言就可以交流的称为默契,但在通常的人际交流中,明白无误的语言和同理心的感受,和恰如其分的反馈将使人际沟通变得更加有效且简便起来。它遵循以下一些基本的原则:提高准确表述事物的能力;站在信息接收者的角度来提供信息;接收信息并积极反馈。

三、最大化你的成功

没有最好,只有更好。成功没有具体标准,但我们可以按照内心自我标准将其最大化,它的方法就是保持能力的平衡发展。

(一) 自我平衡的基本框架

认知、情绪和行为是自我平衡的基本框架的三个基本要素。

认知就是我们通常所说的思维和认识,它包括一般的知识和观念,也包括对自我、人和社会的认识。认知观念的改变是改变自我的第一步。另外,认知方式和思维习惯也往往成为限制人们突破自我的门槛,我们的一言一行无不反映着我们的认知,这也是人与人根本的区别之一。

情绪在人心理结构里长期受到忽视。虽然从心理结构的层次而言,情绪相比于认知是低层次的心理成分,但它在对一个人的生活影响方面,却丝毫不亚于认知的功劳。对情绪的重视应该归功于神经科学的发展和进步,以及美国耶鲁大学的塞拉维和新罕布什尔大学的梅耶两位教授,他们提出的情绪理论(我们通常所说的情商理论)对于我们认识情绪对人生的影响方面起到了很好的启蒙作用。

不良的情绪反应模式对人的影响可以说是全方位的,它可以影响人们的认识方式和行为,影响人的判断、思考和抉择。一个很优秀的工程师,可能因为情绪方面的问题而失去晋升的机会,相应的情绪能力(情商)则影响人们的自我认识、自我激励、人际关系和挫折承受等各个方面的发展。改变情绪反应模式是改变自我的核心内容。因此,从某种程度上说,我们所介绍的理念和训练方法就是改变你的情绪能力(情商)。

行为是我们平常所表现出来的某种姿态或结果。对他人来说,我们的行为是他们认识我们和评价我们的标准。行为可能是一个不易被觉察的微笑,也可能是我们有目的的采取的一系列行动。如果不能在特定的场合展现出合适的行为来,那么你的行为方式可能已经妨碍你追求人生的目标了。行为在很大程度上是内在的认知或情绪的外在表现,因此,从根本上改变行为模式,也应该是建立在认知校正和情绪改变的基础上。直接的针对行为的改变计划一般是侧重技巧性的行为技巧方面,如演讲技巧等。

(二)保持自我平衡

认知、情绪和行为构成了一个相互连接的封闭三角形的环,它们是相互关联和相互影响的,我们应该保持着这三方面的平衡和稳定。

1. 相互影响和关联

正确(错误)的认知观念可能导致正确(错误)的情绪反应模式,而正确(错误)的情绪反应方式则又可能直接导致采取恰当(不恰当)的行为。而恰当(不恰当)的行为则往往导致利于(不利于)自己的处境。这样的处境反过来又强化了自己正确(错误)认知和情绪反应,这样就形成了一个封闭的回路。所以关注每一因素并形成正确地对待方式是很重要的,形成"赶帮比超"的良好关联,避免一错全错的悲剧。

2. 保持平衡和稳定

保持三者的平衡是自我获得进步和改变的一个重要前提条件。认知、情绪和行为封闭环中的任何一个环节不恰当,便可能导致整体失去平衡,必然会需要较大的"内耗"来维持平衡,这无疑是成功路上资源的无关耗损。要保持三者的平衡则要求无论是认知观念、情绪反应还是行为模式都要是恰当的。恰当的心理成分可以造成良性的循环,良性的循环则是走向成功的保证。

认知方式将决定我们智力方面的能力是否能够有效的发挥,而情绪反应方式则决定着情绪能力的高低,行为模式也相应地决定着我们的行为能力的大小。一个追求成功的人,他在认知、情绪和行为三个方面不仅是平衡而且是稳定的。高智商的人,说明他们的认知能力是高明的,但如果他们的情绪控制能力太差,他的能力结构是不平衡的,因而他不可能取得事实上的成功。同样的即使一个人无论在智力还是情绪能力上都表现出较高的水平,但行为能力太低,也必将妨碍他取得更大的成就。

贰:智商情商

自己丰富才能感知世界的丰富;

自己好学才能感知世界的新奇;

自己善良才能感知世界的美好;

自己坦荡才能逍遥于天地之间。

古往今来,智商和情商作为人们为人处世的结果表现和判断依据而备受瞩目。当今社会,创造型专业技术人才炙手可热,它是受到内因及外因的共同影响,在某种因素的启迪激发下而产生的。在影响创造力的诸多因素里,人的智商和情商成为人们着重研究的对象。

哈佛大学教授丹尼尔·戈尔曼在《情商》中说:"智商高、情商也高的人,春风得意;智商不高、情商高的人,贵人相助;智商高、情商不高的人,怀才不遇;智商不高、情商也不高的人,一事无成。"那么智商、情商到底是什么,它在人生中又有什么作用呢。

一、智商、情商的概念和作用

(一)智商的概念

智商,即智力商数的简称,也就是人们平时经常说的 IQ,是对数字、空间、记忆、逻辑、词汇、创造、想象力、分析判断能力、思维能力、应变能力等若干综合能力的统称。

法国心理学家比奈和他的学生经过长期的考察,制定了一系列的标准测试来测量人在其不同年龄阶段的认知能力即智力的得分。智商发展到了今天,已经有几十个不同种类的智力测试,包括很多项目,例如:理解、算术、记忆、字词、同类、图像、排列、拼图、积木等。从测试来看,智商越高,代表人越聪明。

根据这套测验的结果,将一般人的平均智商定为100,而正常人的智商,根据这套测验,大多在 85 到 115。不过,人类对于大脑的认识还处于初级阶段,许多问题有待于深入了解,所以,目前所说的智商也有它的局限性,不科学性,只能作为一个参考。

根据智商的定义可以看出,和智商相关的基本能力,大致包括思维能力、想象能力、应变能力、注意力以及观察能力等。思维能力又包括目标思维法、聚合思维法(求同思维)、发散思维法(求异思维)、逆向思维法以及移植思维法。

(二)情商的概念

情商是近年来心理学家们提出的与智力和智商相对应的概念。又被称为情绪智力,它主要是指人在情感、情绪、意志、对挫折困难的耐受程度等方面的心理品质。在生活中我们时常有这样的体会,面对同一件事物,不同的人会有不同的感受,即使面对同一件物品,不同的人会有不同的视角,这种体会似乎和智商无关。

(三)智商、情商的作用

常言道,智商(1Q)决定录用,情商(EQ)决定提升。可见,智商和情商在工作生活中有很重要的作用。

1. 不可或缺

通常一个人的成就,是基于他在一定的智力条件下,勤奋,努力,并且能够坚持不懈地朝着一个既定的目标奋进,能够用毅力去战胜困难,并在勤奋当中不断提高自己的知识水平,足以发挥出自己的智力,总结起来其本质就是一个人的智商和情商的有效结合而产生的行动力的结果。因此,一个人要想立足社会有一番成绩和成就,就需要智商和情商的共同作用,它们对于成就是不可或缺的,它们的高低对于取得的成就具有举足轻重的作用。

2. 各领风骚

智商和情商都很重要,到底哪个作用更大? 在以往的心理学研究中,普遍认为智商更为重要,一个人是否可以在一生中取得成就,智力的高低占绝对的因素,但是,心理学家经过观察统计研究,在特定的前提下,情商的作用有时候要超过智商的作用。丹尼尔·戈尔曼曾经说过:"20%的智商 +80%的情商 =成功。"也有人提出"30%的智商 +70%的情商 =成功"。当然,每个人心中也有自己的不同看法。笔者认为,不同个体、不同领域各不相同,不可一概而论。

二、智商、情商的辩证关系

智商、情商相互联系相互促进又相互区别。

（一）形成基础不同

情商和智商都与遗传因素、环境因素有关，但是影响度是不同的。智商更多的与遗传因素相关，大于环境因素对它的影响，因此，它更多的是由基因决定的。而情商的形成，虽然也存在先天遗传因素，但它更多的是受后天环境的影响。即智商和情商受遗传的因素出生后表现出一定的值，后天都可以通过训练来改变，智商相对改变较小，情商相对可改变幅度较大。在一定程度下，情商建立在一定的智力水平之上，即智商高的人更容易接受情商训练。

（二）生理基础和心理机能不同

智商和情商都属于心理品质，但是它们所反映出的是两种性质不同的心理品质。智商是大脑皮层主管抽象思维和分析思维的左半球大脑的功能，它主要表现出人的理性思考能力，比如，反映人的思维能力、认知能力、语言能力、观察力等。而情商的物质基础主要与脑干系统相联系，反映出人的把握和处理情感问题的能力，更多的偏向于感性水平，比如，主要反映一个人的心理感受，对事物的理解、运用，情绪的表达，控制的能力，以及怎样处理人际关系的能力等。

（三）互相促进，共同作用

常模范围内的智商出生后相对较为稳定，在后天可一定程度的提升。情商遗传因素较小，受后天环境和个人努力影响可较大程度的提升。即智商受天生的影响较大，那么，情商则无明显的先天性差别，更多与后天的培养有关。智商为基础，情商为运筹。情商较高的人可以充分地利用自己现有的智商，有效的配置和运用智力资源，使得智力资源朝着能够产生最大能量的方向发展，而不是漫无目的来发展自己的智力。智商和情商在不同领域发挥着不同的作用，不同的人两者情况各不相同，智商高的人容易在专业里出成绩,而情商高的人却可以在管理运作上成功。

它们相辅相成,不可或缺,智商缺陷,情商犹无米之炊,虚幻缥渺,仅供"娱乐休闲",无甚用处。情商缺陷,智商如深山富矿、超级钻石的原石,无法淋漓尽致发挥作用,是对上帝恩赐的完美礼物——大脑的浪费和漠视。所以在工作生活中,我们既要重视智商的提升,也要多学习一些有关情商方面的知识,通过后天的努力,不断学习和积累经验,从而使两者都能够得到提高。只有让二者并驾齐驱,均衡发展,才能使人的潜能得到最大的发挥,从而促使其顺利走上成功之路。

三、我们的策略

我们非学者研究人员,更关注其实际指导意义。

(一)基本思路

笔者认为:智商 * 情商 * 创造力 = 成功。

说明:一是每一项不可或缺,即不可为零,不低于常模极限,其指导意义在于不能有致命缺陷或较低的指数,在常模范围内进行有效的整合资源,以期取得最大的效果;二是最终取得的成就取决于三项的乘积,即每项因子的权重取决于个体自身,不可同日而语,其指导意义在于个体实事求是的立足于自身的智商、情商和创造力的实际,有的放矢地进行自我改造和提高,以期取得最大的效果;三是智商是执行层面的技术问题,情商是如何更好地发挥智商的优化工具,智商和情商联合起来在执行层面产生创造力,缺少任何一环节都是不可能取得成就的。

(二)努力方向

1.认可不可为,努力于可为

基于影响因素的相对可为与不可为,我们应更多地关注可为的因素,以提高效率。智商与遗传有关相对稳定且后天努力改变幅度较小,而情商受后天环境和努力因素而可较大幅度地改变,即相对定量和变量对结果的影响,那么我们可大力做工作的就是情商这个变量了,故此我们就不难理解"情商之父"哈佛大学教授丹尼尔·戈尔曼曾经说过:"20%的智商＋80%的情商＝成功。"在他的《情商:为什么情商比智商更重要》这本书中主张情商应该比智商更能影响成功,它决定了我们怎样才能充分而又完善地发挥我们所拥有的各种能力(智商)。笔者认为丹尼尔·戈尔曼教授的20%和80%应该蕴含着"通过努力可以改变"之意,因为不乏像爱因斯坦这类成功者中智商的决定性作用。

2.回避劣势,优势做强

基于每个个体在智商和情商及执行力方面的各自特点,每个个体应该立足自身特点,回避劣势,优势做强,实现优势不断复制,做大做强,达到最终的成功。

在社会生活中不乏在各自的领域因人而异情商智商及其指导下的创造力发挥着重要的作用。像爱因斯坦、牛顿等科学家以超人的智力因素(高智商)取得伟大的科学成就,却在生活中格格不入(低情商)。如林肯在其平平的智力因素(一般智商)上以其超人的沟通交际能力运筹帷幄(高情商),还如爱迪生在其平平的智商和情商基础上以其操作的坚持性(创造力)而取得巨大的成就。美国人的高智力结构和日本人的坚持以及犹太人的高智力和运筹帷幄与他们的社会发展是一致的。

四、智商和情商的影响因素及提高方式

(一)智商的影响因素和提高方式

1.智商的影响因素

影响智商的因素很多,目前主流的是关于遗传和环境互相作用的观点,但笔者认为除这两点外,我们不得不防范一种新的智商影响因素——伪智商。

（1）遗传和环境相互作用

基于大脑解剖学和诸多的研究和观察，初步认为人的智力的个体差异，受遗传生物学的影响较大。但是，由于人类大脑的构造极为复杂，人类目前所做出的研究只是冰山一角，只能从一个侧面反映出片面的连带关系。另一种较为普遍的看法认为，智商是由多种因素造成的。在心理学界，遗传决定论和环境决定论一直是争论的焦点。目前，在长期的探索中，人们越来越倾向于接受遗传与环境相互作用的观点，这个也是综合考虑得出的比较完善的观点。

笔者认为自精子和卵子结合后，新的 DNA 已经形成了父母双双的智力因素的组合智力结构，这种智力结构是个体智商的基数，它是个定数，其后在母体内个体逐渐成熟分娩，母体提供的环境和母体自身所处的环境对个体智商产生一定的影响（被动改变智商），分娩后的个体所处环境（主要是家庭环境）对个体智商产生影响（被动改变智商），到个体逐渐产生较强的自我意识和接触社会后（5～6岁），环境继续对个体的智商产生影响，此时由于个体自我意识的发展，为实现自我，个体有意识的主动采取提高自我智商的措施直至生命终结（主动和被动的改变智商）。

（2）伪智商

伪智商，或称疑似智商，实为假智商。是指任何自称为智商，或描述方式看起来像智商，但实际上并不符合智商基本特征的知识或智力结构，理性梳理却漏洞百出，隐藏在"智商"掩盖下有着不可告人的意图，具有最大的欺骗性。它有两种情况。

第一，是由于自我知识和认知结构的限制而无法科学形成的智力结构。这里有两个典型的例子。一是前面谈过的年老体弱的老妪上山拜佛之例，实质是心理和生理的双重作用得到身心康健的结果，而"伪智商"的分析结果就是"佛祖显灵"，可怕的是形成原因的不断复制和传播，以讹传讹。二是有人设计的证明蜘蛛的听觉器官在腿上的实验设计，对着蜘蛛腿大喊，跑了。又切掉腿，再对着腿大喊，跑不掉，遂证明蜘蛛的听觉器官在腿上,听之哗然,却在实验设计上貌似无懈可击,合情合理,实则荒诞无稽。

第二,是出于一定的不当目的而有意设计的智力结构。这里亦有两个典型事例,一是法轮功等以强身健体为切入点,虚无的法轮为宿主,不断以各种方式潜移默化的灌输"一定要听我的,我说的都是对的!"当这两点达到后,参与者就完全丧失自我,成为组织者的超级工具,任其肆意摆布。再者是传销,在神奇心灵导师各种心灵鸡汤的浇灌下,我们完全可以以"给蚊子做口罩,喜马拉雅装电梯,太平洋做围栏"的气魄,无视潮湿陋室中啃着硬馒头的我,在貌似科学的数字公式下面,以丧失人性的欺骗坐等天上掉下的金块。

2.智商提高的主要方法

根据前面论述,我们可以有效地在一定程度下进行智力的开发,以期取得智商的提高和优化。针对智商的影响因素,在对象选择时就已经开始智商基数的奠基了,当然择优选择。到受孕分娩,确保孕妇良好的心情和优质的生活环境等。在五六岁前,智商的改变属于被动阶段,而作为主体的独立意识的强化后开始以主动提高自我智商的行为,所以此时才是我们工作的重点,我们可以通过以下方式,有效地激发和提高智商。

(1)强身健体,秩序化身心

物质基础决定意识形态,智商的生理基础就是大脑结构的优化,在此基础上的思维的理性化是智商的基本决定要素,强身健体的体育锻炼不但可以强化智商的生理器官结构和功能,排出身体阻碍有序和健康成长的垃圾,还在运动的过程中很大程度上放松大脑,开放心智,释放激情,并能弱化负性情绪,剔除心理垃圾,让思维变得敏捷,更富有创造力,一切回归理性和本源。研究显示,凡是每天坚持一定量运动的人,各方面的能力明显优于懒散不爱活动的人,体重正常的人比偏胖偏瘦的人更灵活更聪明。

(2)沟通交流,实践中提高

除自我努力外,通过沟通交流在很大程度可以利用外部资源进行反

馈和促进智力因素的改变,避免闭门造车的封闭性和局限性。沟通交流
最重要的作用是丰富参照系,加强反馈。其次就是借鉴外力,促进自我改
变。还有就是沟通交流中增加了自我的阅历,被动的不断丰富自我的知
识和改变自我的认知结构,从而增强自我各个方面的能力和不断提高自
我认知的阈限,从而相对的弱化所面临的一切困难和挫折。因此要多参
加社会活动,在交际中丰富和提高,从而不断提高智商。

(3)静修冥想,归本中寻真

智商的基本特征决定了其后天的相对稳定性,其实很大程度上的所
谓训练以提高智商的本质是如何有效地把先天就具有的智商最大可能地
发挥出来,即利用率的问题。基于此,我们在纷繁复杂的社会环境中,面
对无穷增长的需要和不断增长的物质文化和时空的有限性之间的矛盾,
我们逐渐失去自我,远离智商的根基,却在无关痛痒的边缘寻找解决之
道,难免无功而返的结局。痛定思痛,静观静思,回归本源,一时慢节奏之
呼声四起,慢生活、慢村落、静修灵修、打坐冥想等甚嚣尘上,其本质就是
回归本源之欲而衍生出的现象。每天在特定的时空下,一柱袅袅檀香,曼
妙丝竹,禅定静思,开启无上智慧。

(二)情商的影响因素和提高方式

1.情商的影响因素

情商的影响因素主要是后天的成长环境以及社会交往中的自我有意
识的主动培养,但"伪情商"也越来越盛行,具有较大的危害性。

(1)后天环境和人际交往

通俗地讲,情商就是一个人为人处事的社交能力,以及面对紧急情况
时的应变处理能力,它与一个人的生活环境、成长经历、受教育程度等有
关。情商形成于一个人的婴幼儿时期,发展于儿童和青少年时期,其与遗
传有一定的关系,但先天性成分所占比例不大,而主要是在后天的人际交
往和环境中培养起来的。情商形成的关键时期是青春期,这既是一个人

从少年走向成人的一个过渡时期,也是一个人成长的黄金时期。在这个阶段,主要任务是自身学习和成长发展的奠基,生理、心理上变化都比较大,环境的影响作用比较大,个体往往需要处理各种从未遇到过的问题,这些都是影响情商形成和提高的因素。在这个时期,一是成长环境的优劣,这是被动的情商形成。另一方面就是个人的有意识主动地对情商的培养行为。

(2)伪情商

伪情商,或称假情商,是指忽略智商的基础作用并片面夸大情商作用或不择手段别有用心的歪曲心理。情商本质就是一定的智商基础上如何有效配置智商资源,以期取得最佳效果的心理品质。高情商确实能帮助我们处理好各种关系,从而在任何场合游刃有余。伪情商的表现有:

一是智商无用说,忽略智商,极端地夸大高情商作用。情商、智商相辅相成,在各自方面各有其用,不可或缺。这种说法来源于普遍流传的"成功 = 20% 智商 + 80% 情商"。它的正确理解方式是:智商是基础,而在智商达到一定门槛值之后,人的成功 80% 取决于情商。笔者认为丹尼尔·戈尔曼教授的 20% 和 80% 应该蕴含着"通过努力可以改变"之意。"情商高(80%)才重要",是因为情商可以通过历练而提升,因为可以改变,所以重要。

二是放纵情绪情感,忽视理性,以强烈的情绪化处理问题。高情商就意味着具有较高的平衡和协调智商资源以期取得最佳效果的心理品质,它是高度理性和感性的结合,并非强烈的情绪化的感性方式。而这种的以强烈的情绪化到体力型的"伪情商"表现在以下几个方面:

第一,以自己的感觉和理解处理相关问题,而忽略对方的个体独特性。把自以为完全完美的掌握对方心理的自以为是,归为高情商的表现。诸如"妻子做了一桌的饭菜,以为埋头大吃就是对妻子手艺的欣赏,妻子却以为你毫无赞赏之意,而独自生闷气。你送 999 朵玫瑰到心仪对象楼下,以为她会惊喜,而她却因为这种唐突的行为而感到尴尬。"症结在于,所谓的"人际技巧"脱离了情商的核心——同理心,都可能是一种自作聪明、伪情商的表现。

第二,情商道德论。以强烈的道德感来绑架"情商"。社会上不乏大量的人忽视情商的理性因素,说到底就是资源协调的本领,是一种分寸感和把控感。而一些"伪情商"者,完全以强烈道德感绑架理性。诸如常见的"伪爱国""伪环保"等,把此作为"高情商"的帽子,可怕的是经不起任何事实检验,同样他们没有任何"实际行为",仅仅停留在"观念、口号和感觉上"。

第三,情商目的化。同样是一句命令,出自你的上司口中,你可能会很荣幸,出自你的同事口中,你会觉得冒犯,而出自你的下属口中,很可能你会勃然大怒。社会中常见的就是为达到自己的不当目的,以"自我吹捧和相互吹捧"为手段,不断满足双双的虚荣心,在膨胀的虚荣心下获取利益的行为。没有廉耻和分寸的阿谀奉承。

2.情商提高的主要方法

对于一个需要有一番成就的个体来说,一定要制订一套适合自己提升情商的方法,并付诸行动,切勿随波逐流,任其自然发展。情商在极大程度上受环境的影响,也会随着自我认知和自我管理而改变。基于此,我们可以从以下几个方面予以努力。

(1)选择正向环境和交际对象

俗语云"良禽择木而栖,贤臣择主而事",正向的环境和好的交际对象具有正向的张力,使得我们不断地向上向善,所以我们必须"下棋找高手,弄斧到班门",我们在他们的作用力下才能不断地接近并最终进入高手序列。最重要的是一旦进入良性循环,基于"路径依赖"和"马太效应",我们将会不断地将优秀品质不断复制,成功之时指日可待。

心理学上的"破窗效应"更是反面的极致印证。一种情况是同样的两辆车,一辆放入环境较差的贫民区,一辆放入环境较好的富人区,很快贫民区的车就遭到了破坏,富人区的一直安然无恙。另外一种情况是经过好长时间车完好无损,可当偶然因素车窗被打个洞后,很快这辆车就遭到各种各样的破坏,最终这辆车迅速报废。在我们每个个体身上亦是如此,当周围存在满满的正能量时,我们的负能量就无法现形,根据相似相溶原理,正能量不断地吸引和复制正能量,最终的成功将是一种必然。

（2）选择正向的方法与积极心态

对于情商影响较大的第二因素就是自我认知和自我管理。环境因素我们无法改变,仅能被动选择,当无法选择的时候,我们能做的就是提高自我认知和加强自我管理,这也是主动改变情商的主要途径。其有效提高情商的做法就是选择正向的方法和积极心态。达到某种目的方式方法很多,正向的恰当的方式不但可以真正拥有结果,更重要的是在此过程中获得一种阳光、正向的习惯,并辐射到自己的方方面面。凡事均有正负两个方向的表现,当我们无能为力于它的负向表现时,我们必须以积极的心态正视它的存在性,这是情商提高的关键点。

近些年来,厚黑学大行其道,当然有其合理性的情商成分,但多为负向的方式方法,笔者认为是"伪情商"大行其道的结果,为了达到某种目的"违心"地讲"伪话"、做"伪事",可怕的是长时间的如此行为后将其"自然化"和"科学化"为"厚黑学"。另外近期出现"社会太重戾气"之现象,凡事首先从其负向入手考量而找其原因,其实这是不良心态造成的,看见开豪车的年轻女子的第一念头就是"二奶",听见"有钱人"的字眼心里就不舒服等的思想是万万要不得的。

（3）选择融入和坚持自我

情商就是环境和自身的社交行为的产物,我们就是要积极投身到社会中,积极从事,善待万事万物,只有在不断地和万事万物的交往和交流中才能不断地发现事物发展的基本规律,并将自己的思维和行动融入社会的运行系统中,反馈、检验、修正、前行。

但是基于个体的心理生理和成长道路的独特性,就会有在众多的方式方法中选择的独特性,所以适合自己的才是有效的。在社会融入中坚

持独立自我,这是提高情商的关键点和长效机制。简单点就是融入,但有
边界,包容不失个性。因为人是有精神有灵魂的。

第二节　巨大心理

壹：心理健康

> 菩提本无树,明镜亦非台。
>
> 本来无一物,何处染尘埃。

随着社会的发展,物质生活极大丰富的同时,人们逐渐地开始享受生活和学习,但随之而来的就是心理问题的逐渐呈现。人们不禁困惑,这是怎么了? 其实这是极其正常的现象,只不过是平时我们没有更多的机会和时间关注而已。不是"多了"而是"关注度"高了,人们物质生活的基本满足到需要更多的精神层面的东西——体味丰富多彩精神生活的需要增长了。

随着关注度的提高,有关的基本常识和知识的普及就显得极为重要。现在的人们最忌讳的就是"精神问题",一提及好像就"不正常了"。这是一种误解,就如对"朱门酒肉臭,路有冻死骨"的理解一样,"臭(xiu)"是酒肉的味道之意,并非肉放坏了发出的味道。所以并非心理和精神问题,不是什么"大惊小怪"的事物,不必"忌讳"!

一、心理及其相关概念

心理现象人皆有之,它是宇宙中最复杂的现象之一,从古至今为人们所关注。早期的心理学研究是属于哲学的范畴,称为哲学心理学。哲学

心理学的研究可以追溯到中国、埃及、希腊和印度等古代文明。

(一) 概念及其性质

1. 概念

心理是指生物对客观物质世界的主观反应,心理现象包括心理过程和人格。

人的心理活动都有一个发生、发展、消失的过程。按其性质可分为三个方面,即认识过程、情感过程和意志过程,简称知、情、意。人们在活动的时候,通常各种感官认识外部世界事物,通过头脑的活动思考着事物的因果关系,并伴随着喜、怒、哀、乐等情感体验等。这折射着一系列心理现象的整个过程就是心理过程。人格也称个性,是指一个人区别于他人的,在不同环境中一贯表现出来的,相对稳定的影响人的外显和行为模式的心理特征的总和,包括需要、动机、能力、气质、性格等。在一定意义上,人格不是独立存在的,而是通过心理过程表现出来的。

2. 起源

有关于心理的起源,尤其是人类高级心理过程,如思维、语言、感情、意志、高级心理特征的产生,是神经基础及人类社会化进程的产物,所以我们不能单纯从生物学的角度来研究这一命题。心理是大脑对客观现实的主观反应,意识是心理发展的最高层次,只有人才有意识。心理所反映或反应的客观现实可以相对地区分为两大方面。一方面是自然事物,另一方面是社会事物。

3. 认识意义

正确地揭示心理现象的规律,具有重要的理论意义和实践意义。在理论上,它有助于正确地解释心理现象的本质和起源。所以,列宁把心理学列为"构成认识论和辩证法的知识领域"的基础科学之一。在实践上,心理学能够帮助人们运用所揭露的心理规律去预测和控制心理现象的发生和进行,从而为人类不同领域的实际服务,提高活动效率。

(二)常见的三种心理状态

一般情况下,人随时随地接受者各种各样的社会事件的刺激,在每个个体的心理产生一定的效应。一个简单的公式就是:心理效应 = 事件刺激 + 心理素质。很明显心理效应与实践刺激和心理素质两个变量有关系,最终两者的综合效应产生出心理的三种状态(这里我们利用物理学中的平衡的三种状态类比说明)。

1. 常态——动态平衡

常态也就是心理的经常性的状态,这是大多数人大多时间的状态。在不断地事件的刺激下,小球(心理状态)在平衡位置(正常心理状态)附近不断地震荡(心理起伏),但是,不管怎么样,小球在平衡位置附近震荡,一旦刺激结束,小球短暂的震荡后会回到平衡位置的。我们生活在纷繁复杂的社会中,每天与周围的人和事发生着复杂的关系,这些都是刺激的来源,我们无法避开,但我们可以通过不断地自我心理调适,使得自己的心理状态在"不经意间"恢复平衡,这是人们心理的基本的应激反应模式。

2. 动态——随遇平衡

当事件的刺激和心理素质的综合效应逐渐加大,心理状态从常态逐渐走向动态,每一次的事件刺激,就会产生一定心理效应,在一定的频次下出现"随遇而安"态。在这个时候是应该引起注意的时候。提高自我调适能力(心理素质),"有意回避"事件刺激,或者有意采取措施提高自我应对外界刺激的心理素质,以期尽快使得心理状态恢复到常态中去。这时候就需要外力的帮助了——借助他人的帮助或心理咨询机构或反向的事件刺激。

3. 变态——不稳平衡

伴随着事件的刺激强度或频次的增大,和心理素质的综合效应再次加大,超出正常心理承受能力,出现极其"不稳状态",这是极其危险的信号。此时,任何事件的刺激——"哪怕是轻微的或无关的",有可能使其瞬间出现变态的反应,造成自身或对他人的伤害。这时候需要强制的措施及强大的外力刺激进行干预,以期逐渐恢复常态,这需要专业的人员或机构以较长的过程进行干预治疗。

我们要了解在各个阶段的特点,针对性的采取措施。如不引起重视随着刺激的不断加强,综合效应越来越强,那样的后果将是很严重的。就如我们吹气球一样,随着不断地吹,压力逐渐增加,这时候就需要不断地释压,如果不释压,继续吹,那结果只有两种:气球吹爆或者把吹气球的人憋死。在现实生活中表现为自杀等伤害自己的行为或伤他行为。

(三)人类的基本情绪

动物只有简单的高兴和愤怒两种基本情绪,而人类的基本情绪说法较多,比如常听到的"七情六欲"(具体表述内容版本较多),或者喜怒哀惧四分法等。当代心理学家认为,人类的情绪分为基本情绪和次级情绪。基本情绪有五种:快乐、悲伤、愤怒、恐惧和厌恶,它们分别对应于特定的躯体状态。次级情绪是上述五种基本情绪的细微变体,比如,欣喜和惊喜是快乐的变体;忧郁和惆怅是悲伤的变体;惊慌、害羞与焦虑是恐惧的变体;憎恨是愤怒的变体;鄙视和轻蔑是厌恶的变体。

人类基本情绪的产生源于社会行为的结果,当我们的行为和社会正常行为一致时就会产生正向的如快乐等情绪,而当我们的行为和社会行为偏离后会产生两种情绪模式,即无聊和焦虑,由此而衍射产生众多的情绪情感和行为。比如在校园中的学习行为,当难度较小时,易于产生无聊行为,这时需要人为增加难度来增加动力和兴趣,当难度较大时易于产生焦虑行为,这时需要逐步分解难度,从技术层面减轻焦虑。

二、心理健康的定义及标准

(一)定义

心理健康是指人的心理活动,即认知活动、情绪情感活动、意志行为活动的内在关系协调,心理的内容与客观世界保持统一,并据此能促使人体内、外环境平衡和促使个体与社会环境相适应的状态,并由此不断地发展健全的人格,提高生活质量,保持旺盛的精力和愉快的情绪。

对健康的认识经历了从迷信的健康模式到机械的健康模式,生物的健康模式,最终的"生物+心理+社会"的健康模式。国际世界卫生组织WHO 给健康下的定义为:健康不仅仅是身体没有疾病,而且还要具备心理健康、社会适应良好、道德健康。从身心健康关系来看:身体健康是心理健康的物质基础;心理健康是身体健康的必要条件。

(二)心理健康标准

对心理健康的标准,不同的学者有不同的标准,我们重点介绍马建青心理健康七标准:

1. 智力正常

智力包括人的观察力、注意力、记忆力、想象力、思维力和实践活动能力等的综合。智力正常是人正常生活最基本的心理条件,是心理健康的首要标准。但是一个人智力水平高低不能等同其心理健康水平,如高智商犯罪分子。

2. 情绪协调、心境良好

情绪在心理异常中起到核心的作用。心理健康者能经常保持愉快、开朗、自信、满足的心情,善于从生活中寻求乐趣,对生活充满希望。因此,情绪的稳定性、调控性更为重要。

3. 具备一定的意志品质

意志是人类能动性的集中体现,是个体重要的精神支柱。健康的意志品质往往具有以下四个特点：一是目的明确合理，自觉性高；二是善于分析情况，意志果断；三是意志坚韧，有毅力，心理承受能力强；四是自制力好，既有实现目标的坚定性又能克制干扰目标实现的愿望、动机、情绪和行为，不放纵、不任性。

4. 人际关系和谐

个体的心理健康状况主要是在与他人的交往过程中表现出来的。和谐的人际关系既是心理健康不可缺少的条件，也是获得和维护心理健康的重要途径。和谐的人际关系主要在：一是乐于与人交往；二是在交往中保持独立而完整的人格；三是能客观评价别人，友好相处，乐于助人；四是交往中积极态度多于消极态度。

5. 能动地适应环境

不能有效处理与周围现实环境的关系，是导致心理障碍乃至心理疾病的重要原因。我们心理健康教育在开学第一阶段 1~2 个月的主要工作是解决学生的适应性问题，让学生尽快主动适应学校的环境、管理、人际关系、学习生活。

6. 保持人格完整

人格是个人比较稳定的心理特征的总和。心理健康的最终目标是人格的完整性，培养健全人格。

7. 符合年龄特征

与人生各阶段生理发展相对应的是心理行为表现，从而形成不同年龄阶段独特的心理行为模式。心理健康者应具有与同年龄多数人相符合的心理行为特征。如果一个人的心理行为，经常严重偏离自己的年龄特征，这意味着心理发育有问题。

这七条衡量的标准，大致可取，但第一条需要注意，即智力的高低不等同于其心理健康水平。因为尽管智力不正常的人伴有心理问题与障碍，但很多有心理问题和心理障碍的人，往往智商在正常值以上甚至很高，这是传统应试教育的弊端之所在。

三、青年学生的心理特征与发展矛盾

心理是在实践中大脑对客观现实的能动的反映,是感觉、知觉、思维、情感、意识、心理现象的总称。

(一)青年学生的心理特征

个性心理分为个性倾向性和个性心理特征。个性倾向性是推动人进行活动的动力系统,是个性结构中最活跃的因素。决定着人对周围世界认识和态度的选择和趋向,决定人追求什么,包括:需要、动机、兴趣、爱好、态度、理想、信仰和价值观。个性心理特征就是个体在其心理活动中经常地、稳定地表现出来的特征,这主要是人的能力、气质和性格。青少年心理处于迅速走向成熟,但又未完成真正成熟阶段,一般特征如下:

1.智能发展达到高峰

主要表现在:其一是观察力显著提高。一个人的观察力与他的知识经验有一定关系。青少年时期,有一定的知识积累,情绪、情感较以前成熟稳定,因此他们的观察力较以前显著提高;其二是记忆力处于最佳时期。在人的一生中青少年时期处在记忆力最佳的时期;其三是抽象思维、逻辑思维逐渐占主导。

2.情感情绪日益丰富

情感和情绪是客观事物是否符合人的需要与愿望而产生的体验,是由客观现实引起的主观体验,以需要为中介。情绪分为三种类型,其一是心境,是一种微弱、弥散而持久的情绪状态;其二是激情,是一种短暂的强烈的爆发的状态;其三是应激,是意料之外的情况所引起的高度紧张,特点是偶发性、紧张性。情感具有社会性,是人的高级情绪,反映出个体的社会关系。

3.自我适应增强

个体的自我适应,也可以说是个体的社会化。个体形成适应社会的人格并掌握社会认可的行为方式的过程叫作社会化，又称社会性发展。行为主义学派重视环境对人格发展的影响，心理学家班杜拉认为，个体的任何人格特质，都是在社会环境中通过耳濡目染向他人学习获得的，学习的主要途径是观察和模仿。一个学生升入大学以后，周围的环境变了，大学校园的社会化程度远远高于中学阶段，因此，大学生个体适应性随着环境的变化而不得不增强了。本质上讲自我适应增强既是主观要求也是客观环境压力造成的结果。

在新的时代，青年学生心理特征出现了一些新的表现。诸如：批判性思维增强、感情脆弱、意志薄弱、依赖性强；具有强烈的相对主义色彩的爱情、婚姻、性等道德观念发生变化；思维活跃，主体意识增强等。这些需要引起我们足够的重视。

（二）青年学生发展遇到的主要矛盾

青年学生在情感发展过程中表现出来的丰富的心理特点，并非孤立存在，它们错综复杂交织在一起，构成了影响青年学生心理发展的各种矛盾。这些矛盾集中反映了青年学生发育过程中的心理特点，研究这些矛盾可以更好地认识青年学生心理发展的规律。现将这一时期产生的六个主要矛盾作一简单的分析：

1.闭锁性与强烈交往需要的矛盾

一方面，青少年由于对自我的关注，使其心理活动更多地指向自己的内心世界，产生更多的自我内心体验，加之青少年独立性和自尊心的发展，使他们不愿意向别人袒露自己内心的秘密。另一方面，青少年生活空间渐渐扩大，学习任务加重，他们渴望别人的理解，强烈地想与别人交往。这种自我闭锁性与交往空间的扩大而出现的强烈交往需要，二者构成了难以排解的矛盾。解决得好，就会形成正向积极的情感体验，使成功感和自尊心增强，有助于形成和发展积极的个性品质。相反，则会影响个性健康的发展。

2.独立性与依赖性的矛盾

一方面,由于青少年生理发展,认识能力的提高,他们认为自己已是一个成人了,喜欢自己做主,竭力摆脱家长和教师的管束干预,对于所遇到的问题也愿意自己思考,自己解决,在思想言行等各方面都表现出极大的独立性、表现出心理"断乳"愿望。然而另一方面,青少年又不善于自我控制,常常因为情绪的冲动而盲目行动,而且经济上也不能独立,面对陌生或复杂的问题时,往往缺乏信心和解决问题的能力。所以无法摆脱对父母、成人及长辈的依赖。

3.求知欲强与识别力低的矛盾

具有极强的求知欲,他们对周围的新事物非常好奇,有较强的探究意识,喜欢批判旧事物,崇尚新事物,爱标新立异,对人或事容易理想化并盲从,这也是部分青少年"追星族"产生的思想基础。我们经常会发现这样一个现象:某些学生对学习不感兴趣,而对网络、体坛名将、赛场风云、影视明星、歌坛新秀、青春偶像、奇闻趣事等却常滔滔不绝。

4.情感与理智的矛盾

青少年情感丰富,情绪不够稳定,往往容易感情用事。虽然他们也懂得一些世故道理,但不善于处理情感与理智之间的关系,常常不能坚持正确的认识和理智的控制而成为情感的俘虏,事后却往往为此追悔莫及、苦恼不已。在青春期中,青少年情感浓烈,热情奔放,情绪的两极性表现得十分突出。他们既会为一时的成功而激动不已,也会为小小的失意而抑郁消沉。他们情绪多变,经常出现莫名的烦恼、焦虑。好多大人都觉得青春期的孩子特别难琢磨,刚才还兴高采烈呢,怎样一会儿就"晴转多云",甚至"电闪雷鸣""暴雨倾盆"了呢? 确实,情绪的强烈和不稳定,正是处在青春发育期的中学生普遍存在的现象。这并不是故意的,也不是有"病"或者"犯神经",而是青春期的心理特点之一。

5.理想与现实的矛盾

青少年多朝气蓬勃,富于幻想,胸怀远大的理想与信念。对未来充满美好的向往。然而他们往往又是急躁的理想主义者,他们对现实生活中可能遇到的困难和阻力估计不足,以致在升学、恋爱等问题上遭受挫折,或一旦困惑于现实生活中某些不正之风,又容易引起激烈的情绪波动,出现沉重的挫折感,有的甚至悲观失望,严重的陷入绝望境地而不能自拔。

6.性意识的发展与道德规范的矛盾

随着第二性征的出现,性意识的觉醒,产生了对异性的爱慕,并且这种爱慕会越来越强烈、极其敏感、容易冲动。强大的生理冲击力有时会使他们做出违反道德规范的行为,给身心健康带来严重的不良后果。

总之,大学生身体发育基本完成,而心理尚不够成熟,加上责任感欠缺,我们教师要和学生一起成长,只有这样,才能理解学生。每个人在这个年龄阶段都必然会有些困惑烦恼,学生会犯一些错误这是很正常的。我们需要理解他们、帮助他们,注意对事不对人,与他们一起跟他们的行为问题做斗争。

四、学校心理教育存在的问题和解决方案

(一)学校心理教育存在的问题

1.学校心理健康教育易学科化

有些学校把心理健康教育纳入学校的正规课程中,当作一门学科来对待,在课堂上讲述心理学的概念、理论,方式单调、乏味。殊不知,心理健康课是为了帮助学生解决在学习、生活、人际关系等方面的烦恼,以及出现的诸多不适应的发展倾向,帮助他们减轻心理负担,让他们轻轻松松学习。心理健康教育的主要目标不是向学生传授系统的心理学知识,而是要通过多种途径,强化与学科教学的结合,并有机地融合在班主任工作和学生思想品德教育之中,体现在各种丰富多样的活动训练中,反映在环境优化和潜在教育资源的利用上。一味地追求学科化,只能是流于形式,无法达到心理健康教育的目的。

2.学校心理健康教育易医学化

有人认为心理健康教育就是进行心理咨询和心理治疗，"治疗"和"指导"意识较强，选择心理障碍的较多，选择发展性问题的较少，把心理健康教育肆意医学化，违背了心理健康教育的本质要求和内在规律。有的学校让校医充当心理辅导人员，像医院里记录病历一样来对学生情况进行登记。不少学校的领导、教师对学生进行了错误的宣传，使学生认为只有当心理有疾病时才能去心理咨询室，这种医学化的倾向已经严重地阻碍了学校心理健康教育的顺利进行。据有关调查，学生的心理行为问题主要包括学习、自我、人际关系和生活社会适应能力等方面，他们的心理从总体上来说是健康的，只是在发展过程中遇到了一些适应性的问题，不能和医学意义上的心理疾病、心理障碍简单地混为一谈。

3.学校心理健康教育常有片面化倾向

心理健康教育在实施过程中出现了片面化的倾向。有人过多地关注各种心理测验，依赖测验所得到的分数，这给学生的心理造成了很大的压力。此外，有些学校心理健康教育偏重心理咨询、轻视心理辅导，偏重学生个体、忽视学生群体，重视调适性心理咨询、轻视发展性心理辅导，这和心理健康教育的目标是背道而驰的。

4.学校心理健康教育易陷入形式主义

心理健康教育的形式化倾向表现为，有些学校虽然名义上设立了心理咨询室，开设了心理健康课，配备了教师，但是由于教育者自身教育观念的影响，往往用传统的教育思想和一般的思想政治工作方法来进行心理健康教育，再加上宣传上的不力，心理咨询室、心理健康课并没有真正发挥作用，心理咨询室形同虚设，前来咨询的学生寥寥无几，仅是作为应付上级检查的"硬件"之一。另一种表现是把心理健康教育和德育混为一谈。有人把心理健康教育简单看作学校德育的一个组成部分，认为没有必要单独进行心理健康教育，还有人把心理问题和思想品德问题混为一谈，用德育的方法来对待心理问题。实际上，心理健康教育和德育的任务、实施方法有明显的区别。

5.学校心理健康教育常忽略教师这个群体

当前,学校心理健康教育主要是针对学生的,而忽视了教师的心理健康。殊不知,教师的情绪、情感会影响到学生的情绪、情感,况且,教师是一个容易产生心理问题的职业。一般认为,教师作为学生的榜样,要最大限度地满足学生、家长及学校的需要,不能表现出烦躁、沮丧等情绪,这就造成角色过度负荷,而且其角色的多重性(教师既是学生的教师,又是一家之长、孩子的家庭教师、家庭的主要劳动力和社会的模范公民),也使教师几乎没有时间和精力做出种种心理调节。因此,忽视了教师的心理健康,这会对学生的心理健康产生不良的影响。

(二)解决方案及方法和途径

1.加强教育和宣传,注重心理健康教育知识的普及

通过课堂教育、报告会、专题讲座、主题宣传活动、开团体心理辅导课以及主题班会等形式加强教育宣传,普及科学知识。作为学生应积极主动地参加相应活动,提高认识,科学引导,主动解决心理相关问题。

2.通过形式灵活多样的活动增强心理健康教育的效果

采取多种形式有效的活动,增强吸引力和增加教育效果。比如设置知心桥信箱、建立心理咨询室、成立知心社等有效形式和活动。

3.加强教师的教育和培训

教师在教育中有着极其重要的作用,扮演着重要的角色,因此教师的心理健康教育是不容忽视的。通过集体组织教师参加培训,在教师中组织"心理教育沙龙",在教师中针对性开展课题研究等活动,提高教师心理健康的教育水平,以期更好的教育和引导学生。

4.建立学校、家庭和社会心理健康教育的大环境

心理健康教育不是哪一个部门或哪一个教育机构的事情。只有将社会、家庭和学校教育的有机结合,才能更好地解决实际问题。学校有必要

做好这几个方面的协调和沟通,建立学生心理健康档案,做好桥梁作用。

心理健康是学生掌握文化科学知识的重要保证,有了良好的心态,不仅能取得好的学习效果,而且有益于终身的发展。如果离开良好心理的培养,就培养不出具有先进文化知识的合格中学生。综上所述,心理健康教育不仅是提高学生整体素质的要求,而且也是学生全面发展,成为"四有"人才的重要保证和基础。心理健康是素质教育的重要内容,也是当前教育面临的新任务和新要求。如何开展心理健康教育是当前学校教育工作者亟待解决的问题。要做好这项工作,首先要了解什么是心理健康及心理健康教育的背景、意义、目标、内容、途径等。只有建立起科学的认识和正确的观念,才能有效地开展心理健康教育。

五、冰山理论在教育中的价值

1895 年,心理学家弗洛伊德与布罗伊尔合作发表《歇斯底里研究》,提出了著名的"冰山理论":人的心理就像海面上的冰山一样,露出来的仅仅只是一小部分,绝大部分是处于无意识的。而正是那看不见的冰山下面那个巨大的底部,在某种程度上决定人类的行为,决定着人的成长发展等。

冰山运动之雄伟壮观,是因为它只有八分之一在水面上。文学作品中,文字和形象是所谓的"八分之一",而情感和思想是所谓的"八分之七"。

1973 年,哈佛大学心理学系教授麦克里兰博士年提出了一个著名的素质冰山模型,对素质的概念作了非常形象和深刻的解释:一个员工的素质就好比一座冰山,技能和知识只是露在水面上冰山的一小部分,他的自我认知、动机、个人品质以及价值观这些东西看不到,但是这些看不到的方面对他能否在工作中取得成功有着举足轻重的影响。

应该说从具体的心理学研究、文学创作规律的阐释到运用于人的成长与创造,"冰山理论"越来越深刻影响着我们的教育理念,影响着我们对教师、学生的评价标准。

我们对于一个人的了解与评价，很多时候只是看到了他浮在水面的"八分之一"，而对真正决定他成长与发展的"八分之七"却视而不见。

德国教育家第斯多惠曾经指出："教学的艺术不在于传授本领，而在于激励、唤醒、鼓舞。"

教育工作者既要看到学生现有的分数、成绩、知识，更要看到他未来的发展潜力，教育的最佳境界应该是激励并唤醒学生那沉睡在冰山之下的巨大潜能。

学生内在的兴趣、爱好、情感、意志等非智力因素与潜能一旦被激活，学习和阅读将成为其内在的自觉习惯，必将产生无可遏止的力量和速度。

我们可以说，那水面之下的巨大的"八分之七"才是学生发展的真正动力。教师的重要工作是关注学生学习的隐性素质，使学生自己产生求学、上进的动力，只有这样他们才有可能奔跑得更快更远，才能登上更高更美的山峰。

我们一直期待着真正有助于学生发展的教师与教育的出现，只有当我们真正用以"冰山理论"作为参照标准去评价我们的学生、教师乃至教育时，这种期待才不会那么的漫长而遥远。

当教师有了正确的学生观，如何才能像中医一样，在教育学生的过程当中，能够透过他们的行为问题，看到背后的核心的问题所在。像中医一样点中要穴，达到事半功倍的效果。要做到这一点的话，我们要了解一个理论——冰山理论。冰山理论把每个学生的内在心理状态比喻成是一座冰山。

这个冰山最上面那一层，就是行为，比如撒谎、攻击、网络成瘾等。教师在看待行为的时候，首先要有一个正确学生观。其次，要透过行为，看到其内在的心理本质。教师要从最底下的层次——一地往上看。

（一）渴望层

冰山的最下面的那一层是渴望，这个渴望就是学生的"要穴"所在。

渴望包括被关注的渴望、被爱的渴望,等等。

1.被关注的渴望

每一个学生都希望被别人关注。关注可以分为三种:第一种关注是积极的关注,如教师或家长的表扬和肯定;第二种关注是消极的关注,如教师或家长的否定、批评、指责、打骂等;第三种"关注"是没有关注,典型表现就是教师与家长对学生冷漠。心理学家和教育学家通过多项研究发现在这三种关注中,积极关注对学生是最好,会产生积极的影响;消极关注产生的是负面的影响;但是最糟糕的却是第三种——没有关注,对学生的冷落产生的负面影响最大。

2.归属感的渴望

第二个渴望是对归属感的渴望。每一个学生都渴望感受到自己归属于某个群体。

3.安全感的渴望

第三个渴望是对安全感的渴望。对于很多离异家庭的子女以及一些留守孩子,他们会感觉到被父母所抛弃,于是这些学生会有一些强烈的不安全感。当他们有了强烈的不安全感的时候,就会出现一些行为问题。他们希望这些行为问题,能引起父母的关注,引起老师的关注,引起同伴的关注。当他们得到了这些身边重要他人关注的时候,就会感觉到自己没有被抛弃。

4.独立的渴望

第四个渴望,是一种对独立的渴望。初中生包括小学阶段高年级的学生属于半成人半儿童期,他们很希望大人能用成人眼光看待他们,很渴求独立,一旦独立感没有得到满足的话,他们有可能会用很多行为问题,来争取这种独立的权力。

被关注,归属感,安全感,独立等,这些渴望都是学生的要穴所在。当这些渴望得不到满足的时候,就变成未满足的期待,这些未满足的期待,就会让学生产生内在的一些认知感受。

　　前面提到人本主义马斯洛理论把需求分成生理需求、安全需求、归属与爱的需要、尊重需求和自我实现需求五类,依次由较低层次到较高层次。同样可以用来解释:在某种程度上学生存在的问题是由于某种缺乏性需要没有得到充分满足而引起的。

　　当学生产生行为问题时,教师需要经常思考:是不是满足了学生的这些渴望? 因为这些渴望一旦得不到满足,学生行为问题可能就会像雪球一样,越滚越大。教师知道要剔除学生的行为问题,最重要的要从渴望的层面入手,让他们的期待得以满足。当学生的期待得到满足的时候,问题就会迎刃而解。

(二)情感层

　　在冰山理论中第二个要强调的是情感,情绪层面。情绪是行为的驱动力,在情绪层面当中有三个方面需要解决。第一个方面,教会学生面对自己的情绪。假设一名学生有很多愤怒的情绪或内疚的情绪,教师就要帮助他们去面对这些情绪。教师要告诉学生,生气是允许的,愤怒也是允许的。第二个方面,教会学生接纳自己的情绪。教师教给学生不去否定自己的愤怒和恐惧的情绪,而是可以去接纳它们。因为当学生否定自己的这些负面情绪时,这些情绪不但得不到解决,反而会越来越强烈。第三个方面,教会学生转化自己的情绪。

　　冰山理论就是引导教师如何透过行为追寻心理的本质。教师要去改变学生行为的时候要从更深的层面,从学生"要穴"入手,一步一步去解决问题,达到事半功倍的效果。并且也要让学生明白,自己的问题到底在哪里,怎么样去改正自己的问题。

贰:自然微笑

笑是人类的一种特权,

笑是人类的一件特器。

伟大作家高尔基说:"只有爱笑的人,生活才能过得更美好!"笑的好处和对健康的巨大作用已为越来越多的人所认识。现在,笑的疗法风靡世界,笑的行业应运而生——印度有笑诊疗所、法国有笑俱乐部、瑞士有笑面馆、日本有笑学校、德国有笑比赛、美国有笑医院。

笑作为生物体的愉悦基本情绪的反应,具有丰富的内容和重要的作用。

一、笑的起源

(一)笑的社会学要义

德国人类学家认为:"笑"这个表情作为一个行为符号,可能在 3500 万年前就有了,最初的"笑"是早期较高级灵长类动物群落内部相互表示和平的行为,包括狒狒、猩猩在内的灵长类动物都有笑的表情。几乎所有的动物都会有表示愉悦、亲切的行为符号,但是经过数千万年的进化,只有灵长类才能做到运用脸部的几块表情肌完成复杂的社会功能,这就是"笑"。

笑,是人类特有情绪变化中最早的、最一般的表现。当婴儿来到人世开始与人交往,逐渐适应了新的环境,有了愉快的体验,笑就产生了,这种最早的笑叫作"自发性的笑"。笑是愉快情绪的表现,随着感觉、知觉的发生和进展,笑就逐渐变成有对象的了。据美国笑学专家统计,情绪正常的人每天平均要笑 15 次左右,精神愉快者每天可笑 300～400 次之多,笑将伴随着人们了却一生。

（二）笑的生理机制

笑是怎样产生的呢？原来人的大脑中存在着一个"快乐中枢"，或称为"快乐感受中枢"，当人的外部感官感受到喜悦和快活因素时，这些信号就迅速传到这个中枢，这个中枢在传出神经的支配下，使人的面部和眼睛的血液循环加快，眼球和面部血液充沛，两眼明亮有神，两颊红润光华。同时，上唇和两颊由于颧肌的收缩而被提起来，眼轮肌肉为了保护眼睛也加以收缩，加之激动推动着气流脱口而出，使人呼气短促而中断，吸气显著延长，这种像与声的结合就是笑。如果感受的喜悦和快乐强烈，笑者还会出现前俯后仰、手舞足蹈、大笑不止的情况。由于大脑中的"快乐中枢"和"痛苦中枢"相隔只有半个毫米，大笑产生的过度兴奋会越过极点直接影响到"痛苦中枢"，因而有时还会使人笑得簌簌流出眼泪。为了避免笑得肚皮发痛，只好捧腹大笑。

（三）笑的分类

笑学专家把不同的笑分为 18 种，即有说有笑——最愉快的笑、眉开眼笑——最高兴的笑、哈哈大笑——最自豪的笑、微微含笑——最美丽的笑、回头一笑——最有味的笑、边哭边笑——最遗憾的笑、苦中痴笑——最委屈的笑、不笑装笑——最没意思的笑、捂面而笑——最难为情的笑、别人笑自己不笑——最幽默的笑、莫名其妙地跟人笑——最呆痴的笑、嘲笑——最使人不高兴的笑、假笑——最使人捉摸不透的笑、奸笑——最可怕的笑、皮笑肉不笑——最阴险的笑、狂笑——最难听的笑、冷笑——最残酷的笑、想想再笑——最有趣的笑。

当然这只是基本的分类，还有许多无法分型的复合型的。总之，笑是我们情绪表达的一种方式和体现。我们生活中需要的是健康、开朗、自然、有节制的笑，"笑一笑，十年少"。笑口常开，对人的健康和长寿益处匪浅。

二、笑的作用

笑对人来说是一种健身运动,有人把笑形象地比喻作"人体最好的体操"。它是人体心理和生理健康的重要标志之一,它不仅使人感到轻松快乐,而且还可以发散心中的积郁。笑是一种良好的健身运动,笑是一种最有效的消化剂,笑能增强人体的免疫力、提高机体的抗病能力。我们的祖先早就说过"笑一笑,十年少",而数千份现代医学研究报告更以详尽的案例、数据证实,笑对人的生理、心理皆有极大裨益。早在2000多年前,《黄帝内经》就指出:"喜则气和志达,荣卫通利。"说明精神乐观可使气血和畅,则生机旺盛,从而有益于身心健康。所以,民间有很多谚语,如"笑一笑,十年少,愁一愁,白了头""生气催人老,笑笑变年少""笑口常开,青春常在"等。可见,情绪乐观,笑颜常驻,笑口常开,是人体健康长寿不可缺少的条件。

(一)放松身体,缓和情绪

人在笑时,下颌处于下移状态,该部位的下移是人体放松的关键。能使人从紧张状态中放松的方法,莫过于一笑,平时万念纷飞的大脑只有在笑的时候,才进入了无念无为的纯净状态,大脑处于一片空白。德国科伦大学的乌伦克鲁教授说,笑一分钟,相当于一个患者进行了45分钟的松弛锻炼,这就是精神放松法。笑能促使大脑产生一种名叫内啡肽的化学物质,它可起到轻度的麻醉和镇静作用,人的情绪也随之会变得愉悦明朗。此外,在笑的生理活动过程中,人体处于高度放松状态,身体各器官的生理功能得到加强,这转而又会影响情绪,使人感觉舒适愉快。

人处于愤怒、烦恼、忧郁、紧张、焦虑等不良情绪下,神经系统的交感神经部分便会活跃,机体随之会分泌过多的肾上腺物质,导致心跳加快、血压升高、脏器功能失调。此时,只要开怀地笑一笑,身体便会立刻松弛下来,肾上腺素和皮质醇分泌的减少使心脏、肝脏、胃肠活动趋向良性,血液循环、气体交换、消化吸收等生理功能得到加强,压力带来的危害随之得到缓解。

(二)锻炼身体,提高素质

现代生理学研究证明,笑是一种独特的运动方式,对机体来说是最好的体操。笑实际上就是呼吸器官、胸腔、腹部、内脏、肌肉等器官做适当的协调运动的结果。美国斯坦福大学名誉教授威廉姆·弗赖伊认为,笑可以起到一部分与体育运动相同的作用:促进血液循环和腹肌收缩,一百次的捧腹大笑所吸收的氧气相当于做 10 分钟滑船器运动的吸氧量。当一个人开怀大笑,笑得酣畅淋漓、前仰后翻时,不仅脸部剧烈运动,身体的各个部位,如肩膀、背部、腰腹等都会运动起来,可借此消耗体内能量。在笑声中减肥可比节食、做剧烈运动轻松多了,也爽多了。经常微笑能锻炼脸部表情肌的弹力,有的人脸庞之所以较同龄人松弛,原因之一就是面部很少做运动以致整体肌肉弹力较低。面部表情长期木然忧郁,还会潜移默化地加快法令线的下垂,使下巴内缩,令人显得老成严肃、缺乏活力。笑是最好的饰品,笑对生活——只要不是僵硬的笑,不仅能给周围人以快感,也是让自己面容常葆青春的要诀。

(三)增强免疫,减轻病苦

淋巴细胞特别能战斗,是身体的守护神,但它们需要"一日三笑"作为"精神食粮"。不仅是大笑,就是微笑,乃至有个笑的表情,也能调动起淋巴细胞的积极性。一个人大笑时肩膀会耸动、胸腔摇摆、横膈膜震荡,血液含氧量于呼吸加速时增加,而更重要的是脑部会释放出一种化学物质,令人感到心旷神怡,实在是最佳的自然药物。乌伦克鲁教授说,大笑过后,血压会回降、减少分泌令人紧张的激素,发自内心的笑是精神状态与免疫系统之间直接相连的"天线",可以在瞬间增强免疫系统的功能。

逗乐疗法已成为一门新兴的医学学科。欢笑和愉悦情绪还可以增强人的免疫功能。人在动怒或面临巨大的精神压力时,大脑会发出讯息,命令人体产生相应的行为举动。如果此时单凭意志力量进行压抑而不及时采取合理的方式进行宣泄,压力讯号便会从中枢神经系统转至免疫系统,使免疫系统的自然运转受到影响。笑则能刺激免疫系统的白色 T 细胞,使之对抗感染的能力增强,从而帮助免疫系统正常运作,化解因情绪不良导致的身体隐患。防止面部松弛,塑造漂亮表情。

在英国伦敦,甚至出现了以笑为治疗手段的医学诊所。"一个丑角进城,胜过一打医生。"各种各样的喜剧影片、马戏表演、卡通漫画、笑话故事令人忍俊不禁、开怀畅乐,经常观赏这些充满喜剧元素的娱乐节目,自然会笑口常开。

自古以来,笑就被看作治病之良药,健身防病之法宝。古代医生早就用笑来治病,如金元时期的名医张子和用"喜胜忧""喜胜悲"的情绪疗法,治愈了许多患者。当今世界,对笑也是刮目相看,各种研究笑的机构应运而生,如"笑的天地""笑的联盟""笑城""幽默协会""笑的中心""笑的广场"等。20 世纪 50 年代我国就有人建议在医院里设"相声科",用相声这门笑的艺术,针对一些疾病进行"笑疗"、让患者愉快地笑,在笑声中忘却疾病。笑能治病健身。马克思曾说过:"一种美好的心情,比十副良药更能解除心理上的疲惫和痛楚。"

笑,虽然可祛病健身,但必须适度,必须懂得笑的宜忌。笑虽然不能称斤论两,但既然把笑比作治病的良药,就有个量大量小之分。适量有益,过量有害,而且往往会带来乐极生悲的苦果。大笑时,交感神经高度兴奋,肾上腺分泌增多,引起全身血管收缩,血压升高,心跳加快,易诱发或加重多种身体疾患。

(四)"全能"高手,以一当四

世界卫生组织认为,健康是身体的、精神的健康和社会幸福的完善状态,而笑是唯一能覆盖身体、精神、社会这三个方面的"全能"高手。笑是人类的特权,也是解决人类自身诸多问题的良方,更是协调身体、精神和社会的自身和相互间平衡的最佳良方,所以笑是很神奇的人类特权。纵观人类不管肤色人种的区别,还是美丑高低贵贱,人们对笑的感受都是一样的,即使语言不通,笑的体验和感觉也是一样的,即使是《巴黎圣母院》中最丑的敲钟人卡西莫多的笑容也是最灿烂的。

当代心理学家认为,人类的情绪分为基本情绪和次级情绪。基本情绪有五种:快乐、悲伤、愤怒、恐惧和厌恶,值得注意的是,上述五种基本情绪中,除快乐之外,其余四种都是负面情绪。这一点意味深长。它表明,地球上的动物(包括人类自身)大多时候都生活在一种危机四伏的环境之中,身边随时会有天敌出现,更不用说洪水、干旱、疾病等自然灾害的如影相随。因此在所有的情绪中,恐惧是一种最为原始古老的情绪,它犹如忠实的报警装置,提醒我们避开危险,防患于未然。其余则有悲伤、愤怒和厌恶,它们同样是对世事无常或可憎之事的提醒。休谟深刻地洞察到了这一点,在他看来,"最早的宗教观念并不是源于对自然之工的沉思,而是源于一种对生活事件的关切,源于那激发了人类心灵发展的绵延不绝的希望和恐惧"(大卫·休谟:《宗教的自然史》,徐晓宏译,上海人民出版社,2003年)。这是因为,"我们既没有充分的智慧去预知,也没有足够的力量去防范那些不断威胁我们的灾难。我们永远悬浮在生与死、健康与疾病、丰足和匮乏之间"。(同上)这就是说,人类生活中的厄运远远多于好运,正如古希腊诗人荷马所说:"诸神赐予我们一份快乐,就要相伴双份的苦难。"也正如作家张爱玲的叹息:"长的是磨难,短的是人生。"而人又是这样一种动物,到手的好运认为是理所当然,经历的厄运则久久难忘,所谓"一朝被蛇咬,十年怕井绳"。其中的缘由则在于,正是对厄运或痛苦的深刻记忆避免让我们重蹈覆辙。生于忧患,死于安乐,居安还须思危,实在是古代圣人留给我们的极为深刻的智慧。难怪在五种基本情绪中,负面情绪会占四种。

在我们每个人的生活中,其实快乐还是最主要的,那么以一比四的情绪体验,就是快乐可以以一当四,体现为笑是一件利器,可以以一当十,克服一切的不良情绪,体现为笑可以克服一切不良情绪,尤其是解决终极的情绪体验时作用巨大,快乐极致时可以大笑,悲伤到极点可以苦笑,恐惧到极点可以"恐惧笑嘻嘻"来化解危机,厌恶到极点时可以嗤笑而终结之。

(五)化解矛盾,和平信使

"相逢一笑泯恩仇",蒙娜丽莎的微笑,公主的微笑解决了国家之间的纷争。在人们的交流中间,笑充当了极其重要的角色,它传递着爱,传递着和平和友好,表达着极其丰富的情感。它是正向情绪的唯一全覆盖式的表达方式,所以它可以融化一切,可以包容一切。

三、笑的艺术

什么样的笑最具亲和力?科学家进行了一些试验,他们用电脑放出不同的笑声,让受试者来选择哪种笑声最亲切。结果发现由高到低降音量的"哈哈"声最受欢迎。这里有进化的原因,当人类的祖先想一起嬉戏时,情绪是放松的,而由高到低的音量,恰恰表示没有戒备,久而久之就成为通用的表示无进攻性和亲切的标志。

有人做过统计,小孩平均每天笑100多次,而成人——除了镜头前的模特儿和演员,则每天不到10次。随着人渐渐成长,受制于现实生活的种种困扰与压力,笑容会变得越来越稀少。然而,为了身心健康,即使现实世界有再多的不如意,你也要学会从平凡甚至艰辛的生活中寻找乐趣,学会微笑与自我解忧。

大千世界,千变万化,笑的种类丰富多彩。如甜蜜的笑、愉快的笑、微微的笑、逗趣的笑、会心的笑、含羞的笑、惬意的笑、神秘的笑、顽皮的笑、自嘲的笑、偷偷的笑、嘲讽的笑、鄙夷的笑、自满的笑、冷笑、苦笑、傻笑、奸笑、狞笑、狂笑、大笑、皮笑肉不笑,如此等等,不一而足。笑是人的本能,无须师授,人人皆会,但哪些笑有益健康,并非人人皆知。要想使笑声伴随自己的一生,让笑给生活染上欢乐的色彩,就必须培养健康高尚的情操,懂得笑的艺术。

(一)健康之笑发自心底

笑是生理和心理和谐的交融,欢乐愉快的共鸣。健康乐观的笑是发自内心的自然欢笑。人逢喜事笑颜开,它是内心世界的表露,这样的笑是对身体有益的。而那些狂笑、狞笑之类,对身体并非有益,有时会因此而得病。什么样的笑最好呢? 听听相声,欣赏一些有意思的哑剧、或幽默作品等,所发出的和谐、轻松、舒适的笑,是有益健康的自然之笑。

(二)知足常乐是笑的源泉

一个人要永远保持愉快的情绪,欢乐的笑容,首先要培养乐观主义精神,"知足常乐"的思想。只有心理上的平衡和稳定,才能保持笑颜常驻,笑口常开。现实生活中的很多忧愁烦恼,多数来自名利和享受方面的不知足。因此,要常体会"比上不足,比下有余""知足常乐"的道理。足而生乐,乐而生喜,喜则生情,情则养人,精神焕发,笑逐颜开,有益于身心健康。

(三)幽默轻松是笑的关键

列宁曾说过:"幽默是一种优美的、健康的品质。"幽默是具有智慧、教养和道德上优越感的表现。幽默轻松,表达了人类征服忧患和困难的能力,它是一种解脱,是对生活居高临下的"轻松"审视。一个浑身洋溢着幽默的人,必定是一个乐天派。愁眉苦脸是滋生不出幽默来的。幽默的直接效果是产生笑意,令人如沐春风,神清气爽,气恼全消。其潜移默化之效是愉悦心灵、延年益寿。在人的精神世界里,幽默、欢笑实是一种丰富的营养。因此,每个人都应培养自己的幽默感。在生活中遇到的各种困难和矛盾,若以幽默待之必会增添无穷妙意异趣。生活在幽默风趣的气氛中,脸上经常会显现出健康轻松的微笑。

(四)生活丰富是笑的条件

要想使自己保持健康的心理状态,首先要热爱自己的工作。志有所专,乐以忘忧,以对社会有所贡献引以为荣。除此而外,要兴趣广泛多样,自寻乐趣。琴棋书画,花木鸟鱼,旅游观赏等活动,都有益于身心的调节。再者,要广交朋友,乐于互相交谈,互吐衷情,使情绪变得豁达、轻松。总之,用丰富多彩的爱好兴趣,调剂、装饰自己的生活,使生活充满情趣,五彩缤纷,激发热爱生活的强烈愿望。欢乐之情溢于言表,心胸开阔,开朗乐观,生命之树才能长青。

生活的实践证明,善笑者少病、乐观、长寿,生活愉快。为了您的健康、幸福,要学会控制自己的情绪,养成无忧无虑的性格。愿您的脸上充满健康的微笑,让悦耳的笑声伴随您的一生。

第三节　伟大感召

壹:需要理论

没有无缘无故的爱,
没有无缘无故的恨。

常言道:没有无缘无故的爱,更没有无缘无故的恨。这说明凡事皆有缘由。在我们的生活当中时常出现一些不被我们"理解"的问题,其实

"仔细想想"，按照需求理论，使得我们"豁然开朗"，不难发现其中的原因。关于需要理论，我们不得不提起的就是人本主义者马斯洛的需求层次理论。

一、马斯洛需求层次理论

人本主义者马斯洛的需求理论把需求分成生理需求、安全需求、归属与爱的需求、尊重需求和自我实现需求五类，依次由较低层次到较高层次。各层次需要的基本含义如下：

（一）生理上的需要

这是人类维持自身生存的最基本要求，包括饥、渴、衣、住、性方面的要求。如果这些需要得不到满足，人类的生存就成了问题。在这个意义上说，生理需要是推动人们行动的最强大的动力。马斯洛认为，只有这些最基本的需要满足达到维持生存所必需的程度后，其他的需要才能成为新的激励因素，而到了此时，这些已相对满足的需要也就不再成为激励因素了。

（二）安全上的需要

这是人类要求保障自身安全、摆脱事业和丧失财产威胁、避免职业病的侵袭、解除严酷的监督等方面的需要。马斯洛认为，每个人都有一个追求安全的机制，人的感受器官、效应器官、智能和其他能量主要是寻求安全的工具，甚至可以把科学和人生观都看成是满足安全需要的一部分。当然，当这种需要一旦相对满足后，也就不再成为激励因素了。

（三）归属与爱的需要

这一层次的需要包括两个方面的内容。一是友爱的需要，即人人都需要伙伴之间、同事之间的关系融洽或保持友谊和忠诚；人人都希望得到爱情,希望爱别人,也渴望接受别人的爱。二是归属的需要,即人都有一种归属于一个群体的感情,希望成为群体中的一员,并相互关系和照顾。感情上的需要比生理上的需要要求更细致,它和一个人的生理特性、经历、教育、宗教信仰都有关系。

(四)尊重的需要

人人都希望自己有稳定的社会地位,要求个人的能力和成就获得社会的承认。尊重的需要又可分为内部尊重和外部尊重,内部尊重是指一个人希望在各种不同情境中有实力、能胜任、充满信心、能独立自主。总之,内部尊重就是人的自尊。外部尊重是指一个人希望有地位、有威信,受到别人的尊重、信赖和高度评价。马斯洛认为,尊重需要得到满足,能使人对自己充满信心,对社会充满热情,体验到自己活着的价值和意义。

(五)自我实现的需要

这是最高层次的需要,它是指实现个人理想、抱负,发挥个人的能力到最大程度,完成与自己的能力相称的一切事情的需要。也就是说,人必须干称职的工作,这样才会使他们感到最大的快乐。马斯洛提出,为满足自我实现需要所采取的途径是因人而异的。自我实现的需要是在努力实现自己的潜力,实现自己的人生价值,使自己越来越成为自己所期望的人物。

二、需要层次基本观点

五种需要像阶梯一样从低到高,按层次逐级递升,但这样次序不是完全固定的,可以变化,也有种种例外情况。有的人为了实现自我价值可以放弃前面的基本需要,像中国共产党人为了自己的政治目标而抛头颅、洒热血。

一般来说,某一层次的需要相对满足了,就会向高一层次发展,追求更高一层次的需要就成为驱使行为的动力。相应的,获得基本满足的需要就不再是最主要的激励力量。

五种需要可以分为两级,其中生理上的需要、安全上的需要和感情上的需要都属于低一级的需要,这些需要通过外部条件就可以满足;而尊重的需要和自我实现的需要是高级需要,它们是通过内部因素才能满足的,而且一个人对尊重和自我实现的需要是无止境的。同一时期,一个人可能有几种需要,但每一时期总有一种需要占支配地位,对行为起决定作用。任何一种需要都不会因为更高层次需要的发展而消失。各层次的需要相互依赖和重叠,高层次的需要发展后,低层次的需要仍然存在,只是对行为影响的程度大大减小。

马斯洛和其他的行为科学家都认为,一个国家多数人的需要层次结构,是同这个国家的经济发展水平、科技发展水平、文化和人民受教育的程度直接相关的。在不发达国家,生理需要和安全需要占主导的人数比例较大,而高级需要占主导的人数比例较小;在发达国家,则刚好相反。

马斯洛需要层次理论认为:在某种程度上学生缺乏学习动机、出现行为问题可能是由于某种缺乏性需要没有得到充分满足而引起的。我一直主张人要明确我们究竟需要什么,这样我们不至于迷失生活的方向。人生本身没有任何意义,关键在于我们需要给自己的人生赋予一个自己的意义。自我实现就是给自己的人生、生命赋予一个意义。

三、"需要理论"应用

(一)凡事有因

"没有无缘无故的爱,更没有无缘无故的恨"。凡事皆有因,因为有需要才发生,才有结果的,所以要"想的通"。任何事情的发生都有原因的,所以在分析问题的时候,利用"需要理论",一切将变得清晰明了,这是我们解决问题的根本所在。

做任何事情都要有一个理由,不然你就毫无目的。在严寒的冬季面对一个乞讨的老人你会伸出援助的手,那是因为你的爱心所为;在别人面临危险的时候,你毫不犹豫地选择了牺牲自己而拯救生命,那是因为你的道德使然;在自己的岗位上敬业实干,那是因为你的责任承担。

凡事给自己一个理由,是最普通最简单的事情,这个理由使你在对错中做出准确的判断,这个理由不会让你感到遗憾。理由不是托词和回避,而是正视和面对。有些理由是天经地义的,儿女孝顺父母,晚辈尊敬长者,道德的约束是遵守的底线。有些是必须做出判断的,需要理智、需要法律、需要道德,情感不能替代法律,这也是底线。

给自己一个理由不是找借口、走捷径、推脱责任,而是要有一个正当的经得起实践检验的理由。这里面没有私心,没有掩盖,没有条件。它是清白的,如雪一样的洁白,如月一样的皎洁。

(二)凡事有果

"有因,必有果。"直接简单明了的阐述了因果的本质。世界上的万事万物,从来就是这样的,从时间上来说,由于无数的异时连续的关系,从空间上来说,无数的互相依存的关系,组织成为一个极其错综复杂的罗网相互交错,从本质上讲因果关系就是事物之间的时间和空间上的相互关系。这就是因因果果,果果因因,相续不断,就叫作因果规律。也就像旋转火轮一样的流转不停,终而复始。

佛教三大原则中最重要的就是因果报应说。佛教除说现世因果之外,还有三世因果,就是,现在世、过去世、未来世因果互存的关系,《三世因果经》中说:"要知前世因,今生受者是,要知未来果,今生作者是。"佛说四谛、十二因缘法门,也就是具体的说明三世因果的道理。依此看来,所谓因果道理,其实就是因缘的原理。这样因缘原理,正是佛教对于人们的主观世界与客观世界唯一正确的解释,这就是佛教的人生观的基本认识。

关于因果，中国很多古文献中也有讲，《周易》有言："积善之家必有余庆，积恶之家必有余殃！"包括启蒙书上也有，善恶终有报，不是不报，时辰未到。基督教、天主教，都在讲善恶因果。当然，佛家讲得更为究竟。为什么某些人更相信因果？是因为亲身经历了事物发展的规律，终归是有个因果在里面，大自然的规律也是如此。

凡物有起因，必有结果，如农之播种，种豆必然结豆，种瓜定是结瓜，毫无虚假。我们的任何行为都会产生一定的结果。记得我们前面讲的公式吗？"思想产生行为，行为养成习惯，习惯形成性格，性格决定命运。"最后的命运不同，只不过是我们在前面加的"定语"不同而已，决定了最终的结果不同。任何的行为都会留下历史的痕迹。基于此，我们在人生修养的"慎独"思想是不无道理的。

（三）凡事有度

人生智慧，你可以道出千条万条，但最重要的一条是"凡是皆有度"。度是一定事物保持自己质和量的限度，是和事物的质相统一的限量。任何度的两端都存在着极限或界限，叫作关节点或临界点，而超出这个范围，事物的性质就发生了变化。水的沸点是100℃，水的凝点是0℃。从0℃～100℃是水的温度范围，过了这个度，水要么变成水蒸气，要么变成冰。

根据马克思主义的基本观点，事物的联系和发展都采取量变和质变两种形式。质是一种事物区别于其他事物的内在规定性。量是事物的规模、速度、程度等可以用数量关系表示的规定性。事物的量和质是统一的，量和质的统一在度中得以体现。度是保持事物质的稳定性的数量界限，即事物的限度、幅度和范围，度的两端叫关节点或临界点，超出度的范围，一事物就转化为它事物。度这一哲学范畴启示我们，在认识和处理问题时要掌握适度的原则。

常言道"过失，过失，一过就失；过错，过错，一过就错。"日常生活中的"度",几乎处处可见。例如对美的理解,古希腊哲学家柏拉图说:"美就是适当。"宋玉在《登徒子好色赋》中,描写了东邻之女的美:"增之一分则太长,减之一分则太短,著粉则太白,施朱则太赤。"可见,恰到好处才是美。而过分或不及则都不美。任何事物都有质和量的辩证统一,都存在一个特定的量的限度,一旦超过这个限度,性质就转化,美的事物就会转化为丑。

例如对真的理解,列宁曾说:"只要再多走一步,仿佛是向同一方向迈的一小步,真理就会变成错误。"可见,恰到好处才是真。不及,真的不全面,过了,超过适用范围,真理就变成了谬误。真理和谬误只有一步之遥,怎么才能使问题看得客观、合理呢?除了加强修养,提高认识水平外,就要对问题的注意视点以合理定位。找准视点,最大限度地提高观察、分析、解决问题的质量。

有"度"才有"和谐"。自从有人类以来,人类与自然之间的关系始终处于不和谐之中。一开始,人类对自然的盲目崇拜和认同。把自然当作主宰自己的主人。这是认识上的一种无度;而后,人类壮大了,先进了,又要做自然的主人,肆意向自然索取财富,这又是认识上的另一种无度。人不应当做自然的主人,只能做自然的朋友,形成人与自然和谐的统一,这才是人与自然关系的适度。

我们的身边处处是"度","度"并不损害你的人生,反而使你的人生过得更好。遵守法度的人才能平安度过人生。处事之道难于守度,守度了,才有和谐的人际关系,才有适合自己的成才环境,命运之神才会光顾。艺术讲究度,科学讲究度,生活讲究度,经商讲究度,人生讲究度。人的一生岂能不研究、不遵循"度"呢?

"度"是大学问。古今中外的仁者智者、贤人哲人在他们的学说中都有对"度"的论述。马克思主义哲学中的辩证唯物主义讲"度",例如量变到一定程度下才会发生质变。儒学讲究中庸,不偏不倚;老子主张顺其自然,适应自然;佛学谈心理平衡;达尔文谈"适者生存"。可见,守度不是人生小技巧,而是人生大本事。

贰:理想信念

有志自有千方百计,万物为我所用;

无志只感千难万险,凡事皆为孽障。

一、含义和特征

(一)理想的含义和特征

1. 概念

理想是人们在实践中形成的有实现可能性的、对未来社会自身发展目标的向往和追求,是人们世界观、人生观和价值观在奋斗目标上的集中体现。

2. 特征

(1)历史性

理想是主体基于一定时空和社会条件下的思想产物,具有深深的时空和社会烙印,与主体的认知结构和时空、社会的基本性质有关,并随着时空和社会的发展变化而逐步深化、调整和丰富。

(2)现实性

理想源于现实,又高于现实。理想是主体基于现实对于未来发展思考后的理性产物,是人们对未来要求和期望达到的现实的写实性描述,所以科学的理想是人的主观能动性和现实客观规律性的一致性的反映,它对于创造美好的未来具有巨大的感召作用。

(3)实践性

实践中实现理想。理想源于实践中对未来的思考,更是在实践中逐步实现,只有实现可能性并不断逐步努力付诸实践的才是理想,否则只是空想和幻想。

理想根据不同的标准有不同的分类,如长期理想和近期理想,个人理想和社会理想、政治理想、道德理想、生活理想、职业理想等。

(二)信念的含义和特征

1.概念

信念是认知、情感和意志的有机统一体,是人们在一定的认识基础上确立的对某种思想或事物坚信不疑并身体力行的心理状态和精神状态。它是人们追求理想目标的强大动力,会使人们坚贞不渝,百折不挠的追求自己的理想。

2.特征

信念是在理想的感召下对于理想实现过程中的推动力,囿于时空和社会因素和基于人们的认知结构,便形成了人们的"信念力"的不同,有些资料里面的"信念的不同层次和类型"就是"信念力"的"方向"和"大小"之意。

信仰是信念最集中、最高层次的表现形式。每个个体有着不同层次和类型的信念,是一个复杂的组合体。而信念的最高层次具有最大的统摄力,代表了某个个体的基本信仰。信仰有科学和非科学之分,科学的信仰来自人们对自然界和人类社会发展规律的正确认识,非科学的信念来自人们对自然界和社会的不正确认识,即表现为对虚幻世界、不切实际的观念、荒谬的理论等的迷信和狂热崇拜。

二、作用和意义

理想信念本一体,它是人们实现自我价值的过程中的促进力,都具有强大的作用和意义。

1.强引力

理想是"强引力",伟大的理想具有无与伦比的感召力。基于人生时间和精力的有限性,我们要有意义的人生就不必有太多的时间和精力的耗散,"凡事预则立不预则废"之意就在于事前的构思和想法,在人生的航程中就表现为理想和奋斗目标。其有三个方面的作用:一是具有排除干扰的作用,杜绝时间精力的浪费;二是具有坚强意志的作用,以克服种种困难,实现理想;三是它给了我们人生奋斗的方向和范围。

2. 助推力

信念是"助推力",具有向理想奋斗过程中强大的助推作用。链接现实和理想的途径是实践,没有实践,理想永远是空想,但实践中必然会产生阻力,而信念使得我们能克服实践中的种种阻力。

3. 净化剂

理想信念是"心灵净化剂",科学崇高的理想信念作为人的精神世界的核心,一方面能使人的精神生活的各个方面统一起来,有效剔除不当成分,使人的内心世界成为一个健康有序的系统,保持心灵的充实与安宁,避免内心世界的空虚和迷茫甚至扭曲。另一方面又能引导人们不断追求更高的人生目标,提高精神境界,塑造高尚人格,进入不断优势复制的良性循环。

所以,在理想的感召下,信仰的助推下,世界观、价值观和人生观的保驾护航下,人生将无坚不摧。

三、实践中实现理想

理想信念是精神世界的核心,是思想认识问题,更是一个实践的问题,对人生具有重大的作用和意义。要发挥理想对人生的巨大作用,必须处理好以下几个方面的问题。

(一)树立科学的理想信念

理想是对未来社会自身发展目标的向往和追求,既不能"鼠目寸光",又不能"遥不可及",更不能"虚无缥缈",脱离实际,所以科学的设定理想,具有重要的意义。

科学意味着符合历史观和唯物史观,源于现实,顺乎现实,高于现实。这样的理想信念才具有强大的作用。理想的设定必须以现实为基础,以发展规律趋势为参考,以科学论证推演为基本手段。

现在的青年学子,作为社会主义事业的建设者和接班人,担负着重大的历史使命。必须清楚地认识到我们所面临的世界正发生着深刻复杂的变化,世界多极化、经济全球化深入发展,文化多样化、社会信息化持续推进,综合国力竞争和各种力量较量更趋激烈,日新月异的科学技术发展给社会生产力和人类经济社会的发展带来极大的推动,各种文化在世界范围内相互激荡,对各国的经济、政治和社会发展的作用越来越突出。青年学子必须立足这个时代实际,设定合理的个人和社会理想信念,实现人生价值。

面对复杂多变的世界,青年学子们必须确立马克思主义的科学信仰。马克思主义是科学的真理,为人类指明了方向,为人们认识和改造世界提供了科学的立场、观点和方法。它以改造世界为己任,具有与时俱进的理论品质和持久的生命力。最终将是物质财富极大丰富、实现按需分配、人民精神境界极大提高,每个人自由而全面发展的共产主义社会的实现。我们青年学子必须做到个人理想和社会理想的统一,只有符合社会潮流和趋势的,才能顺应时代潮流,成就伟大事业和个人辉煌。

(二)正确理解理想和现实

因为理想的自我设定性和现实的自然存在性,便有了"理想很丰满,现实很骨感",看似对立的,实为统一体。理想源于现实,表现为以现实为基础设定理想目标,离开现实的基础就是空想甚至妄想。高于现实,表现为较大的向上向善的感召力和目标感,否则无法推动人类和自身的发展,出现较大的时间和精力的无端耗损。

理想的设定是文化层面的思维结果,是设定了的终点目标,具有一定的"天马行空"。现实则是不以人的意志为转移的自然存在,而理想的实现需要一步一步地缩小现在和理想之间的距离,是人的所有资源在现实和理想之间的积极响应后的结果,是一项复杂的综合性的工程,所以理想的实现具有长期性、艰巨性和复杂性,表现为现实和理想之间的时间跨度、链接方式的可实现性和多维性。

（三）坚持有效行动的逻辑

伟大的理想不是一蹴而就的,也不是那么的"高不可攀",只要合理、有效的大量前期工作到位,它的实现仅仅是"轻轻地助推"。这个"助推"就是有效行动,看准目标,咬定青山,立即有效行动。此处"有效"之核心是坚持"有效功"最大化原则,尽可能拒绝时间精力无端耗散。纵观诸多理想不能实现的现象的分析,极少数是理想设定问题,绝大多数是无法坚持有效行动,一是有较大的无端时间精力耗损,多数在中途就"精力耗尽而亡",无法抵达理想的终点。二是被"干扰后"行动出现偏差,出现较大理想偏离,最终仍是无法抵达理想的终点。

第四节　巨大潜能

壹：危机教育

> 未雨绸缪,有备无患；
> 临渴掘井,措手不及。

西方风险社会理论创始人乌尔里希·贝克认为,人们已经完全生活在随时可能面临巨大风险和灾难的不确定性之中,未来风险社会危机四伏。肆虐的 SARS 病毒,使缺失危机意识的国人面对非典疫情出现了持续的恐惧与最初的失措。社会危机深深地刻在每个人心里。还有久居太平后的汶川地震、空前的世界金融危机、世贸"911"事件等,这一切让世人空前的"震撼"和警醒。危机教育已经迫在眉睫。

一、危机教育及其意义

(一)危机及危机教育的概念

1. 危机的概念

"危机"是个翻译词,其原意指十字路口、做出重大抉择的关头。

学术界的定义很多,都是在不同的层面进行论述和定义。笔者比较趋同于德国当代著名的哲学家和教育家博尔诺夫的观点,他认为危机就是指"突然出现的较大且又令人忧虑的中断了连续生活进程的事件。"它包括经济危机、政治危机、社会危机、发展危机、成熟危机、信仰危机、婚姻危机、疾病危机等。"只要是由于无法摆脱的困难而中断了正常生活进程的都属于危机。"

笔者认为危机就是"突然出现的激起人们较大的负向情绪情感反应(焦虑、忧郁、恐惧等)的中断了平稳的连续生活进程的现象",它有几个基本特征:

一是"必然性"。正如博尔诺夫认为这是人生的一个组成部分,危机是必然的存在于人类生活之中的,"人只要生存着,任何时候都会处于危机之中。"

二是"因人(群、事)而异"。基于个人的认知结构和个性以及群体、事物的性质的不同,对于同样的现象在不同的个体和群体中间其情绪情感结果效应不同,有的认为是危机,有的认为是正常现象,甚至有的认为是机遇。

2.危机教育的概念及现状

（1）概念

综合"危机"和"教育"的概念,危机教育就是以培养危机意识为核心,并掌握一定的危机及应对的知识和能力,树立科学的危机观而进行的教育活动。

德国文化教育学者、著名人类学教育学家鲍勤诺夫认为,"危机是一种直面人生的突发事件的精神状态"。"每当危机出现时,人将直面自己的处境,并深切地面对自己的过去、现在和未来。无疑,这正是教育应该抓紧时机的'节点'"。

（2）世界各国危机教育现状

纵观世界各国的发展,其发达程度与其"危机教育"的关注有一定的关系,在许多国家或地区都是"从小抓起"。诸如美国学校非常注重学生的 EQ 教育,即培养学生控制他人、控制自己,控制自己情绪、控制他人情绪的自我激励与激励他人能力,"911"事件后还特别加强了应对突发灾难的"危机教育";日本的学校的"危机教育"便做得非常好, 6 年小学教育就有近 40 个课时的教学内容涉及到此,它们分别被安排在国文、地理常识、历史启蒙、人与自然等课程中。又譬如台湾地区,相关的教育内容在整个小学教学阶段也达到近 30 个课时。而且,他们的危机教育一直通过各种形式终身全面进行。

反观一些欠发达国家,连年动荡不安,教育缺失,更不要说危机教育了。一些发展中国家,长时间走不出困局,无法面对随时出现的"危机","脆弱"到甚至小小的危机事件引起较大的经济风暴或政权颠覆。危机教育越来越彰显其在社会发展中的作用,反观我们中华民族,是个积极务实的民族,早期我们的危机教育也是一片空白,在汶川地震、SARS 等事件之后,我们积极地进行危机教育的探索和实践,取得瞩目的成就。当然我们的危机管理大部分还处于定性分析上,不够深入和系统,这值得我们反思。

（3）我国危机教育现状

我们国家的危机教育近几年得到重视和发展,但也存在一些问题。表现为重视度不够,系统性不强。从长期性来看,一是没有系统性计划和安排,注重危机出现时的临时行为,危机前"高枕无忧",发生时"手忙脚乱",结束后"一了百了",造成每项危机的应对都是"个案",一切从头再来。二是忽视意识教育和心理教育,注重具体应对技能教育,致使"未被打死而被吓死"的悲剧时有发生。从各个阶段来看,危机前缺乏"未雨绸缪"教育,没有充足的危机意识和应对心理、技能和措施知识的储备。在当危机出现时,手忙脚乱,大呼小叫,面对危机造成的状况,精力没放在解决问题上,而是悲天悯人,较多的时间精力以情绪情感方式耗散掉。在危机结束后,把紧张压力释放的庆典作为终点,没有任何的经验总结和后续工作的延展。

可见,增强人才素质观念,全面提高青年学子素质,而不是几个"分数"或者"业绩",教育学生如何面对突发灾难、如何面对犯罪分子,加强学生的"危机教育",把"危机教育"引入课堂,这不但是减灾防灾的有效手段,更是提高全民素质,跻身发达国家的基本教育内容。

(二) 危机教育的价值

自改革开放以来,经济繁荣,社会稳定,人们安居乐业,谁料,1997 年的亚洲金融风暴,1998 年的洪灾,1999 年中国驻南斯拉夫使馆被炸,SARS,汶川大地震,沙尘暴与雾霾……,灾难接踵而至,危机频频发生。在危机面前,心理崩溃者有之,失去理性者有之,丧尽天良者亦有之。这表明了民众在危机到来时缺乏心理准备,在灾难面前意志比较薄弱,束手无策,较大程度地停留在情绪情感层面。因此危机意识教育刻不容缓。从发达国家来看,政府和民间都非常重视危机意识教育,并开展抗灾和自救训练。阪神大地震后日本民众组织有序,共同抗震;"911"事件后美国民众慌而不乱,爱国情绪高涨;他们都从最大程度上减少了损失。这些都给我们留下了深刻印象。中国有句老话叫"居安思危"，对有效地进行危机教育有着重要的价值和意义。

1. 形成健全人格，培养理性人生

通过危机环境下的教育，培养个人抗挫能力、坚韧不拔的意志、堪当大事的品格，增加对危机的"免疫"，以适应社会的挑战和压力。社会、人生，危机无处不在。隐性危机给人压迫感，教育可使此压力变成前进的动力；显性危机可能是契机，有效的教育帮助人走出危机，培养其解决问题的能力和不屈的意志，并建立真正的自信。现在教育实践颇流行的"成功教育"，多数采取的方法往往是对挫折的回避，然而真正健全人格的培养是不能回避挫折和危机的。

通过危机环境下的教育，可以使人产生较为理性的思想和行为面对人生，充分地认识到危机是一种必然存在，任何人都无法回避，任何的情绪情感行为都只是徒耗时间和精力，于问题解决意义甚微。良好的危机教育可以使得人们当危机来临时，正视它，有效地解决危机，以期取得最小的危机损害，更为重要的是形成良好的正视问题解决问题的思维习惯和有效解决问题的模式。

2. 维护社会稳定，提高应对措施

通过危机环境下的教育，强化集体主义观念，形成较强的向心力和凝聚力，最容易激发人们的团体意识和集体荣誉感，有效的维护了在危机出现时的社会稳定，使得人们可以理性的处理危机，把危害减少到最小。通过危机应对策略和技巧教育，可以使得在危机发生时，应对者不致手忙脚乱，无从下手，从而有效的从技术层面减少危机损害。如当年日本海啸和我国的汶川地震形制基本相似可灾后损失相差悬殊，"911"事件发生后基本有序的灾害应对策略与大量的踩踏事件的对比，就是很好的印证。

3. 提高社会"免疫"，成就辉煌人生

通过危机环境下的教育，可以提高人们抵御各种危机的能力，不断强大自我心理，提高处置各种危机的知识和技能，对各种危机的"免疫"逐渐提高,从而成就辉煌的人生。

被美国《时代周刊》授予1997年度风云人物的英特尔公司缔造者格罗芙,在总结英特尔公司的腾飞时,将其成功的经验归结为"惧者生存"四个字。无独有偶,海尔公司总裁张瑞敏在谈到海尔的未来和发展时,感慨地说:"这些年来,我总体的感觉可用一个字来概括,那就是'惧',此时我们不得不感慨我们老祖宗的伟大,'生于忧患,死于安乐''居安思危'等生活哲理的凝练,这些时代骄子们的成功经验映射到学校教育中,就是危机教育。"

4. 维护人生秩序,发展回归自然

根据前面危机教育定义可知,危机的实质是在面对中断了的人生轨迹时,如何连接起来,使生活成为一个连续的自然过程,恢复正常秩序,即秩序化人生。自然之意就是秩序化之意,即连续的过程,有因有果,有前有后,有秩序,自然顺畅不间断。而是否是"中断",这与主体的认知结构有很大的关系,同样的事情,有的人 "五岭逶迤腾细浪,乌蒙磅礴走泥丸",而有的人却"魂飞魄散",所以,加强教育,升华认知,是连续人生轨迹的基本方法。

二、走出"危机"的处置

Stephen Healy 认为,高风险、多危机和不确定性是当代社会的显著特征,需要在一个确定的、制度性的、规范的治理层面上予以解决。尤以美国和日本为代表的危机应对策略正是确定的、制度性和规范化的典范,是值得我们借鉴的。

(一)危机教育的内容和实施

有关危机教育内容方面,不同学者依据不同的分类标准有着不同见解。大部分依据结构进行内容探讨,认为危机教育应该包括危机意识教育、危机知识和技能教育以及危机心理教育。从时间角度归类可以分为灾前教育、灾时教育和灾后教育。也有分成危机理论教育和危机实践教育,理论包括危急知识、危机意识和危机心理教育,危机实践教育包括危机处理能力和违纪责任等。

笔者认为,我们不是学术研究,最佳策略应是按照时间顺序划分阶段并设定各个阶段重点教育内容。

1. 危机前

危机前也就是平时日常性地进行的有关危机教育,以便危机发生时将危机损失降低到最小。它包括危机意识教育、危机心理教育和危机应对知识和技能教育。

(1)危机的"必然性"意识和心理教育

危机是客观的社会存在。对隐性危机,可通过劝诫、提醒等方法唤醒学生的危机意识;对显性危机,既然不可避免,就不应该、也不可能退缩,唯有无畏地正视它的存在,战胜危机是完全可能的,也就是"发生的必然性"和"可解决的必然性"。

(2)危机应对的具体知识和技能教育

当危机真切的发生时,较快的有效处置危机,及时度过危机,是当务之急。此时的具体处理知识和技能就尤为重要,这需要提前不断地学习和训练获得,现场是没有时间再去"学"和"悟"的。当然,也有人会相信现场的"灵感"和"急智",其实这都是平素的"学习"和"经历"置下的心锚,在潜意识中储存下来,在现场"调取"出来的,绝不是无中生有的,更不是"想起了英雄人物某某某"或者"强烈的集体荣誉感"等,试想想,真正的危机发生时哪有那么多的时间容你感慨,其真切的感受就是"没想什么,就……"而这一切都是事前危机教育置下的心锚决定着应激时的行为。

2. 危机时

危机当前,除了之前的应急知识储备之外,现场处置应急教育尤为重要,它包括危机心理和意识教育。

（1）"强化巩固"意识教育

再一次强化危机发生和可解决性的必然性,强大我们的心理,以便我们能以良好的心态沉着地迎接危机的发生,不被危机"吓死",且能够及时有效的系统性开展工作。博尔诺夫认为:"当危机发生时,教育工作者不是用安慰去掩饰来降低危机的严重性或者躲避危机,而是让青少年自己主动承担责任,勇敢地面对危机。"这时候的策略就是"刀刀见肉",直切主题。

（2）"调取唤醒"技能教育

危机前我们大量的知识储备变成一个个心锚沉积在我们内心深处,它只是我们众多心锚中的一小部分。当危机发生时,我们需要根据危机的具体情况在短时间内调取和唤醒我们平素的相关储备,避免"茶壶里煮饺子"的窘境,而产生的"手忙脚乱",无端耗损时间和精力。此时的特点就是时间紧,那么短时间内"调取唤醒"技能就尤为重要。沉着冷静是最基础和最根本的第一道大门。

（3）"组织协调"技能教育

"养兵千日用兵一时",调取唤醒的储备知识和技能如何针对性的有效组织和发挥作用,保证危机发生时"有序""有效"处置,这是危机发生时的处置关键环节,防止"眉毛胡子一把抓"。做到正确归因和有效处置,这样才能找到解决问题的正确对策战胜危机。时间次序和权重是组织协调的基础参考。

3. 危机后

危机处置结束仅仅是危机事件的一个小结,从长计议,对整个危机产生的原因、克服过程进行反思和总结,从而获得理性上的认识,培养健全人格,走出危机使其真正具有教育的价值。

（1）案卷归档

从起因、处置和善后问题等方面进行梳理和归总,并形成系统的固化结果,一方面作为案宗归档,另一方面是作为后续案例素材提供借鉴,重要的是养成良好的做事风格和处置习惯。

（2）回顾反馈

在整理和归档过程中不断地发现处置中的问题，以避免后续类似问题处理的"重蹈覆辙"，更重要的是获得下次危机处置的自信感和理性情结，如此反复和优化，危机将"不复存在"，生活自归太平和安宁。

（二）危机教育的策略

我们生活中随时随地可能会出现经济危机、政治危机、社会危机、发展危机、成熟危机、信仰危机、婚姻危机、疾病危机等，所以如何认识和处置危机是现代人的必备素质。

近几十年来国内政局稳定，经济水平日益提高，人们安居乐业，民族主义教育、革命传统教育等也被一部分人错误认识，滋生了人们的大国意识和自满心理。疏忽了青年学子在成长过程中和将来的社会生活中可能遇到的危机和挫折，造成国民对社会义务和社会责任的淡漠，从而给经济、文化以及社会的发展带来不可想象的后果。因此，我们一定要居安思危，敢于正视危机，走进危机，战胜自己，走出危机，走向真正的成功。

1. 认识并走进危机是战胜危机的前提

"知己知彼，百战不殆。"要想战胜危机，必须首先认识危机的真正内涵。危机是客观的社会存在，它在我们生活当中无处无时不在，但有时却不易为人所知。认识危机的前提是理性，认识的形式是反思，认识危机的结果便是深深的危机感和紧迫感。而敢于认识危机本身就意味着超人的胆识和敏锐的观察力。这种内在的压力一旦转化为动力，便会使人像离弦之箭，义无反顾，勇往直前，努力克服困难，走向成功。

危机教育在社会中不乏例证，比如诸多的"狼爸""虎妈"的出现，硬生生地将孩子推置于设置的"危机事件"中，让孩子在强烈的"求生和求存"本能下激发和提高孩子处置危机的能力。在危机中生存，可以缓解和减轻外界带来的恐惧，培养人的抗挫折能力，坚强意志和信心，从而促进人格的健全。进而激发人的爱国精神和奉献精神,培养人的坚强意志和民族自信心,这既是社会发展的需要,又是中华民族再次腾飞的契机。

2. 战胜困难并走出危机才能走向真正的成功

危机是一个客观的社会存在,博尔诺夫认为:"危机就是指突然出现的较大且又令人忧虑的中断了连续生活进程的事件。"我们之所以要进行危机教育的目的就是解决危机,从而使得"中断了"我们的生活进程"连续起来",所以在启发或唤醒人的危机意识后,发现危机、正视危机、战胜危机,只有走出危机才能走向真正的成功。

在这个高风险、多危机和不确定性的时代,危机无处无时不在,我们要不断"强化巩固"危机发生和解决的必然性意识。提高敏锐的洞察力,发现和感知危机的存在,以良好的心态面对危机,积极"调取唤醒"应对危机的所有储备(心态、知识和技能等),并有效地进行"组织协调"调用出来的储备(心态、知识和技能等),战胜困难,处置危机。

但此时并不能称之为"走出危机"。反思危机才是走出危机的标志。反思危机可以让一个人更加理智,学会积极地预见面临的危机和将要到来的危机,从而为有效的处置各种危机奠定基础。如果只是一味地在危机到来之前,或者危机到来之时才去消极应对,那就只能一直走在"新鲜"的危机中,每一个危机都是极大的挑战,更是不必要的"时间和精力的无端耗散",那不是真正地走出危机。

贰:阅历逆境

阅历,认知边界阈;

逆境,人生免疫力。

莎士比亚说过:"在命运的颠沛中,最可以看出人们的气节:风平浪静的时候,有多少轻如一叶的小舟,敢在宁谧的海面上行驶,和那些载重的大船并驾齐驱! 可是一等到风涛怒作的时候,你就可以看见那坚固的大船像一匹凌空的天马,从如山的雪浪里腾跃疾进;那凭着自己单薄脆弱的船身,便想和有力者竞胜的不自量力的小舟呢,不是逃进港口,便是葬身在海神的腹中。"

我们自身的强大与弱小来自我们生活的锤炼,阅历如同一把大锤,不断地锤炼我们的心智,坚强我们的意志,使得我们逐渐地变成"大船"。而逆境却给我们检验自身素质状况提供了标尺,并数倍于阅历的历练锤炼和强化我们的心智。沙场千日练兵,取胜决于一时。生活的强者,努力于千日自身的不断强大,随时迎接任何挑战,做时代的弄潮儿。

一、经历、阅历和见识

人生在世,置身万千婆娑世界,同一片蓝天下,却造就了不同的你我。经历、阅历、见识的不同使得我们为人处世之方略大相径庭,其社会表现千差万别。

(一)经历、阅历和见识的概念及其关系

1. 概念

(1)经历

经历,指自身或他人见过、做过或遭遇过的事。

这是个客观存在。这种客观存在的量的大小与我们涉世的频次有关,如"孤陋寡闻"导致"大惊小怪","三番五次"后的"习以为常"和"见怪不怪",性质与涉世深入度有关,如"风雨后的彩虹"、百般磨炼后的刚毅。

(2)阅历

阅历,指一个人对亲身见过、听过或做过的事情及其对这些事情的理解和收获的知识。

简而言之就是经历及其对经历的认识,即在经历中融入了个人主观的思考。这既有客观存在又有主观理解。人每天都在经历一些事情,并对其进行思考,日积月累,对一些事物的认识则由浅入深,由表及里,并形成自己的想法和看法。一般情况下,经历得越多阅历则越丰富,它往往和成熟是一对相关的词语,一般而言,成熟的人阅历丰富,对世界的理解也就更加的深入。

(3)见识

见识,指明智地、正确地做出判断及认识的能力。

这已经成长为自我为主的能力因素,经历是基础,加上自我的理解,形成阅历,即经历及其对经历的理解,这种阅历频次和深入度的不断增加和深入,逐渐升华成意识形态的东西就是见识,这种能力不是一蹴而就获得的。

2.关系及其决定因素

通过概念,可以很清楚地看出,经历是基础,阅历是主要社会表现形式,见识是升华了的阅历形式。

成长是一种经历,一个过程,每人必有之。成熟则是一种阅历,是对经历和过程的理解和思考,成熟也是见识,是系统化了的阅历之上的为人处世方略。每个人都会成长,但不是每个人都会成熟。成长是自然过程,成熟则是"人为化"了的成长过程。

经历,是一种社会存在,有"量"和"质"的主要维度,社会表现为"量"方面的"平铺直叙"和"曲折复杂"以及"质"方面的"平淡无奇"和"生死攸关",其决定因素是社会参与的频次和深入度。它是社会存在为人处世的能力因素的出发点,也就是阅历见识的基础,这是一切"能力"的基本来源。所以要深入社会,积极参与实践,增加自我思考的"基本素材",否则"巧妇难为无米之炊"。经历在我们的内心沉下一个个"铁锚",待时而"被动",当遇到相关的问题,我们会"依葫芦画瓢"解决类似问题,否则"老虎吃天,无处下手"。

阅历，是"经历"被思维加工过了的结果，社会表现有"孤陋寡闻"和"历练老成"两个维度，其决定因素为经历的多寡和思考力的强弱，即加工素材（经历）的量的多少和加工工具（大脑）及其加工工艺（思维方法）决定的。所以青年学子不但要深入社会，积极参与实践，更要积极思考，做到"巧妇米多"，游刃有余。阅历在我们内心沉下一个个"心锚"，它蓄势而动，当我们遇到类似问题时"下意识"会"调取唤醒"相应的"心锚"，此时就会以"轻车熟路""灵感机智"，甚至"直觉""下意识"等表现出来，其实不是什么"凭空"而现，而是前期大量的"储备调取而已"。

见识，是升华了的阅历，是无数经历、阅历中"萃取"的精华，是出于经历、阅历又高于经历阅历的灵性方面的东西，它使得我们可以得心应手的处理任何社会事务并乐在其中。其决定因素为阅历的"贫富"和"悟性"的高低，即由素材（阅历）"量"（广度和厚度）的情况和加工工艺（认知结构）决定的。所以青年学子不但要深入社会，勇于实践，积极思考，更要不断提高自身知识水平，提高和优化认知结构，不断感知和领会依附于经历和阅历之中灵魂性的核心品质。见识，使得我们可以"洞穿"一切迷障，直达核心，能"得心应手"并获得"自我实现"的快感。

经历、阅历和见识是一个逐步递进和深入的关系，如同平素中的水果的理解：经历如同苹果、梨的概念，阅历如同水果的概念，而见识就如同食品的概念了。

（二）经历、阅历和见识的提高

根据马斯洛的理论，人的最高需求是"自我实现"的需求。人生在世，我们都期望自己能"得心应手"的处理任何事物并获得"自我实现"的快感，这是最终的追求。"合抱之木，生于毫末；九层之台，起于垒土；千里之行，始于足下"，我们需要从基础做起，加强实践，增加经历，从而丰富阅历，提高见识。更要立足基本素质的锤炼，勇于实践，认真思考，提高认知。

1. 多关注、多参与

成熟是一根根经历和阅历的丝经久缠绕而成,是饱经风霜后的历练,才有百折不挠的气概。一切的基础就是足够的经历素材,它给我们内心深处沉下一个个心锚,只有经历过,才有可遵循的事实依据,只有经历多了,才有可参照对比的可能,只有经历深入,才可"没齿难忘"。我们特殊时期的"急智"和"灵感"是你自己实践经历中不知不觉沉淀下的一个个心锚,基于路径依赖的原理,你调用和顺应的结果。你的世界的大小,是由你的经历的广度、阅历的深度和见识的高度所决定的,你只有走出大山,你世界的物理状态才可以到达城市,并因此你才能了解到附属于物理状态之上的人文科学文化等的阅历,多处城市的物理涉及及其附属物形成你的见识,这一切有形和无形的构成了你的世界。

(1)多关注

关注者,关心重视,它是我们的经历的开始,不为关注的经历不是真正的经历,不留痕,不起意,没有任何意义。正如每天我们面前经过的人儿一样,有多少能在你心中留下痕迹,唯有被你关注了的。故,每天在我们周围发生的事情和我们需要做的事情千千万,唯有多关注,进行初步筛选,被关注的才是我们真正经历的开始。

特别强调,首先是"积极关注"。认识阅历的重要性,以积极的心态走出去,深入社会,关注成长中的一切,不可闭门宅家。其次是"关注积极"。每天发生的和需要参与的事情很多,如何决策关注点,与自己当前切身利益息息相关易于判断,可有些在时空的蒙蔽下难于判断的,笔者认为应该是关注积极向上、向善的事物。

(2)多参与

多参与包括行为上的参与和思想上的参与,即积极地走出自己的"圈子",参与到更多的"圈子"中去,尽可能地"圈"住更多的"地盘"资源。行为上的参与指的是"圈子"的空间转换,尽可能地占有更多的"圈子"资源。思想上的参与指的是"圈子"的意识形态转换,进行认知结构的不断升级。

特别强调，首先是重视"第一次"。根据心理学的"首因效应"，任何经历的"第一次"都具有较为重要的意义，它不但是经历序列中"从无到有"开天辟地的意义，会产生"聚焦效应"，对有限的人生时间经历的分配产生较大的影响。更是以后所有类似经历、阅历的原始参照模板，基于能耗最低原则会产生路径依赖，以后所有的类似经历都是在其基础上的重复而已。正如我们常谈"处女情结"，象征着一种永远的拥有的开始。其次是"积极参与"和"参与积极"，积极地走向社会，参与积极向上向善的社会活动，丰富阅历，提高见识。第三是"读万卷书不如行万里路"，特别注意书本和实践获得认知的重要不同。比如近几年兴起的玻璃栈道的游览，你宅在家里看视频和图片文字资料的感受和实地走的感觉是大不一样的，为什么？原因就在于，实地实践是声、风、光等以及周围氛围的感官刺激量是多维的，相比宅在家里的简单维数刺激的生理心理刺激反应相差甚远，相应的留在心底的"心锚"权重产生差别。

2. 多阅读、多思考

经历素材的累积增加，更需要思想的加工，否则只能是"依葫芦画瓢"状的形式模仿，不得要领，长时间的累积只能是"内存"无端占用。没有思想的加工的经历累积，亦如从吃"面条"到"馒头"，没有质的变化，想要从吃"馒头面条"到"鸡鸭鱼鹅"，需要思想的积极参与加工，那就是多阅读、多思考，这也是从经历、阅历到见识升华的唯一途径。

阅读，一方面也是累积经历的"高效途径"，基于我们时间精力的有限性，通过阅读增加经历的累积也是一条高效率的途径，但是基于阅读对象载体的局限性，获得的经历的"影响度"或者"深刻度"与同等条件下的现实经历有较大的区别，读书获得经历的刺激是一维的，而现实经历的刺激却是全方位多维的，效果大相径庭，这也就是"读万卷书不如行万里路"的原因，但从数量这个"度"上，阅读的效率是较大的。另一方面，阅读对象的载体本身就带有撰写者的主观思想的加工后的经历，已不是简单的经历而已,而是阅历的雏形了,这是优势之一,但也同时易于被撰写者的主观思想导向所导向,可能会偏离经历的自我感知。基于此,不但要"积极阅读",善于利用这一高效工具,更要"阅读积极",善于从中汲取精华,弃其糟粕。

思考,就是对经历和阅历进行加工,舍弃其形式性的东西,提取其共性核心的本质内涵。这是升华经历和阅历的基本工具,否则的话你只是个库管员,经历阅历无法发挥其重要的作用。人和动物最大区别就在这里,我们和动物都有同样强大的轨迹行为记忆,但是人类强大的思维能力使得我们能将众多的轨迹行为记忆上升为"趋势行为"。一方面要"积极思考"和"思考积极",凡事都多想想,要用这个超级工具加工一下,否则你有限的"内存"容不下太多形式性的东西。凡事不但多想,还要多往好处想,以积极的心态面对一切,将事物积极的一面导引出来。另一方面就是要不断"优化工艺",即提高思维能力,提升认知结构。

3.多记录、多分享

有名的"我们欠他一个道歉"的主角民间科学爱好者"诺贝尔哥"郭某某2011年参与的天津卫视《非你莫属》提出"引力波"等"科学"思想。五年后,引力波被证实且获得诺贝尔奖。舆论界哗然,翻出旧账声讨主持人张某某和嘉宾方某某。笔者认为谁都不欠谁的道歉,一是科学是严谨的,不是你提出"引力波"这个概念这时就完成了,这样的话《三体》中也文学化的描述过"引力波"的相关情况,那么他也要申诉到诺奖委员会吗?著名的"地球膨胀理论"的首次提出者最后也不是名不见经传么!科学需要严谨的逻辑印证等,来不得半点虚假,不是提个概念就可以的。二是郭某某本身就没资格被抱打不平,他的关于"引力波"的只言片语,没有任何的系统性,更没有任何的理论或事实依据论证,基于此,主持人张某某和嘉宾方某某的言语和行为是合乎当时场景的,无须道歉!

基于类似上述现象频发,其核心要点在于平素我们要升华自身某些品质和素养,且要产生积极的社会效应就要多记录、多分享。

多记录。我们都有个感觉，生活中我们随时会产生诸多的思想和行为，有些"想法和概念"在某些场景下一闪而过之事频发，过后烟消云散，在某些时候别人提出来的时候突然想起自己也曾在某个时空点也闪念过，此时的你没有任何的意义。专利局的意义正是如此。所以记录自己有意义的"想法和概念"这是最重要的一步。况且思维是有跳跃性的，我们在记录的时候的顺畅性"迫使"我们会在此系统的审核自己的"想法和概念"。

多分享。记录开始了升华自己的第一步，重要的是要多分享。它包括以下几步：一是系统化自己的"想法和概念"，按照"行规"把自己的"想法和概念"规范化。这个很重要，民间科学爱好者郭某某之所以在节目中频频被叫停就是因为他仅有个概念而已，没有完全按照科学的方法和手段将自己的"引力波"充分展示。英国近代生物化学家和科学技术史专家李约瑟讲："中国人发明了水排，又发明了风箱，为什么就没有走完最后一步，把它们凑起来变成蒸汽机呢，没错，这就是没有系统化，水排是水排，风箱是风箱，它就没有促成蒸汽机，财富就没有产生。"二是要进入到特定的"圈子"，成为"行内人"，得到"行内支持"，更重要的是可以接受更多的"行内指导"。

二、顺境、逆境和心态

前面我们谈了经历、阅历和见识，而在它们的进程中必然会有顺境和逆境，它是事物发展的必然的两个方面，我们正是在顺境和逆境的双重作用下前行。正视顺境和逆境，并利用积极心态进行作用效果转化，这是现代人必备素质之一。

(一)概念及作用

(1)概念

顺境是指有利的环境、和谐的局面、良好的态势，促进事物向上向善的方向发展的环境因素。逆境,不利的境遇,阻止事物向上向善的方向发展的环境因素,一般指生活中遇到的困难与挫折。心态,即心理状态。心理过程是不断变化着的、暂时性的,个性心理特征是稳固的,而心理状态则是介于两者之间的,既有暂时性,又有稳固性,是心理过程与个性心理特征统一的表现。

(2)作用

人总还在一定的社会环境和自然环境中,这种环境必然会对我们维持生存、成就事业时产生一定的作用,或是有利(顺境),或是有弊(逆境)这里特别注意,无论社会环境或者自然环境,它是不以自我的意志为转移的客观存在,比较有意思的是它的作用评价——"利弊",却是出现分歧。顺境可以使得主体"得天应势""顺风顺水",顺势而为,取得成就,也易于"娇生惯养"下"意志消沉",失去斗志,走向没落。而逆境呢? 可以使主体"不屈不挠"力克"千难万险",取得成功,也可使得主体"畏葸不前","望风而逃"溃不成军。故而对客观存在是利是弊,人是决定性因素。

(3)关系

同样的因素,可"利"可"弊",为何?

心态,主体的心态!

心态,即主体的心理状态,它是心理过程和个性心理特征的综合,既有暂时性又有稳固性。所以环境的作用是由主体的心态决定的。同样的环境可以在主体心态的"加工"下,可以是"顺境",也可以是"逆境"。前面谈过,环境是不以人的意志为转移的客观存在,是个定量,要想得到不同的结果,那么只有在"心态"这个因素做工作了,所以心态决定环境的作用力的大小和方向。

(二)我们的策略

环境是不以主体意志为转移的客观存在,而心态是主体唯一可以左右的。

1.认可存在,理性处置

环境是不以主体意志为转移的客观存在,认可和正视它自然存在性,不以强烈的情绪和情感因素的无端耗损为主要行为。无论顺境逆境,都要理性处置,全面分析其利弊,积极发挥其有益正向的积极因素,而不是怨天尤人,徒耗时间和精力,于事无补。我们的哀怜也许可以换回暂时的同情,但问题的解决还是得靠自己。成熟的人,不为得而狂喜,不为失而痛悲,竭心尽力之后,坦然接受而已;成熟的人,不因功成名就而目中无人,也不因籍籍无名而卑躬屈膝,持一颗平淡的心,不卑不亢地生活。成熟的人,能够担当,懂得感恩,心静气和,淡定从容。

就成材而言,不管顺境还是逆境,都是外因,是要靠内因来起作用的。顺境中的人容易受迷惑,他们往往贪图享受,不知奋进,不知道苦难为何物,进而没有志向,没有进取心,又怎么能成材呢? 逆境中的人则不同,他们饱受磨难,一次次与命运和困难做斗争,为走出逆境,大多都树立了远大志向和坚定目标。人没有压力不抬头,没有动力不奋进,一旦二者兼备,就会发挥出令人吃惊的潜力。这正是顺境中的人一般不具备的。当然,既然环境是外因,所以不是所有身处顺境的人都不能成材,更不是所有逆境中的人都会成材,这之间没有必然的联系。顺境中的人如果能不图安逸,立下壮志,奋力拼搏,又何愁不能成材呢? 相反,逆境中的人如果经不起磨难,就会消沉下去乃至被吞噬。

2.调整心态,阳光处置

每天太阳升起,我们站在那里不动,我们看到太阳和看不到太阳的时间是一样的。在社会中的我们,逆境和顺境组成我们生活的全部,我们的区别就是看你如何选择自己的心态,你是和向日葵一样永远向着阳光的一面,整天都阳光灿烂,还是如含羞草一样,经常的封闭自我,不见阳光。所以太阳永远一样的起落,我们都身处其中,但对我们的滋养状况是由我们选择的。

亨利曾写过这样的诗句:"我是命运的主人,我主宰自己的心灵。"

是的,只有你才是自己命运的主人,只有你才能把握自己的心态,而你的心态则塑造着自己的未来,这是一条普遍的规律。你可以不富足,但你可以选择努力和知足,你可不不漂亮,但你可以选择有气质和内涵,等等。

无论何种情况选择积极心态,根据相似相溶原理、心理聚焦现象或者路径依赖原理,我们会一直生活在阳光之中,永远积极乐观向上,反之亦然。这就是为什么穷者越穷,富者越富的原因了,成功人士总是不断地将自己的优势不断地复制,从而不断地取得成功。再者,选择积极心态的人,永远看到前面有许多的比自己优秀的人在不断地感召着自己,这是一种积极向上的力量,是一种动力。而选择消极心态的,永远看到我后面还有很多的不如自己的人,后面的人对其尝试前进产生较大的制约了,缺乏前进的动力,当发现自己走在最后的时候已经是行将就木,空悲切。

3.顺逆利弊,慎而处置

顺境逆境的利弊是辩证的,我们在处理过程中必须注意慎而处置。一般情况下往往出现极端情况,较为惯常的认知和处理方法一是忽略顺境及其作用,即使提及也就是简单的"防危害"。二是重视和强化逆境及其作用,尤其是逆境的"强意志"作用。其实,在成功人士的身上它们的作用是一样的,我们切不可偏颇。

一是由于顺境的"自然而然性"和"不知不觉"中的作用,我们往往对于促进事物的发展不易觉察,同时它的反向的"销蚀腐化"意志的反向作用也易于被忽视,笔者认为这要特别引起注意,做到利用优势,防控劣势。其实它的正反作用对于我们的成败作用都是巨大的,但往往被我们忽视。二是逆境的较为强烈的"异类阻滞",易于引起我们的极端关注,多数的成功者的经验报告里面往往都缺少不了衬托成就来之不易的"逆境",然后就是大篇幅的如何克服逆境,名人名言基本都是有关逆境的,几乎没有顺境的。这里笔者建议淡化逆境,认可它的存在,然后坚决的走下去,不必刻意的迎头而上,一副大义凛然气壮山河的去挖掘它的潜力,无须赞美逆境,无须企盼逆境,甚至有时候就要有意的"绕道而行"。

第二部分　良好习惯

第一节　目　标

盲目 + 忙碌 = 碌碌无为,
目标 + 行动 = 大有作为。

壹:目标建立

在飞速发展的社会中,我们没有太多的时间和精力供我们挥霍。提高效率,在有限的时间和精力下实现自己的价值,这是每个人和每个团体都在思考的问题。你忙,我忙,大家都没闲着。可结果却是不一样的:有的人获得了成功,而有的人却还在温饱线上挣扎。为什么? 因为,有的人是没有目标的瞎忙,即耗费了大量的时间精力却在做无用功。

盲目 + 忙碌 = 碌碌无为。碌碌,忙得不可开交的样子,结果却"无为",太可怕了。

一、目标设立的意义

目标是指想要达到的境界或目的。它对个人活组织的行为活动和决策具有指引作用,对它们发展具有重要的意义,不可或缺。

(一)不可或缺

你做任何事都有你的理由吗? 在你的一生中,你有过"明确的目标吗"？

没有明确的方向,如无头苍蝇,行业位置不对,不管你多么的努力,总在做无用之功。忙,有什么用呢？每天 24 小时,大家都在努力。白马随唐僧步步朝西,走了十万八千里;而其他的众马驴原地转圈,同样的时间和精力的耗损,终其一生,也未能有千里之游,未能获得升华和解脱。

在团队建设中,有人做过一个调查,问团队成员最需要团队领导做什么,70% 以上的人回答:希望团队领导指明目标或方向;而问团队领导最需要团队成员做什么,几乎 80% 的人回答:希望团队成员朝着目标前进。从这里可以看出,目标在团队建设中的重要性,它是团队所有人都非常关心的事情,有人说:"没有行动的远见只能是一种梦想,没有远见的行动只能是一种苦役,远见和行动才是世界的希望"。

许多人埋头苦干,却不知所为何来,到头来发现追求成功的阶梯搭错了边,却为时已晚,你永远只是"徘徊的普通人"中的一个,尽管你可以是个"有意义的特殊人物"。一个没有目标的人就像一艘没有舵的船,永远漂流不定,只会随波逐流到失望、失败和丧气的海滩。

美国石油大王保罗·盖帝在他的自传中,曾经提出一个十分有趣的概念,值得探讨。保罗·盖帝提出的想法是:"若是将目前全世界所有的现金以及所有产业全都混合在一起,平均地分给全球的每一个人,让每个人所拥有的财富都一样多,经过半个小时之后,全球这些财富均等的人们,他们的经济状况就会开始有了显著的改变。有的人在这时候已经丧失了分到的那一份;有的人会因为豪赌输光;有的人会因为盲目的投资而一文不名;有的人则会因受到欺骗而迅速破产。于是财富分配又重新开始了,有些人的钱会变少,有些人的钱又开始多了起来,这种情形会随着时间的拖长而变得差别更大,经过三个月之后,所谓贫富悬殊的情况将会变得十分惊人。"保罗·盖帝特别强调:"我敢打赌,再经过一二年之后,全世界财富的分配情况将会和没有均分之前没有两样,有钱的还是那些人,而贫困的人依然不会有太大转变。"他的结论是:"不管说这是命运也好,是机会使然或自然法则也好;总之,有些人的目标与行动,一定会使自己比其他人所获得的尊敬更多,因而他所拥有的财富也将会更多。"

通过保罗·盖帝这个奇妙的设想,我们可以了解,成功与失败在很大程度上是由我们的目标所决定的。心存着高远而值得尊敬的目标,将是笃定成功的真正本钱。

（二）决定结果

当心灵有了明确的目标,就能够不断地瞄准和修正,以迄达到它所追求的目标。若是心灵没有一个明确的目标,精力就会虚耗,犹如一个人虽持有性能最佳的电锯,却不知在森林中要做什么事。

1. 有意义的社会现象

有一个源自哈佛的调查结论:在接受调查的年轻人中,有27%是没有目标的,他们总是生活在社会的最底层,生活中不如意的和抱怨的很多。60%对目标的认识很模糊,他们总是生活在社会中下层,但算是安稳度日。10%有清晰的短期目标,生活在社会中上层,而且呈稳步上升趋势。最后的3%,他们有着短期和长期的生活目标,属于顶尖成功人士。就是说你选择什么样的目标就会有什么样的成就,也会有什么样的人生!今天的生活状态就是你过去的目标!

能否发挥个人才干的最大区别,就在于是否有明确的目标。在1953年,对耶鲁大学的毕业生做过的一次研究,足可以说明上句话的正确性。当时那些毕业生被询问是否有清楚明确的目标以及达成的书面计划,结果只有3%的学生有肯定的答复。20年后,在1973年,重新调查了一下当年接受访问的人,结果那些有达成目标书面计划的3%的学生,在财务状况上远高于其他97%的学生。虽然这项调查只限于财务方面,但是根据调查人员侧面的观察,似乎那3%的人在幸福及快乐的程度上,也高于其他的人。这就是设定目标的力量。

2. 有趣的动物实验

常言说得好:有什么样的目标,就有什么样的人生。你知道如何训练跳蚤吗？这是一件很严肃的事情,因为在你知道怎样去做这件事之前,你无法使自己变得更伟大。

当你训练跳蚤时,把它们放在广口瓶中,用透明的盖子盖上。这时跳蚤会跳起来,撞到盖子,而且是一再地撞到盖子,当你注视它们跳起并撞到盖子的时候,你会注意到一些有趣的事情。跳蚤会继续跳,但是不再跳到足以撞到盖子的高度。然后你拿掉盖子,虽然跳蚤继续在跳,但不会跳出广口瓶以外。另外大象的例子和金鱼的例子亦是如此。

理由很简单,它们已经调节了自己跳的高度,而且适应这种情况,不再改变。不但跳蚤如此,人也一样,有什么样的目标就有什么样的人生。

美国潜能大师伯恩崔西说:"成功就等于目标,其他一切都是这句话的注解!"

(三) 本质要义

目标的作用显而易见,而其本质要义是什么呢？它的一切作用基于两点,一是路径依赖;二是专注。

1. 路径依赖

目标的设立为自我价值的实现设置了"终点",那么下一步要做的就是连线自我的现在状况——起点,到终点——目标的路线,这时就是说已经把自我价值实现的路线图做好,下一步就是按照路线图来前进和实践了,基于路径依赖原则的能耗最小,我们就可以随时随地的协调自身和周围资源,围绕目标实现这一核心展开实践。否则的话,自己犹如一片随风飘曳的羽毛,最终的结果就是"随风而逝"!

2. 专注

专注的本质是排除一切干扰,集中所有的资源实现某一目标。它的核心作用有两点:一是排除一切无关干扰。在目标的驱使下,将全部的注意力集中于某一目标,在高度的注意力下,其他的无关干扰的权重变得极其微小,而对于精力和时间的侵占就变得相应的微弱。二是集中所有资源。在目标的指引下，可以有效地协调自身和周围所有资源围绕某一目标展开实践，形成资源合力，最大限度的发挥资源作用，实现自我目标。

二、目标设立的原则

目标设立的原则和要求有很多，但有些基本要求应值得注意。

（一）必须有长期目标和短期目标的有机结合

长期目标和短期目标是相对而言的。长期目标是对人生方向的指引，它能给我们的行动指出努力的方向，在重大时刻可以很好地做出决策，更重要的是面对挫折时能在长期目标的映衬下提升抗挫能力，使得我们在遇到干扰时不走弯路，能够有效地利用时间和节约精力。短期目标主要是指具体的行动，即长期目标的阶段性分解，有效完成短期目标从而完成长期目标，短期目标能激发个人和组织的行动力，能够在实践中提高自信，在及时的成果反馈中提升成就感。基于短期目标较强的实践性从而有效地防止外在干扰。

长期目标犹如航标灯，它会影响短期目标的设定。短期目标犹如通向长期目标的每级台阶，所以没有短期目标的长期目标犹如白日梦，可"梦"不可及，所以我们必须要有长期目标和短期目标的有效结合，不可或缺，不可偏颇。

山田本一是日本著名的马拉松运动员。他曾在 1984 年和 1987 年的国际马拉松比赛中，两次夺得世界冠军。记者问他凭什么取得如此惊人的成绩，山田本一总是回答："凭智慧战胜对手!"大家都知道，马拉松比赛主要是运动员体力和耐力的较量，爆发力、速度和技巧都还在其次。因此对山田本一的回答，许多人觉得他是在故弄玄虚。

10 年之后，这个谜底被揭开了。山田本一在自传中这样写道：每次比赛之前，我都要乘车把比赛的路线仔细地看一遍，并把沿途比较醒目的标志画下来，比如第一标志是银行；第二标志是一个古怪的大树；第三标志是一座高楼——这样一直画到赛程的结束。比赛开始后,我就以百米的速度奋力地向第一个目标冲去,到达第一个目标后,我又以同样的速度向第二个目标冲去。40 多公里的赛程,被我分解成几个小目标,跑起来就轻松多了。开始我把我的目标定在终点线的旗帜上,结果当我跑到十几公里的时候就疲惫不堪了,因为我被前面那段遥远的路吓到了。在向目标迈进的过程中,我们也常常会半途而废,这其中的原因往往不是因为难度较大,而是觉得目标离我们较远。确切地说,我们不是因为失败而放弃,而是因为心理的倦怠而失败。

(二)长期目标要远大

同为有目标的人,有人成功了,有人未成功,有人大成功,有人小成功。这与目标的"大小"有很大的关系,因为目标决定着我们的终点。

目标伟大,成长和进步空间大、时间长,就会和现实之间产生巨大的张力和吸引力。它使得我们站得高,看得远,一览众山小,在实现伟大目标的征程中,什么沟沟坎坎如螳臂当车,一切的挫折困难犹如蚂蚁撼树,因为伟大,我们会藐视一切困难挫折,规避一切无关滋扰。目标渺小,一般只关注眼前问题,你就可能为轻而易举获得的小小进步而停滞不前,更可能会被短期具体的种种挫折所击倒而裹足不前,因为目标的渺小,任何的困难和滋扰就会变得相对较大,使得我们一叶障目,不见森林。

正所谓伟人心中有志向,凡人心中有愿望。大目标使人的生活是干事业,小目标使人的生活仅是过日子。古希腊哲学大师亚里士多德很尖刻地区分了两种人,即"吃饭是为了活着"和"活着就是为了吃饭"。

一个人之所以伟大,首先是因为他有伟大的目标。所谓伟大的目标,无非就是要做大事,考虑更多的人,更多的事,在更大的范围内解决更多的问题,在更大的空间时间里产生更大的影响。

(三)必须要有短期目标

远大的目标这是我们可以集聚一切资源而为之奋斗的力量源泉。而仅仅有远大的目标是不够的，那只是心中的目标而已。还必须要有通向伟大目标的阶梯，正如前面所言的两届马拉松世界冠军山田本一，四十多公里的路程以最快的时间跑下来（获得冠军）是他的最终目标，但想起来是那么遥远，所以他把整个赛程分解成多个可以很快实现的阶段性目标，最终汇集成一个大的目标的实现。

仔细品味山田本一的智慧，不如说是"归本"的做法，那就是无论如何，四十多公里都必须是一步一步跑下来的，犹如我们吃了三个馒头吃饱了就会埋怨为什么前两个馒头就不要吃了的笑话。认真走好每一步，实现每一个小的目标这才是"真"的体现。每一个小目标的努力，具有较好地实现性，困难和努力程度都比较小，也具有较为现实的吸引力和实现后的愉悦感。而正是这样一步步地打包实现自己的小目标后步步推进，最终到达大目标的实现。

有关目标设立原则的论述有很多，比较著名的就是美国 Robert D. lock 的目标设立 ABC 原则，在具体目标设立时具有较强的指导意义。他是在谈到如何规划自己的方向时提到的一种方法，在指导个人或指导他人时，这个方法具有切实可行的操作性，能够让每个人在现实中实施。"目标设立的 ABC"意即你的目标必须是：A. 可行的（achievable）；B. 可信的（believable）；C. 可控的（controllable）；D. 可界定（definable）；E. 明确的（explicit）；F. 属于你自己的（for yourself）；G. 促进成长的（growth – facilitating）；Q. 可量化的（quantifiable）。

三、构筑目标的实践

（一）制定合理的目标是成功的前提

记得朋友的博客中有这样一句话值得思考"如果方向错误，停下来等于前进"。的确如此，目标方向是做任何事情的第一要注，方向目标一旦错误，不管你多么的努力，多么的辛苦，到头来一切皆枉费。经典的

《南辕北辙》和《勇敢的鱼》,方向错误,越是努力,距离成功越远。所以在做事之前留出一定的时间,用于思考、构筑你的理想、目标,是事半功倍的必须做法。结合前面讲的分析自我的软硬件即身体生理结构、心理结构特点、社会环境和国际环境,以及自己所处的小环境的状况,哪些自己可控,哪些属于人力不可为的因素,制定自己可行可控可信的长期目标和阶段性目标。

(二)激发自己目标欲望是关键

我们深知目标的重要性而且制定出一个有效的目标之后,后面持续要做的就是不断地激发自己的目标欲望,它是把自己推向目标奋进过程中的精神力量。自己对目标的欲望强度,不同的目标欲望就会有不同的表现特征,也会得到不同的结果。

目标欲望从弱到强,依次表现为不想要、空想、想要、很想要、一定要,其行为表现为对目标的模糊认识下的害怕失败和付出努力,到只做白日梦静等命运之神的光顾和施舍,到付出行动行就前进,遇到问题就退缩,到最后的排除一切困难,勇往直前,永不退缩,遇山开路,逢河搭桥。最终相应的结果是不成功、可能成功、基本成功,和一定成功。

可以看出欲望强度是贯穿整个始终的重要决定性精神因素。那么如何培养和快速达到巅峰状态?一是科学合理的目标设置是关键,只有科学合理的才具有较强感召力和吸引力,才能促使自己忠贞不渝的执行目标。二是定期的全面审视既定目标,当意志力不足时、遇到困难挫折时,静静的坐下来仔细回顾和审视自己的目标,将会使自己重新燃起熊熊的斗志。三是暂时回避搁置困难,当我们埋头奋进时,可能会遇到较大的困难和挫折,没有头绪,不妨搁置争议和困难,当一段时间后回头看来一切会烟消云散,这时我们重新整理行囊,昂首阔步,迎着朝阳,继续向前。

(三)坚持有效行动的逻辑

目标给我们指引了方向,给我们了实现目标的信念,下面的只有怀揣信念,朝着理想目标坚定的迈开你的脚步。

正如深山迷路,你的目标是走出大山,直觉告诉你沿着小溪的方向最终是可以走出大山的,那么接下来的只有整理行囊,坚定地执行沿着河边走的实践,摔倒、刺扎、体力不支等和走出大山已经不是问题了,脑海里唯有的就是"一步步地走"。亦如深山遇猛虎,你的目标就是比虎跑得快,若两人遇猛虎,你的目标就是比另外那个人跑得快,纳闷在这种情况下你还犹豫吗? 你脑中还有时间想武松吗? 唯一能做的就是撒开腿跑呀!

有效行动更重要的是给我们付出后收获的喜悦和成就感,巩固和坚定我们对目标实现的信念,人的基本的自我实现的需要得以满足。

明确了方向,了解了自己的行为目的,知道什么是最重要的事情,然后朝着这个方向去努力。在某一个阶段静下来评估一下新的进展,或是检讨自己的效率,因为能"看"到结果,所以保持信心与激情全身心地投入! 这样还有什么能阻挡我们成功的步伐呢?

贰：创新创业

创新是一个民族进步的灵魂,是一个国家兴旺发达的不竭动力,也是一个政党永葆生机的源泉,这是江泽民同志总结 20 世纪世界各国政党,特别是共产党兴衰成败的历史经验和教训得出的科学结论。李克强总理在 2014 年 9 月的夏季达沃斯论坛上提出,要在 960 万平方公里土地上掀起"大众创业""草根创业"的新浪潮,形成"万众创新""人人创新"的新势态。他发出"大众创业、万众创新"的号召。

在高速变化的互联网时代,创新与创业正在成为每个组织和个人必须具备的能力。创新与创业常常是一对关系密切的行为,成功的创业者必然是进行了创新,而创新必须在创业中实现自己的价值,它们互相依存,互相促进。

一、创新

近代以来人类文明进步所取得的丰硕成果,主要得益于科学发现、技术创新和工程技术的不断进步,得益于科学技术应用于生产实践中形成的先进生产力,得益于近代启蒙运动所带来的人们思想观念的巨大解放。可以这样说,人类社会从低级到高级、从简单到复杂、从原始到现代的进化历程,就是一个不断创新的过程。不同民族发展的速度有快有慢,发展的阶段有先有后,发展的水平有高有低,究其原因,民族创新能力的大小是一个主要因素。

(一)概念及解析

人类所做的一切事物都存在创新,创新遍布人类的方方面面,它满足人类生存与发展的客观需要,深化人类对客观世界的认知,提高人类对客观世界的驾驭能力。

1. 概念

创新是指以现有的思维模式提出有别于常规或常人思路的见解为导向,利用现有的知识和物质,在特定的环境中,本着理想化需要或为满足社会需求,而改进或创造新的事物、方法、元素、路径、环境,并能获得一定有益效果的行为。

总而言之:创新就是在原有资源(工序、流程、体系单元等)的基础上,通过资源的再配置,再整合(改进),进而提高(增加)现有价值的一种手段。

2. 解析

创新,顾名思义,创造新的事物。《广雅》:"创,始也。"新,与旧相对。创是始的意思,所以创造不是后造,而是始造。人类的创造创新可以分解为两个部分,一是思考,想出新主意;一是行动,根据新主意做出新事物。一般是先有创造创新的主意,然后有创造创新的行动。在西方,英语中

innovation(创新)这个词起源于拉丁语。它原意有三层含义:一是更新,就是对原有的东西进行替换;二是创造新的东西,就是创造出原来没有的东西;三是改变,就是对原有的东西进行发展和改造。

创新是企业家首次向经济中引入的新事物,以后逐渐的延伸到所有的领域。创新从哲学上说是人的实践行为,是人类对于发现的再创造,是对于重复、简单方式的否定,是对于人类实践范畴的超越;从认识的角度来说,就是更有广度、深度地观察和思考世界,创新是无限的;从实践的角度说,就是能将这种认识作为一种日常习惯贯穿于具体实践活动中;从辩证法的角度说,它包括肯定和否定两个方面,从而也就包括肯定之否定与否定之肯定。前者是从认同到批判的暂时过程,而后者是一种自我批判的永恒阶段。所以创新从这个角度来说就是一种"怀疑",是永无止境的。

创新的本质是突破,即突破旧的思维定式,旧的常规戒律。创新活动的核心是"新",它或者是产品的结构、性能和外部特征的变革,或者是造型设计、内容的表现形式和手段的创造,或者是内容的丰富和完善。创新的核心:就是创新思维,是指人类思维不断向有益于人类发展的方向动态化的进步。

创新涵盖政治、军事、经济、社会、文化、科技等各个领域,可以分为科技创新、文化创新、艺术创新、商业创新等。其突出体现在三大领域:学科领域——表现为知识创新,行业领域——表现为技术创新,职业领域——表现为制度创新。

(二)原则和要求

创新既是一门脑力活,帮你跳出传统思维的框框,建立新的思维方法,找到多种解决方案,不再沿袭传统的拍脑袋做法,建立新的执行体系。它更是一门艺术活和技术活,融合创新艺术,洞察发展趋势,开创行业新局面。

1.创新的原则

创新原则就是开展创新活动所依据的法则和判断创新构思所凭借的标准。

(1)遵守科学原理原则

创新必须遵循科学技术原理,不得有违科学发展规律。因此在创新的设想在转化为成果之前必须对创新设想进行科学原理相容性和技术方法可行性检查,如果关于某一创新问题的初步设想,与人们已经发现并获实践检查验证的科学原理不相容,或者所需要的条件超过现有技术方法可行性范围,那么该创新设想还只能是一种妄想或空想。

(2)社会评价原则

创新设想要获得最后的成果,必须接受社会生活的严峻考验,其评价通常是从寿命、定位、容量、价值和风险等方面入手,而最基本的要点则是考察该创新的使用价值是否大于它的开发成本,也就是要看它的性价比是否优良。但在现实中,还要估计其潜在意义。这需要在社会评价时把握住问题解决的迫切度、功能结构的优化度以及使用操作的可靠度等,然后在此基础上做出结论。

(3)相对较优原则

创新产物不可能十全十美,不可盲目追求最优、最佳、最美、最先进,需要人们按相对较优的原则,对设想进行全面综合判断。首先可从创新设想或成果的技术先进性上进行各自之间的分析比较,尤其是应将创新设想同解决同样问题的已有技术手段进行比较,看谁领先和超前且机制简单。其次是从创新经济合理性上进行比较选择,看谁合理和节省。再次从创新整体效果性上进行比较选择,看谁全面和优秀。

2.要求

(1)创新意识和科学思维

创新意识和科学思维是创新行为的前提,创新就意味着与前面的不同,所以创新意识要在竞争中培养,要敢于标新立异,有敏锐的发现问题的能力,更要大胆设想,敢于提出问题。创新是一种实践行为,需要运用联想、发散、逆向、侧向以及动态等的科学思维。

(2)坚强的意志和坚定的信心

创新不容易,创新意味着改变,也意味着付出和风险,因为惯性作用,没有外力是不可能有改变的,这个外力就是创新者的付出,而结果可能有收获或者无功而返,必须要有这种风险的心理准备。但创新是人类进步的不竭动力,福特公司创始人亨利·福特所言"不创新,就灭亡",不能因为暂时的无功而返而停止创新的脚步,要有坚定的信心,相信自己有能力改变,有控制失败风险和勇于承担失败后果的能力。

(三)方法和过程

1. 原理方法

创新方法一直为世界各国所重视,在美国被称为创造力工程,在日本被称为发明技法,在俄罗斯被称为创造力技术或专家技术。我国学者认为创新方法是科学思维、科学方法和科学工具的总称。

创新方法和原理很多,不同的门类分法各异,比如试错法、六顶思考帽法、大脑风暴法、六西格玛等。这里介绍几种较为普遍采用的原理和方法。

(1)综合和组合

综合是将两种或两种以上的学说、技术、产品在分析各个构成要素基本性质的基础上,综合其可取的部分,使综合后所形成的整体具有优化的特点和创新的特征。组合是将两种或两种以上的学说、技术、产品的一部分或全部进行适当叠加和组合,用以形成新学说、新技术、新产品的创新。

(2)移植和换元

移植是把一个研究对象的概念、原理和方法运用于另一个研究对象并取得创新成果的创新原理。移植原理的实质是借用已有的创新成果进行创新目标的再创造,它是相似相溶原理的扩展引用。换元原理是指创造者在创新过程中采用替换或代换的思想或手法,使创新活动内容不断展开、研究不断深入的原理。通常指在发明创新过程中,设计者可以有目的、有意义地去寻找替代物,如果能找到性能更好、价格更省的替代品,这本身就是一种创新。

（3）还原和逆反

还原原理要求我们要善于透过现象看本质,在创新过程中,能回到设计对象的起点,抓住问题的原点,将最主要的功能抽取出来并集中精力研究其实现的手段和方法,以取得创新的最佳成果。从本源上面去解决问题,这就是还原原理的精髓所在。逆反原理首先要求人们敢于并善于打破头脑中常规思维模式的束缚,对已有的理论方法、科学技术、产品实物持怀疑态度,从相反的思维方向去分析、去思索、去探求新的发明创造。

（4）强化和弱化

强化就是对创新对象进行精炼、压缩或聚焦,以获得创新的成果。强化是指在创新活动中,通过各种强化手段,使创新对象提高质量、改善性能、延长寿命、增加用途。或产品体积的缩小、重量的减轻、功能的强化。而弱化指的是对于无法解决的问题采取弱化的方式,忽略其作用和地位,转而进入下步行动或进入另外的行动。创新在很多情况下,会遇到许多暂时无法解决的问题。弱化鼓励人们开动脑筋,暂停在某个难点上的僵持状态,带着创新活动中的这个未知数,继续探索创新问题。因为有时通过解决侧面问题或外围问题以及后继问题,可能会使原来的未知问题迎刃而解。

2. 创新的过程

创新是由创新思维的过程所决定的,而结果仅是过程的成功产物。注重过程,往往会"不期而遇"很多的"创新成果"。在郑也夫的《文明是副产品》中就论述了人类很多的文明成果就是过程的副产品,这就是有效行动的逻辑,所以必须注重创新的过程。

创新的"四阶段理论"是一种影响最大、传播最广,而且具有较大实用性的过程理论,由英国心理学家沃勒斯提出。该过程理论认为创新的发展分 4 个阶段:准备期、酝酿期、明朗期和验证期。

(1)准备期

准备期是准备和提出问题阶段。一切创新是从发现问题、提出问题开始的。问题的本质是现有状况与理想状况的差距。爱因斯坦认为:"形成问题通常比解决问题还要重要,因为解决问题不过牵涉到数学上的或实验上的技能而已,然而明确问题并非易事,需要有创新性的想象力。"他还认为对问题的感受性是人的重要的资质,准备还可分为下列三步,力求使问题概念化、形象化和具有可行性。

一是对知识和经验进行积累和整理;二是搜集必要的事实和资料;三是了解自己提出问题的社会价值,能满足社会的何种需要及价值前景。

(2)酝酿期

酝酿期也称沉思和多方思维发散阶段。在酝酿期要对收集的资料、信息进行加工处理,探索解决问题的关键,因此常常需要耗费很长时间,花费巨大精力,是大脑高强度活动时期。这一时期,要从各个方面,如前面讲到的纵横、正反等去进行思维发散,让各种设想在头脑中反复组合、交叉、撞击、渗透,按照新的方式进行加工。加工时应主动地使用创造方法,不断选择,力求形成新的创意。著名科学家彭加勒认为:"任何科学的创造都发端于选择。"这里的选择,就是充分地思索,让各方面的问题都充分地暴露出来,从而把思维过程中那些不必要的部分舍弃。创新思维的酝酿期,特别强调有意识的选择,富有创造性的初期就注意选择,所以,彭加勒还说:"所谓发明,实际上就是鉴别,简单说来,也就是选择。"

为使酝酿过程更加深刻和广泛,还应注意把思考的范围从熟悉的领域,扩大到表面上看起来没有什么联系的其他专业领域,特别是常被自己忽视的领域。这样,既有利于冲破传统思维方式和"权威"的束缚,打破成见,独辟蹊径,又有利于获得多方面的信息,利用多学科知识"交叉"优势,在一个更高层次上把握创新活动的全局,寻找创新的突破口。有时也可把思考的问题暂时搁置一下,让习惯性思维被有意识地切断,以便产生新思维;再有,灵感思维的诱发规律告诉我们,大脑长时间兴奋后有意松弛,有利于灵感的闪现。

酝酿期的思维强度大,困难重重,常常百思不得其解,屡试难以成功;"山重水复疑无路"却又欲罢不能。此时良好的意志品质和进取性性格就显得格外重要。因为这是酝酿期取得进展直至突破的心理保障。

创造性思维的酝酿期通常是漫长的、艰巨的,也很有可能归于失败,但唯有坚持下去,方法对头,才是充满希望的。

(3)明朗期

明朗期即顿悟或突破期,寻找到了解决办法。

明朗期很短促、很突然,呈猛烈爆发状态。久盼的创造性突破在瞬间实现,人们通常所说的"脱颖而出""豁然开朗""众里寻他千百度,蓦然回首,那人却在,灯火阑珊处"等都是描述这种状态的。如果说"踏破铁鞋无觅处"描绘的是酝酿期的话,那么"得来全不费功夫"则是明朗期的形象刻画,在明朗期灵感思维往往起决定作用。

这一阶段的心理状态是高度兴奋甚至感到惊愕,像阿基米德那样,因在入浴时获得灵感而裸身狂奔,欣喜呼喊:"我发现了! 我发现了!"虽不多见,但完全可以理解。

(4)验证期

验证期是评价阶段,是完善和充分论证阶段。突然获得突破,飞跃出现在瞬间,结果难免稚嫩、粗糙甚至存在若干缺陷。验证期是把明朗期获得的结果加以整理、完善和论证,并且进一步得到充实。创新思维所取得的突破,假如不经过这个阶段,创新成果就不可能真正取得。论证一是理论上验证,二是放到实践中检验。

验证期的心理状态较平静,但需耐心、周密、慎重,不急于求成和不急功近利是很关键的。

卓越创新咨询首席顾问何道谊将人的创新活动分解为四个基本的思

想行动历程:第一历程,"想新的"精神观念和思想意识,即追求更好,希望并相信能够创造出新的更好的;第二历程,"想新的"思考探索活动,即创造思考;第三历程,从思考到行动,按想到的新主意做实验,采取行动探索新的,直至创新成模;第四历程,尝试新的,对创新形成的模本进行试验性应用和改进;应用成功之后自然就是创新模本的重复推广。前两历程是一类,即想新的;后两历程是一类,即做新的;知行合一,第二历程和第三历程通常结合在一起,形成思考和实验探索的连接循环,同样思考和应用试验也结合在一起。

(四)要旨

在"大众创业、万众创新"的过程中,切不可盲目跟风,最终落入"一阵旋风"过后,满地疮痍,不得而终。

创新不是像有的人讲的,一定是白胡子老爷爷在一个密密麻麻的仪器构成的科学实验室里做着我们常人无法理解的事那叫创新,那何为创新? 它是在我们身边随时随地可以发生由一个普通人就可以发起,用普通的方法就可以达成的人类探索未知世界的过程。正如郑也夫老师在《文明是副产品》里的观点,人类文明的很多重大成果其实是副产品,说白了它不是有心栽花的结果,它恰恰是无心插柳的结果。我们是想说明人类创新创造的一个机制,它都不是有意要达成这个目的而是偶然因为获得了一个动因,这个动因产生了一些副产品,而这个副产品又产生其他意想不到的副产品,这就是人类的基本的创新机制。比如"X 射线"的发现者最终还不知道它有什么用,显微镜的发现者列文虎克最初的想法和结果没什么关联等。之所以我们平时的某些解释貌似合理其实是受到"目的论"的影响。

1.注重过程,避免过分强调结果

按照常规思维,创新的步骤一般是设立目标,拆解目标,付诸行动,加强控制,获得结果,验证目标,获得总结。但是常常发现大部分的创新验证目标阶段和前期设想有较大的出入,常常会出现"较大的意外收获",即"有心栽花花不开,无心插柳柳成荫!"这就是郑也夫《文明是副产品》的要旨,我们注重过程,坚持有效行动的逻辑,会获取"无尽的意外收获",因为创新是一种未知的化学反应,没人知道最终会是什么。按照《逻辑思维》创始人罗振宇的讲法就是有效的创新方式就是特区模式:创立一个五脏俱全的突击队,让它野蛮生长。

2.注重效果,避免僵化模式

当初的想法目标是在当时的条件和认知模式下的选择,我们必须坚持历史唯物主义的观点,注重创新效果,随着时空的变化和认知结构的调整不断调整创新形式,避免僵化思维和僵化模式,当年的初心,是在当年的眼界和能力平台上形成的。当眼界、能力、资源这些变量发生了变化,凭啥我不能改? 所以,随资源应变是对的,执着于假设是错的。另外,创新是把知识转化为价值的过程,不产生价值的创新,就谈不上创新。

3.注重意识,避免盲目跟风

创新是人类物质财富不断增长的根本推动因素,所以中央发出了"大众创业,万众创新"的号召,人人都要有创新意识,但这里要理性参与,不可盲目跟风。关于创新这件事,参与的人往往不是太少了,而是太多了。有些团体动不动就"举全公司之力全体都投入到创新中去",没有考虑运行的连续性和平稳性及团体资源的有限性,团体中的大多数人,做的都应该是护住基本面的工作。

二、创业

创业是一个人发现了一个商机并加以实际行动转化为具体的社会形态,获得利益,实现价值。

(一)概念

创业是创业者对自己拥有的资源或通过努力对能够拥有的资源进行

优化整合,从而创造出更大经济或社会价值的过程。它是一种劳动方式,是一种需要创业者运营、组织、运用服务、技术、器物作业的思考、推理和判断的行为。

根据杰夫里·提蒙斯(Jeffry A. Timmons)所著的创业教育领域的经典教科书《创业创造》的定义:"创业是一种思考、推理结合运气的行为方式,它为运气带来的机会所驱动,需要在方法上全盘考虑并拥有和谐的领导能力。"

创业作为一个商业领域,创业以点滴成就点滴喜悦致力于理解创造新事物(新产品,新市场,新生产过程或原材料,组织现有技术的新方法)的机会,如何出现并被特定个体发现或创造,这些人如何运用各种方法去利用和开发它们,然后产生各种结果。

(二)类型

随着经济的发展,投身创业的人越来越多,国内创业者基本可以分成以下类型:

1.生存型创业者

生存型创业者是基于维持基本生活的温饱而不愿接受他人雇佣,具有一定冒险精神而进行创业行为的人。他们多为下岗工人,失去土地或因为种种原因不愿困守乡村的农民,以及刚刚毕业的大学生。这是中国数量最大、规模较小的创业人群。清华大学的调查报告说,这一类型的创业者占中国创业者总数的90%。

生存型创业者多数目的单一,就是赚钱,满足生活的经济需求。一般创业范围均局限于商业贸易,少量从事实业,也基本是小型的加工业。由于起步的定位较低,大部分不能成长为大型企业,当然也有部分企业随着时空推移和企业的成长不断地提升认知逐渐成长为大型甚至巨型企业。

2.生活型创业者

生活型创业者是指乐于创业的快感和成就感而主动进行创业行为的

人。这类创业者又可以分为两种,一种是感性创业者,一种是理性创业者。感性创业者大多极为自信,易冲动和感性用事,喜欢幻想,创业情绪起伏跌宕,顺风顺水时情绪激昂,遇困难挫折时易于很快进入低潮。这样的创业者很容易失败,但当创业者和创业环境协调一致时往往容易很快创业成功,往往就是一番大事业。理性创业者是创业者中的精华,其特点是谋定而后动,在创业前做足功课,充足准备,创业中仔细审慎的对待每一个环节,遇到问题,不急不躁,理性分析。

生活型创业者往往追求的是创业的成就感,关注企业的成长和壮大,比如上市的目标实现。当然这类企业也往往因为关注良好的成长过程,企业的发展壮大和经济效益的提升是必然的事情,正如新浪网创始人王志东所言:"财富是猫的尾巴,只要勇往直前,财富就会悄悄跟在后面。"

3. 品鉴型创业者

品鉴型创业者是指具有较为优越的创业资源(经济基础和社会资源)的一类仅以自我的价值实现为唯一目的创业行为的人。这类创业者往往具有较高的个人素质和较为优越的家境资源或社会资源,诸如一些社交名媛或富二代、官二代的创业者。他们没有直接的经济目标,而是在较好的创业条件下仅仅考虑个人创业过程中的自我感觉。由于他们创业的条件和良好的个人素养,他们的创业起步较高,成功的概率也较大。

(三)基本要领

1. 阶段和步骤

(1)阶段

创业是个循序渐进的过程,都有发生、成长和壮大的过程,一般情况下先是生存阶段,以产品和技术来进入和立足市场。再是公司化阶段,企业具有一定的规模,需要规范管理来增加企业效益。其三是集团化阶段,这时依靠的是硬实力(产业化的核心竞争力),整个集团和子公司形成了系统平台,依靠的是一个个团队通过系统平台来完成管理(人治变成了公司治理)，这就是许多创业者梦想达到的理想状态。最后是集团总部阶段，这是创业者的最高境界，是一种无国界的经营，也就是俗称跨国公司。集团总部的系统平台和各子集团的运营系统形成的是一种体系。集团总部依靠的是一种可跨越行业边界的无边界核心竞争力(软实力)，子集团形成的是行业核心竞争力(硬实力)，这样将使集团的各行各业取得它们在单兵作战的情况下所无法取得的业绩水平和速度。

(2)步骤

有关创业的具体步骤现在有十步骤、八步骤等说法，这里笔者认为有基本的五步骤：

一是选定创业项目，全面分析自身和周围的创业软硬环境和资源，不仅要对自身的兴趣、特长、实力进行全面客观的分析，而且要善于发现市场机会、把握未来发展趋势，解决"干什么"。

二是拟定创业计划，只有拟出切实可行的创业计划，创业活动才能有的放矢，减少失误，提高创业成功的把握度，解决"怎么干"。

三是筹集创业资金，筹集创业启动资金就成为创业者必须解决的一个重要问题，否则，创业活动就无法开展。

四是办理有关法律手续，投资创办企业必须按照有关法律法规要求，办理有关手续方能开业。

五是实施阶段按照拟定的创业计划要求，组织调配人、财、物等资源，实施创业计划并加强管理。

2.基本要求

创业不分性别、年龄，但从创业成功的人群中总结他们都有一些共同的特质，即创业者的基本要求。诸如乐观性，习惯从正面角度看待人与事的倾向；社交性，喜欢社交活动并积极与他人互动的倾向；坚毅性，做事锲而不舍，坚持不懈的倾向；活力，精力充沛，活动力旺盛的倾向；企图心，喜欢赢过别人，努力追求个人最大成就的倾向；领导性，喜欢担任领导者，愿意主动承担领导责任的倾向；冒险性，愿意尝试风险并乐于体验不确定性的倾向;求变性,喜欢追求变化、尝试新奇事物的倾向;创造性,喜欢思索独特、创新想法的倾向;敏觉性,喜欢观察人际互动,随时注意别人反应的倾向等。

除了创业者个人所具备的特质外,创业过程中还有一些基本要求。诸如目标明确,很多年轻的创业者可能有多个不错的创业想法,但是创业者应该只关注其中一个。并且不要轻易将注意力从一个目标转向另一个目标,项目选择宜选择个人有兴趣或擅长了解的、投资成本较低、易于上手、风险较小的项目。创业毅力的问题。众所周知,发展靠实力,创业靠毅力。有很多创业者之所以会失败,其中最主要的原因就是因为毅力不足。当然,造成毅力不足的因素是多方面的。一个创业者素质不高,对风险估计不足,没有足够的市场知识,是一个重要因素。缺少支持和理解,缺少理念。资源整合,自己现有的一切自身资源、熟知创业相关的法律法规和经济知识,可大大减少创业初期的成本,使创业风险大为降低。

3.常见失误

创业因为要"创",所以是件很痛苦的事儿,会遇到各种未曾经历的事情,有各种的痛和不快,付出的汗水甚至流下的泪水会伴随着整个过程,为了更好地创业并较快地进入发展期,有些易于出现的失误应该避免。如创业教父马云所言:"永远告诉自己一句话:从创业的第一天起,你每天要面对的是困难和失败,而不是成功。我最困难的时候还没有到,但有一天一定会到。"

李开复说:"我知道有些创业者还不太明白,我要告诉他们的是,如果创业者无法避免以下十种易犯的错误,那他们和投资人的对话肯定很难超过 10 分钟。"李开复提醒创业者易犯"十错":侥幸心态、拍脑子想点子、想问题没有深度、堆叠商业模式、伪需求、过分偏执、低估难度、故作神秘、不诚信、没重点。

创业者在创业当中应该注意以上问题,要随时迎接创业道路上的挑战,敢于去解决面临的创业问题,在创业的过程当中必须头脑清醒,认清形势,一旦决定,追求到底,这才是一种明智的创业心态。在创业过程中最大的致命失误是浮躁,短视,看重眼前利益。

(四)大学生创业

大学生作为我国的年轻高级知识人群,有着较为丰富的知识储备和相较于其他高级知识分子所欠缺的创造力,是我国创业主要人群。但因为大学生这个群体社会实践经验与能力的欠缺,与创业的成功要素所矛盾,导致大部分大学生在创业初期就自行夭折,使大学生创业成了国家社会共同关注的话题。在新的发展时期,社会给大学生创业带来了众多的机遇与挑战,大学生创业也将在这些机遇和挑战中走向新的高度。

1.优势与劣势

大学生是个特殊的群体,在创业过程中表现出一定的优势,但同时也出现一定的劣势,我们必须扬长补短,积极响应"大众创业,万众创新"的号召,做创业创新先锋。

(1)优势

首先他们有着年轻的血液、充满激情,对未来充满希望以及"初生牛犊不怕虎"的精神,有对传统观念和传统行业挑战的信心和欲望,这正是创新创业的动力源泉,而这些都是一个创业者应该具备的素质,是成为成功创业的精神基础。

其次在学校里学到了很多理论性的东西,有着较高层次的技术优势,"用智力换资本"是大学生创业的特色和必然之路。这也是更多的风投逐渐将重点转向高校大学生创业的根本原因。

(2)劣势

首先是社会经验不足,易于理想化。对创业的理解还停留在仅有一个美妙想法与概念上,缺乏科学规划和认知升级,团队管理、信息管理、目标管理易于书本化,处理问题时尤其是突发事件时年轻人的胆识和魄力此时表现为"鲁莽",无法正视创业中的不快和挫折是影响大学生成功创业的重要因素。

其次市场观念较为淡薄。创业的基本战场就是市场,投入和产出比是个根本的杠杆,缺乏市场意识及商业管理经验,常常盲目乐观和急于求成。往往不少大学生关注的是自己的技术如何领先与独特,却很少涉及这些技术或产品究竟会有多大的市场空间。对于市场,他们也多半只会计划花钱做做广告而已,而对于诸如目标市场定位与营销手段组合这些重要方面,则全然没有概念。

再次就是易于盲从和短视。凡是什么牛人大咖的言行奉为经典,"言听计从"殊不知时空的变化以及主体性的异位,正如有位牛人说的那样"现在让我在创造一个××商业帝国,那是不可能再有的!"。大学生在创业的时候不能只看到一时得失,行事考量等都需往长远看,做合理的投资,行事需看到五步之外,所谓深谋远虑是也。

2.巩固和加强

(1)学习

学习是一项成功人士必备的品质,终身学习已是现代人的基本能力,但部分大学生在十年苦读后的大学教育后认为进入社会就可以不再学习了,这是万万要不得的,一些大学生创业者虽然技术出类拔萃,但理财、营销、沟通、管理方面的能力普遍不足,前面曾论述过学习是一条寻找捷径的根本方式,现代社会要想取得不断地成功,必须具备持续的学习能力,必须比竞争对手更快地掌握更多的知识,这比在市场的大潮中打拼获取经验教训要节约时间精力和资源得多。

(2)社交

开始创业后必将会接触到各种不同类型、身份的人,这种和大学及其以前的人际交往不同,他们大多都是跟自己的利益攸关的,得体的交往会产生很大的利益。企业创建、市场开拓、产品推介等工作都需要调动社会资源,所以从创业最开始就要学会跟各种人打交道,大学生在这方面会感到非常吃力。平时应多参加各种社会实践活动,扩大自己人际交往的范围要尽可能地去结交人脉,认识朋友,舍得给自己投资。在创业者人际交往过程当中,与人谈判的情况必不可少。谈判对创业者的要求是综合多面的,要求创业者有一定的语言能力、心理分析能力、人文素养等。要想在谈判当中占得主动地位,必须要有很强的谈判能力。杰出的谈判能力能够让创业者在谈判过程当中直接获得更多的利益。

（3）健康

创业的"创"就意味着需要精力和心智的超常付出,所以身心健康是保证创业成功的根本,身体是革命的本钱,创业者只有身体健康才能够支撑一切的打拼和奋斗。以浙商王均瑶而引发的系列创业者身心健康重要性的资料触目惊心,不得平静。另外绝大多数的创业过程不是一帆风顺的,经常是要与孤独和挫折为伴,需要保持乐观而稳定的心态,要放低姿态,平静地去接受一切可能的打击。同样,在得意时,也要克服骄傲的情绪,切不可沾沾自喜,妄自称大。

3. 防范和提醒

大学生创业者要认真分析自己创业过程中可能会遇到哪些风险,这些风险中哪些是可以控制的,哪些是不可控制的,哪些是需要极力避免的,哪些是致命的或不可管理的。一旦这些风险出现,你应该如何应对和化解。

（1）曲线创业,积极"共享"

先就业、再创业是时下很多学生的选择。毕业后,由于自己各方面阅历和经验都不够,能够到实体单位锻炼几年,积累了一定的知识和经验再创业也不迟。这里的积累除可以利用与专业人士交流的机会获得更多的来自市场的创业知识外,很重要的一点就是学会通过"共享"形成积极的关系结构。在所有的共享、行为当中,你可能表面上什么都没有图,但你得到了一个东西,就是全新的关系结构。关系结构其实是我们人类终身真正拥有的一笔财富,这个世界从来都是多次博弈的结果,只不过很少有人评估出这个财富的价值。

（2）关注发展趋势，形成核心竞争力

对于众多的失败企业来说失败的根源在于企业没有核心竞争力，这也是大学生创业者在创业之初必须要关注和培养的。核心竞争力最早由普拉哈拉德和加里·哈默尔两位教授提出，即企业或个人相较于竞争对手而言所具备的竞争优势与核心能力差异。在普拉哈拉德和哈默尔看来，核心竞争力首先应该有助于公司进入不同的市场，它应成为公司扩大经营的能力基础。其次，核心竞争力对创造公司最终产品和服务的顾客价值贡献巨大，它的贡献在于实现顾客最为关注的、核心的、根本的利益，而不仅仅是一些普通的、短期的好处。最后，公司的核心竞争力应该是难以被竞争对手所复制和模仿的。

核心竞争力的形成不是一蹴而就，随随便便的，否则大家都不会缺核心竞争力的。核心竞争力的形成必须坚持在趋势中勇于创新的思想，拒绝智力崇拜，要么行为上持续、系统或死磕的做，把还没有人工智能化的东西添上人工智能，形成行为上核心竞争力，这里注意人的收入不是和他的劳动成正比，而是和他的劳动的不可替代性成正比。要么坚持内容创新，做人工智能不能做的事，内容产业将来会分成两个大的产业：一个是娱乐，它的本质是帮你花时间；一个是学习，它的本质是帮你省时间。在内容消费这一块注意，有一些东西可以免费获得，但我们有时宁可付费获得。凯文·凯利认为，至少有 8 种情况，人们愿意为可以免费得到的东西付费，它们是：①即时性；②个性化；③解释性；④可靠性；⑤获取权；⑥实体化；⑦可赞助；⑧可寻性。

（3）打消"第一桶金"思维

每每谈起创业成功者时我们必会涉及"第一桶金"的问题，两者的集合就是"第一桶金"的实质是创业者产生价值的关节点，所以不要过分关注"第一桶金"文化。崇尚"第一桶金"就是在崇尚成功学，崇尚不择手段地快速爆发，并且在骨子里并不是喜欢当前创业的项目，只是想借这个项目谋得一笔钱，然后转型做心目中另一个"又红又专"的事。要创业，就一定要选择自己愿意为之终生付出的事情来做，才有可能做好，定义为过渡性的事情，一般都做不好的。何况，大部分是草根阶层的创业者，起点低、底子薄，如果能够找到一件事情，既能作为一项长期的事业来坚持，又能养活自己，就已经相当伟大了。

（4）树立远景，调高目标

迈向自我塑造的第一步，要有一个你每天早晨醒来为之奋斗的目标，它应是你人生的目标。远景必须即刻着手建立，而不要往后拖。你随时可以按自己的想法做些改变，但不能一刻没有远景。另外许多人惊奇地发现，他们之所以达不到自己孜孜以求的目标，是因为他们的主要目标太小，而且太模糊不清，使自己失去动力。如果你的主要目标不能激发你的想象力，目标的实现就会遥遥无期。因此，真正能激励你奋发向上的是，确立一个既宏伟又具体的远大目标。

（5）离开舒适区，加强急迫感

创业本身就是为改变目前状况实现自我价值的行为，因为这就要求不断寻求挑战，不躺在舒适区，否则只能固步不前，为了进入更好的舒适区，必须付出精力和时间，跨越到新的舒适区。舒适区只是准备迎接下次挑战之前刻意放松自己和恢复元气的缓冲区。20世纪作者阿耐斯曾写道："沉溺生活的人没有死的恐惧。"然而，大多数人对此视而不见，假装自己的生命会绵延无绝。唯有心血来潮的那天，我们才会筹划大事业，将我们的目标和梦想寄托在丹尼斯称之为"虚幻岛"的汪洋大海之中。其实，直面死亡未必要等到生命耗尽时的临终一刻。事实上，如果能逼真地想象我们的弥留之际，会物极必反产生一种再生的感觉，这是塑造自我的第一步。

叁：四个存折

健康、事业、金钱、情感，
统一、协调、和谐、成功。

人生就像一家银行，我们都拥有健康、事业、金钱、情感这四个存折。在这家银行，它对每一个人是公平的，并不因谁出身豪门或出身卑微而多一个或少一个，也不因为性别、种族或长相等原因出现差别。既然人人都有这四个存折，为什么有的人能够出人头地，取得幸福和辉煌，有的人却黯然失意，穷困没落一生呢？究其原因，只在于你是否按照它的规则行事，是否只有"透支"没有"存储"，而且使得它们四者之间保持协调和平衡，以期获得最大的效果和收益。可以这么说，恰当正确的使用和管理人生的这四个存折是一个人的人生是否幸福圆满的决定性因素。

一、第一存折——健康

宇宙在创造人时，发明了最复杂、最奇妙的身体，放进了能多年使用，具有全面协调、均衡功能的完美复杂器官。而且，上帝还赐予我们掌管理性、思想和记忆的功能器官，那就是大脑。更特别的是在每个人的人格中心设置了灵魂。所以上帝希望我们健康，希望我们保持身体、精神和灵魂的调和和平衡，这样才能长保健康，为人生的成功奠定良好的"硬件基础"。

美国人爱默生说："健康是人生第一财富。"我国现代学者梁实秋先生认为："健康的身体是做人做事的真正本钱。"健康的体魄和心理是我们开展人生的各项活动的生理基础，没有健康，其他的一切便毫无意义。美国柯达公司创始人乔治·伊士曼说："人生有四个存折：健康、情感、事业和金钱，如果健康丢了，那么其他的存折都会过期。"所以，健康是人类生存之本。这是人生实现自己和证明自己存在的"硬件"和宿主,离开它一切将化为乌有。

现在诸多的人,在追求自己成功和幸福的目标过程中忽略了自己最宝贵的财富——健康,甚至"牺牲"自己的生命和人的本性,不断地"透支"生命和健康。把无限的遗憾和失败的人生题材作为自己在人世间的痕迹。我们经常会看到满大街锻炼的只有老年人,因为他们已经深切地体会到生命健康的重要性,而我们大多数的人由于年轻的机体可以承受一切的时候,没意识到需要去定期维护和保养这架机器,当出现故障需要大修的时候才想到维护和保养,而这时的损坏已经造成了不可修复的破坏。我们的生命健康就是在这"点滴"的损坏中不断减少他的生命。

静以养心,动以养身,生命中不可避免地会出现正常磨损和意外耗损,这就要求我们进行恰当的维护和保养这架机器,实现收大于支的良性循环,当然不可出现"资金链的断裂"而一朝毙命。

（一）人是"动"物

生命在于运动。健康的体魄来自科学的体育锻炼和修养。常言道:"健身方法,虽无定法,但要得法。"不科学的运动往往达不到效果,甚至造成伤害。

1.要"立足自身"特点

每个个体都是不一样的,同样的方法方式不一定适合每一个人,这就是为什么锻炼方式方法多种多样的原因。一切的一切出发点就是你自己身心结构特点,切勿生硬的模仿别人的方式方法,因为你不是他! 我们身边不乏在时间和精力投入不少,却没什么效果的锻炼者,其核心原因就是没立足自身实施科学锻炼,要强调的是效果的检验就是重视自身的感受。

2.要"科学有效"锻炼

按照生命的基本规律并结合自身的特点,科学施训。现在流行五花八门的锻炼方法,不乏不少别有用心的人或团体"发明"的"吸引眼球和心灵"的方式方法,诸如法轮功、各种的"灵修"项目等,最终造成的只能是身心伤害和财物损失。当然这里还有一些由于认知结构所限而出现的一些"弱智"的方式方法,诸如无限制的节食减肥而导致的厌食症,坚持大喊、跺脚、捶胸等激进行为,均是过犹不及,甚至造成严重伤害。

3."全程全面"锻炼

在生命的整个周期中和各个阶段中科学设计坚持锻炼,切勿三天打鱼两天晒网,这样不但无益还可能造成伤害。另外还要"全面"运动。历经数万年,生物已经按照最科学的方式进行最优化的进化,每个部件和整个系统都是极佳的组合和协调。身体是整个宇宙最佳的生命体。所以"全面"运动是生命的基本方式,身体结构和功能的秩序化是身心健康的形式体现。任何一个构件的问题都有可能影响整体的性能,全面和谐是健康的根本保证。这里特别强调,全面和谐的本质是回归自然,即连续性概念或秩序化概念,在时间和强度连续性方面不可出现过大的断崖式的跃进,那必然是一种伤害!

(二)人是"灵长"类动物

人的健康状态是与本人的想法是否健全,道德是否清纯相呼应的。清纯的灵魂能不断地将新的健康送进人体里。某医院在对 500 名患者所做的临床试验结果显示,其中有 383 人的病因,不是意外事件或器官变异,而是思想上的认为逐渐形成机体上的病症。一名医生说:"是患者把脑中的病态想法的脓送到了体内。"柏拉图说过:"不应该治疗肉体而不治疗灵魂。"

1.坚持学习和思考

要保持思想上的健康和和谐,最重要的是要坚持学习、学会思考,让你的大脑"动起来",不断地"革旧迎新",不断地接受新的知识和思考问题的方法,探索更多的新东西。防止旧思维腐蚀大脑。成功来源于坚持学习和积极地思维!

2.增加正能量抵制负能量

现代生活中充满着正负能量,我们无法回避它们的存在,而我们能做的就是自觉抵制负能量的侵袭,不断提升自身正能量,这就要求我们增加辨识力,提升外界动力,减少或回避外界阻力。

另外我们自身同时也存在着影响自我的正负因素,我们要不断地清除思想上的蛛网,克服消极思想,无法回避和克服的用积极的心态去削弱它们的相对作用。激发并不断放大你心中无穷的潜力和优势,坚信你能改变你的世界,你肯定能够成功。

二、第二存折——事业

古人云:天地生人,生一人当有一人之业;人生在世,生一日当尽一日之勤。这就是说,人生在世,不能碌碌无为,一事无成。生下一个人是有原因的,有原因一定要有结果的。没有人甘于平庸,都想创造自己生命的辉煌,实现自己的价值。渴望成功、创造成功、创造卓越是人生的一种积极的本能。最基本的一点也要证明自己的存在。

1.什么是成功的事业

不同的人有不同的理解,精神不朽是成功,超越自我是成功。成功没有标准、没有模式,成功不是一个终极目的和不变的结果。世界成功学大师们这样告诉我们:成功其实就是一种追求所体验到的幸福,一种奋斗的快感。追求成功创业的人,他们都有一份坚定的事业心。在他们身上有一种超乎寻常的自信和顽强的意志,以积极的心态看待困难,恒久地激励自己。实现自我的事业心是他们成功创业的精神支柱,是他们成功的内在动力和根本原因。

2.事业成功的要领

要取得事业存折的巨大丰盈,首先要有积极地心态——事业心。不论贫富贵贱与出身,追求事业的成功这是人生的基本社会功能。其次,要善于发现自己的优点长处,这是立业的根本。世上的事业千千万,真正是你自己的只有和你自身特点相适合的,所以做自己应该做并适合自己的事情。再次,要善于利用资源为自己的事业服务。人不可能穷尽一切技术,但可以站在巨人的肩膀上去实现自己的价值。其三,成功始于行动,行动在于坚持。人类因为有梦想而伟大,而那些只有梦想而不去实践的人,无论多么美丽的梦想都会与他失之交臂。滴水穿石靠的绝对不是力气! 其四,每种逆境都含有等量或更大利益的种子,这正是事业之追求所体验到的幸福,一种奋斗的快感的集结点。

三、第三个存折——金钱

有句话说得好:钱不是万恶之源,爱钱才是万恶之源。迟志强的一首《钞票》更是把钱推向了风口浪尖。金钱只是我们实现自身价值和社会交往的度量工具之一而已。当然它是人生无法或缺的一部分。然而同样拥有金钱,有的人却终生为金钱所累,被金钱所困扰,甚至被金钱夺去了性命;而有的人却能役使金钱,御钱生效,发财致富,获得欢乐和幸福,走向人生的辉煌。为什么会有如此天壤之别呢? 原因就在于有人做了金钱的奴隶,有人做了金钱的主人。

1. 金钱是媒介

金钱堆积的财富不是人生的目的,而是创造美好人生的手段;致富的终极目标不是金钱,而是借由金钱堆积财富去实现人生的理想和价值。

2. 勤劳致富

功到自然成,"工"有钱自来。过程和努力才是最重要的,其他都是附加的伴其左右必然的东西,正如王志东所言:"财富就是猫的尾巴,只要你勇往直前,财富就会紧跟其后!"

3. 勤俭节约

勤俭节约不是吝啬,是对社会财富和资源的珍惜,更是对劳动的肯定和尊重,该花的一分不少花,不该花的一分不多花。

4. 让钱"动"起来

要注意利用财富倍增原理,只有 $1+1>2$ 才真正地实现了财富的增加,这就叫创造价值。还要学会花钱,这是赚钱的最高境界,正如比尔·盖茨等世界巨头们所言,我现在只有花钱了,但他们的财富却与日俱增,花钱是门艺术,更是财富倍增的最高境界。

四、第四个存折——情感

人生拥有了健康、事业和金钱,更要拥有情感才行。这是人之所以区别于物的根本标志,也是人的灵性的体现。在你的情感存折里,亲情、友情、爱情,乃至对陌生的关爱之情,都是人生不可缺少的重要组成部分。人间有情,系于一爱。爱是我们生命中最为神圣的感情,需要我们用一生去珍藏。

爱能够使人与人之间沟通、交流、互激、互补、互助;爱代表着温柔、体贴、会意,它发之于心灵,付之于行动。人间美丽的情感大厦由它来支撑,微妙的情丝靠它来疏导,失助的灵魂靠它来拯救。爱是世界上最为美好的情感,不能吝惜,它是动员生命潜能无往不胜的神奇力量。正如拿破仑所说:"世上有两种力量,一种是剑,另一种是爱。剑能赢得世界,但无法赢得人心;而爱既能赢得世界,又能赢得人心。"

综上所述,人生的四个存折:健康、事业、金钱、情感,只要使用得当,善于工作会赢得完善而幸福的人生。否则,将会祸患无穷。

一个人如果把这四个存折作为自己追求完美人生的四个坐标,先有一个好身体,再去开创一番伟大的事业,然后又拥有巨大的财富,最后获得亲情、友情和爱情及世人的尊重,那么,他一定会成为这个世界上最成功、最幸福的人。伟大的目标可以产生伟大的动力,伟大的动力引发伟大的行动,伟大的行动必然会成就你伟大的事业!

第二节　效　率

关键和核心创造高效价值，
时间和价值成就和谐人生。

壹：八二定律

1897 年，意大利经济学家帕累托（Vilfredo pareto，1848—1923）在他从事经济学的研究时，偶然注意到 19 世纪英国人的财富和收益模式，他的研究成果就是后来著名的 80/20 法则。尽管 80/20 法则本来是应用于商业方面的，但它同时也具有指导我们日常生活方式的意想不到的神奇力量，具有极其重要的普世价值。

一、何谓八二定律

帕累托研究发现，大部分的财富流向小部分人一边，被一小部分人占有。而且某一部分人占总人口的比例，与这一部分人占有社会财富的份额，具有不平衡的数量关系。进一步的研究证实，这种不平衡模式会重复出现，具有可预测性。

（一）基本概念

帕累托根据他的研究归纳出一个简单而惊人的结论：如果 20% 的人口享有 80% 的财富，那么就可以预测，其中 10% 的人拥有约 65% 的财富，而 50% 的财富，是由 5% 的人所拥有。由此我们可以发现一个有违一般人期望的现象：通常情况下我们 80% 的努力，也就是大部分的付出，是与我们得到的报酬和成果没有关系，或者说没有直接的关系。80% 的收获来自 20% 的努力，其他 80% 的努力只带来 20% 的结果。这就是 80/20 法则，又称作帕累托法则、帕累托定律、八二定律、最省力法则和不平衡原则。

在商业世界和人们的日常生活中，到处呈现出许多 80/20 法则的现象，这不能不引起我们的重视：20% 的产品和 20% 的客户，涵盖了约 80% 的营业额；20% 的产品和顾客，通常占该企业 80% 的获利；20% 的罪犯施行了所有罪行的 80%；20% 的汽车狂人，引起 80% 的交通事故；在家中，20% 的地毯面积可能有 80% 的磨损。80% 的时间里，你穿的是你所有衣服的 20%。字典中有 20% 的字会在你的一生中组成 80% 的文句；考试中，20% 的课本知识可以在试题中得到 80% 的成绩；20% 的朋友占据了你交友时间的 80% 等等。

总之，不管你相信不相信，意识到或意识不到，80/20 法则无处不在，并时时刻刻影响着我们的生活。

（二）本质要义

80/20 法则主张：以一个小的诱因、投入或努力，通常可以产生大的结果、产出或酬劳，即在投入和产出、努力和收获、原因和结果之间，普遍存在这不平衡关系。少的投入可以得到多的产出；小的努力可以产生大的成绩；关键的少数，往往是决定整个组织的产出、盈亏和成败的主要因素，这就要求我们在有限的时间和精力下取得高效的结果必须要认真审视的现象。

1."效率"

一言以蔽之"效率"二字是 80/20 法则的精华。现代飞速发展的社会，暴增的知识，在我们精力和时间不变的前提下，每天要处理大量的信息和事物，我们不可能再有"穷其一生"之精力而铸就"干将和镆铘"两把剑的传说。唯一的途径就是提高处理信息和事物的效率，做到"一分耕耘，多份收获"。"工欲善其事必先利其器"，就是要在提高效率方面下功夫,而不是一猛子扎进去低头砥砺前行。纵观现在的所有的研究的实质都是在效率上,我们不断追求真理的过程就是在企图拨开重重迷障,洞穿现象直达核心。形式上表现为公式定理、厚黑技巧、技术进步等方面,实为效率之攻略。

2.“权重”

究其核心,80/20 现象的出现就是“权重”的概念阐释,投入产出不匹配而导致的。权重是一个相对的概念,是针对某一指标而言。某一指标的权重是指该指标在整体评价中的相对重要程度。

权重表示在评价过程中,是被评价对象的不同侧面的重要程度的定量分配,对各评价因子在总体评价中的作用进行区别对待。

我们在某些事项方面耗费的精力和时间必须和该事物的“权重”相匹配,即主要精力要用在关键核心事项上,不在无关或权重小的事件上耗费与其权重不匹配的大量的时间和精力。

二、八二定律对我们的启迪

80/20 法则反映出一个事实——宇宙的状态是“不平衡”的,而且浓缩了一种人生智慧,时时刻刻启迪着我们:集中精力,事情有先后轻重之分;奖励特殊表现,而非赞美全面;寻求捷径而非全程参与;有选择,而非巨细无遗;在少数事情上追求卓越,不必事事都有好的表现;让别人分担一些事务,无须事必躬身;凡事看清实质,掌握其中的精髓等,我们生存的这个世界里有很多的东西是“不平衡”的。而我们完全有可能、有能力利用这种“不平衡”来为我们的事业和工作服务。

掌握并利用好 80/20 法则,我们也就可以像巴菲特、马云、刘德华等等那些牛人大咖那样,得心应手地处理好不比我们少、不比我们大的繁杂事务,且时不时地出现在“交际场或高尔夫球场”。

(一)学习法则

伴随着终身学习时代的到来,工作和学习已经是生活的基本主要组成部分。看看我们周围的同学朋友,有的孜孜不倦的享受着学习的快感和收获的喜悦,有的人却怀着一种矛盾的心情,来为未来的谋生手段而疲于应付考试和成绩。也有部分的人带着别人"赋予"的自己坚信的信念,执着的开垦着,他们坚信只有这样可以给自己带来收获和美好的未来。更有一些"孜孜不倦"将所有时间和精力都投入其中却成绩平平者,也不乏诸多的"活跃分子",哪里都有他的身影,却没落下任何一项的评优获奖的机会。我们很困惑? 他们的法宝就是 80/20 法则。

1. 完美学习

那么,到底什么是完美的学习呢? 完美的学习不是只有一个结果,而且还有一个过程,它是基于结果的过程管理。我们经历的事情事后留下的记忆大多数是基于结果下的过程记忆,这也就是见识和阅历的重要作用。我们思考和行动的框架就是基于自己的阅历和见识,它决定我们的高度和宽度,没出过大山的人,他的思考和行动的最大边界就是到不了山外的市镇,没出过县城的人就是无法体会真正大城市的生活,他们的阅历和见识决定了他们的边界。另外完美的学习不会让你感到乏味和空虚,不会站在结果上怅然若失,完美的学习是你时时刻刻感到充足和面对不断收获的快感。

2. 高效学习

奇怪的事似乎在我们周围经常的发生,他们的学习的结果和时间精力的投入不相对应,并非"一分耕耘,一分收获"。所以当不正常的事情变得正常的时候,这是我们需要反思自己的时候。这正是 80/20 法则在默默地起着作用,我们应该思考的是如何在最短的时间中获得最大的效益并不断享受学习的乐趣和快感。

时间和精力的有限性面对无限暴增的知识和社会事务,提高效率是唯一的有效途径。这就要求我们充分关注生活中的 80/20,辨识事物决定的各因素的权重,以便我们能够合理有效分配我们的时间和精力。

3. 快乐学习

学习本身是快乐的收获过程,可是"书山有路勤为径,学海无涯苦作舟"的潜意识引导,加之更可怕的还需要"头悬梁锥刺股"的"血腥威胁恐吓",把快乐的收获变成血腥励志,使得我们身未动心已死,这种植入的心锚太可怕了。他最终的结果就是不断期盼很快结束痛苦旅程,终身学习和不断探索就在某一阶段结束。可想而知,面对现在的知识暴增,更替周期缩短,更多的人把大学作为学习的最后站点,整个以后的生活是什么样子的。

学习应该是件快乐的事情。人类不断地进化和进步发展,都是在不断的学习和实践中成长起来的,所以学习是人的本能的需要,我们要不断地从学习中得到乐趣,而不是为了成绩和毕业证在学习。

提高学习效率,享受学习的过程,获得完美的学习效果,这是我们学习之前必须思考的基本问题。抓住关键点提高效率,用20%的时间和精力投入获得80%的收获产出,努力寻找能给我们带来80%收获的东西,并享受这个过程,避免有限时间精力的无端耗散。

(二)交际法则

人是群居性社会动物,必然和周围的人发生关系,这就是人际交往。交友既是情感的需要,也是事业的需要,更是一种本能需要,交友之道也就是我们人生的必修课。

1.择善而交

在我们一生中交往的朋友中间,对我们影响最大的往往只是少数人,他们占我们人际关系总数的20%。而正是这20%的人际关系,构成了我们80%的情感价值。在我们交际时间中20%的朋友占据了我们交往的80%的时间。而我们被浪费的时间的80%是被给我们带来20%益处的占我们朋友总量的80%的所浪费掉的。

所以,我们要对自己进行"名片整理",这不是要把我们认识的人划等级,而是由于我们学习生活上的需要及其重要程度的不同决定的,这样可以把我们的时间和精力用在高质量的活动上。善交益友要求我们在广泛交友的同时,更注意带给我们80%价值的20%的那部分关系。

而"善"又分为两个方面,一是有利益需求的,我们要多根据"权重"的概念交益友。另外一方面的就是无明显利益关系的要根据"正能量"的概念交"善"友。总之能够在自己向善向上的"权"为重点选择交友。

2.用心而交

"良禽择木而栖,贤臣择主而事"。广交朋友的同时,学会思考,用时间来考察人,用别人的观点鉴证人,择善而交,选择益友;还有就是与快乐的人相交,他可以激发你无穷的潜力,带给你更高的收益;为了更好地与带给你80%价值的20%的人更好的交往,切记保持适当的距离,距离出美感,距离使得我们清醒地认识到自己的存在和别人的存在,更好地给朋友超出80%的价值奉献;就像在我们众多的异性朋友中只有一位成为自己的终身伴侣,面对众多的交际对象,朋友是要分类的。要找出带给我们80%情感价值的20%的人群和给了我们20%情感价值的80%的人群,这样就可以真正的划分你有效的时间做有效的事情。

3.魅力而交

人际交往是一项基本社会技能,也是一种需要。但交往是相互的,作用也是相互的,记得有位名人曾说过"想要得到某种东西最好的办法就是提升自己,使得自己配得上它"。这就告诉我们在社会交往中的选择和被选择的原理,为了维护更好的人际交往和发挥其作用,自己在这个环节中的自我提升是最根本的维护交往的基本原则。提升自我,增加自我魅力,这是根本,交往技巧等只是辅助性的东西。

在社会发展和人际交往中,每个对象都有一项基本的职能就是对集体负责的无限为集体注入正能量的基本职能,只有这样由个体通过人际交往的手段而组成的集体才能不断地向善和向上发展。

(三)时间管理法则

生活中有太多的"不可理喻"但又逃不出80/20法则的现象:我们

80%的快乐来自20%的时间;我们80%的成就来自20%时间的创造;也就是说我们一生中另外的80%的时间,只有20%的快乐;一个人剩余的80%的时间只创造了20%的成就。面对诸多的"不可理喻",只有站在其后,发现核心在于"80%/20%"在"控制"着这一切。

1. 可为与不可为

人们似乎习惯于探讨时间太少太多的问题,而很少考虑如何使用时间,也很少注意自己在不同时间内取得的绩效。但请注意,时间是一维的,永远稳定。我们无法延长或缩短时间,属不可为因素。它对待大家都很公平的,问题是我们在对待时间、认识时间以及使用时间的方式上出现了问题,也就是可为的方面没有可为,不可为的却在"感叹"时间的无奈。

我们发现,很多忙碌的人不会管理时间。他们只是一味地瞎忙,而把80%的时间花费在不重要的活动上。因此我们必须改变我们对待时间的态度,进行一场时间革命。

大家每天都有24小时,可不同的人收益却大相径庭。管理时间的实质就是管理自我的过程。根据不同时间段自身的情况,制订计划和目标以及行动措施。所以我们每个人都要进行一场时间革命。传统的时间管理法则中,机械地将事情分为紧急的、重要的、不紧急重要的和既紧急又重要的四类,却没有区分出哪些会给你带来高额的回报,哪些根本没有价值。我们辛辛苦苦按部就班的完成任务的同时也在浪费时间。所以我们要重新审视我们的时间表做好计划和分析,作时间的主人。

特别强调的是对"闲暇时间"的利用,因为只有闲暇时间是自己的,更是自由支配的时间。我们大多数人都有一份自己的职业,八小时之内和部分的集体时间没什么区别的,一样的勤奋努力,并无区别,但真正的差距的产生其实是在个人独处时间内的利用。所以有朝一日某人的"突然成就",不是天上掉下的馅饼,而是"事出有因"。

2. 一万与一千

作家格拉德威尔在《异类》一书中指出:"人们眼中的天才之所以卓

越非凡,并非天资超人一等,而是付出了持续不断的努力。一万小时的锤炼是任何人从平凡变成超凡的必要条件"。他将此称为"一万小时定律"。与此同时中国一位知名人士提出了一千小时理论,实质和一万小时趋同,只不过是我们不知不觉地在某个领域的积累碎片化时间达到了前面原始的九千小时,最后再坚持专注一千小时,便可获得成功。

一万小时理论是指:一个人达到某一领域的极致,往往需要一万个小时的积累。这一万小时不是时间的积累,而是指这一万小时都在挑战自我的极限,每天都有提高。基于此有两点需要说明。一是积累量变,只有量变积累到一定程度(一万小时)才能发生质的飞跃。二是专注,要在某一领域有所作为必须要做到专注,专注其中,投入大量的时间精力,时时有提高,自然有进步,最终必成功。

(四)成功法则

所谓成功就是和别人相比因为小小的初始或过程差异,而产生了巨大的结果差距。当然这细微的差别其实就是那一点点的努力、一次挑战、一次尝试甚至是一点点别人不曾有的想法,但其实影响巨大,产生蝴蝶效应,最终产生巨大的差距,也就是说仅仅是那20%的差距和努力使你获得了80%的成就。

1.树立目标

凡事要有明确的目标,它会发展出个人的进取心、想象力、热忱、自律和全力以赴的精神状态,使人得到更多的支持,并有效地抓住机会。更为重要的是它可以使得我们的注意力(关注度)较为集中,从而避免被其他事物的干扰,造成时间和精力的浪费,使得我们在较浅层面的徘徊,凡事不得而终。目标感越强,我们排除干扰的能力就越强。

目标的核心作用就是,有效的集中和协调所有资源,避免"无头苍蝇般"的时间精力的无端耗散,实现既定目标。还能有效地防止外事外物的干扰而产生随意耗散。

2. 发展优势

每个人的身上优势和劣势是同时存在的。成功的秘诀就是将自己的优势不断的复制和发扬光大，失败就是把自己的劣势不断的复制，最终不断地蛛丝缠绕，形成自己大的优势或劣势，从而表现出成功或失败的表象。所以要学会发现自己的优势，寻找你有别人没有或你比别人更加特长的东西，并不断地复制和放大自己的优势，弱化或消灭自己的劣势。而正是这些小小的细微的差别的开始，后不断地放大或缩小，正是你实现自己理想和目标的砝码。

根据路径依赖现象，长时期处于积极向上的环境中，我们会更加顺畅和积极地的接受和关注积极向上的事物，进而无视消极无趣事物，自然造成强者愈强弱者愈弱现象，这是正常现象，不奇怪的！

3. 乐在其中

过往不究，未来不奢，关注当下，乐在其中。现在我们产生众多心理问题或者时间精力的过度虚度就是因为较多的无端心理因素的干扰，使得我们在操作成过程中被强烈的心理蛛丝所缠绕，自己强大的执行力犹如笼中困兽，久而久之猛虎变病猫，失去一切的战斗力。故此，目标已定，唯有撸起袖子，走你！

4. 保持秩序

秩序化是我们把事物发展过程中的各项因素按照中心原理依据权重调整到应的位置，包括时空秩序和权重概念。它是我们高效完成任务的基本保证。相反的无序化因为混乱使得事物发展过程中出现较大的"内讧"，从而消耗较大的无畏时间和精力，而没有成果，造成80%的时间和精力内创造不到20%的成果。

利用80/20法则并不是叫我们怎么样投机，而是告诉我们成功的道路上要提高效率，毕竟我们的生命是有限的。当然有人会反驳说常言说得好"成功的路上没有捷径，只有一步一个脚印走出来的"。我要告诉你们，"两点之间直线最短"，所以任何事情都有捷径可走，那就是直线距离最短——这是基本事实。

贰:秩序化

秩序的原意是指有条理.不混乱的情况,是"无序"的相对面。按照《辞海》的解释,"秩,常也;秩序,常度也,指人或事物所在的位置,含有整齐守规则之意。"从法理学角度来看,美国法学家博登海默认为,秩序意指在自然进程和社会进程中都存在着某种程序的一致性、连续性和确定性。一般而言,秩序可以分为自然秩序和社会秩序。自然秩序由自然规律所支配,如日出日落,月亏月盈等;社会秩序由社会规则所构建和维系,是指人们在长期社会交往过程中形成相对稳定的关系模式、结构和状态。

在我们有限的时间和精力下,我们的生命被死死地锁在时间和空间的两堵围墙之内,如何有序化是最大程度地发挥生命的能量,享受高质量的生命之美,获得最大程度的收益的根本途径。

一、秩序化的意义

秩序化最大的效果就是获得系统最大的收益,从而避免时间精力等的无端耗散。

(一)收益最大化,能耗最小化

秩序化最直接的效果就是收益最大化,能耗最小化。基于我们自身和社会资源的有限性,在我们的生活中我们的终极目标就是最小的投入获得最大的效益的不断努力和探索。面对恒常有限的资源,我们收益的差别来自于资源的整合,不同的整合方式产生千差万别的收益,而整合的终极的目标就是秩序化,凡事凡物各归其位,各尽其能,自然顺畅的衔接和配合,避免各个因素之间的不当衔接产生无端能耗,而各得其所,各享其成。最终结果就是收益最大化,能耗最小化。

（二）自由最大化，外扰最小化

秩序化的另外一个直接效果就是自由最大化，外扰最小化。自由是一种免于恐惧、免于奴役、免于伤害和满足自身欲望、实现自我价值的一种舒适和谐的心理状态。自由既有为所欲为的权力又有不损害他人的责任和义务。

自由是在不妨碍他人合法权利的范围内，做自己想做的事，在不违背法律的情况下，追求目标的最大化。人是自由的，这并不是说人就可以"为所欲为"，而是说人可以"有所不为"。拒绝，也是一种自由的权力。人有选择不做什么的权利，这是绝对的，在这个意义上说人是自由的。而人选择做什么的权利，是相对的，因为别人也是自由的，这样人就和他人永远存在着不可避免的冲突，而这种冲突的协调方式就是秩序化，即按照某种既定的要求有序的保持一种和谐和协调，这样在保证每个人充分权利的前提下实现最大化的自由，并实现对他人的最低程度的干扰，即自由最大化，外扰最小化。

（三）系统最优化，熵值最小化

秩序化的本质就是指自然界（或）社会的各种物质系统，由于其内部根据和条件的相互作用，总可以在一定条件下使得该系统的某个方面最大限度地（或最少限度地）接近或适合某种一定的客观标准，能使系统实践更加自觉有效，摆脱盲目被动状态，实现最优，包括系统形态结构最优、运动过程最优、性质最优、功能最优等。

而这种最优的状态定量的描述就是熵值的最小状态。熵用于计算一个系统中的失序现象，是由德国物理学家克劳修斯于 1865 年所提出描述系统状态的函数。其描述体系混乱度的状态函数，熵的增加就意味着有效能量的减少。每当自然界发生任何事情，一定的能量就被转化成了不能再做功的无效能量。比如被转化成了无效状态的能量构成了我们所说的污染。按照一些后现代的西方社会学家观点,熵的概念被其移植到社会学中,表示随着人类社会随着科学技术的发展及文明程度的提高,社会"熵"——即社会生存状态及社会价值观的混乱程度将不断增加。按其学术观点,现代社会中恐怖主义肆虐,疾病疫病流行,社会革命,经济危机爆发周期缩短,人性物化都是社会"熵"增加的表征。

而秩序化的状态就应该是系统熵值最小的最大限度地稳定状态。内部协和有序,对外无所不能,达到功能的峰值。宇宙大爆炸后熵值不断增加,秩序化不断减弱,我们的一切努力都在不断地在破坏中不断地重建和维护,在这若即若离的动态过程中不断前进。

二、秩序化的形式

根据秩序化的定义可以看出其本质就是时空的有序性。在此不妨我们将其演绎扩展重新定义为"事物的各因素的时空有序性下的权重的位置对应性",每一因素它包括三个维度,时间的顺序性,空间的顺序性以及一定的时空行下的权重的位置对应性。

(一)时间秩序

时间是一维恒常的,其具体参数表现在两个方面,一是"点"的概念,体现为位置或相对的先后顺序。二是"段"的概念,体现为长短。所以时间秩序就是指如何正确把握各因素的时间位置或者先后顺序及其占有时间长短的恰当性。

仔细分析我们生活中的诸多事端,本身没有对与错、多与少,只不过是在"不恰当的时间"出现的"太久或太短",从而出现了较差的效果甚至相反的结果。

(二)空间秩序

如同时间一样,空间是恒常存在的,其也有两个具体参数。一是空间存在位置,表现为空间"坐标"。二是空间占有的大小,表现为"体积"。故此空间秩序就是指如何正确地把握各因素的空间位置或空间占有的恰当性。

同样的物品置于不同的地点就会出现不同的效果甚至相反的结果。同样的饭菜出现在餐厅的器皿中就是美味可口干净的食品,一不小心飞溅到就餐者的衣服上瞬间就变成"脏"东西。果农手中的苹果、艺术教室模型台上面的苹果以及心理学家眼中的苹果,都因为空间位置的不同而赋予了不同的意义。"比例"一词的出现就是空间秩序在空间占有的恰当性的贴切说明,此处不再一一列举。

(三)权重秩序

权重是指该指标在整体评价中的相对重要程度,表示在评价过程中,是被评价对象的不同侧面的重要程度的定量分配,对各评价因子在总体评价中的作用进行区别对待。这就要求我们在某些事项方面耗费的精力和时间必须和该事物的"权重"相匹配,即主要精力要用在关键核心事项上,不在无关或权重小的事件上耗费大量的时间和精力。这也就是目前出现"主次颠倒""80%/20%"等现象的原因,当然权重秩序指的就是各就其位,各得其所。

三、秩序化的策略

凡事凡物在时空和权重保持秩序化,可以产生效益最大化、能耗最小化、自由最大化、外扰最小化以及系统最优化、熵值最小化等优势。那么如何实现呢?

笔者认为实现秩序化基本做法就是调整对位,即依据中心把影响事物的各因素调整到对的位置。我们平素因为感情、环境以及不恰当的理念等因素使得我们错置事物各因素的时空之"位"以及权重的"比例"。从而产生较大的能耗,"产生"较大的干扰,使得"熵"值变大,也就是时空及权重的不对位才出现的无序和混乱。

（一）崇尚科学与自然法则

科学是指发现、积累并公认的普遍真理或普遍定理的运用,已系统化和公式化了的知识,即反映现实世界各种现象的客观规律的知识体系。而自然法则则是宇宙间一切存在和运动的基本法则,比如说运动法则、平衡法则、吸引法则等。从科学和自然法则的定义可以看出它们反映的都是事物发展变化的基本规律,是秩序化的最高体现形式。

所以我们要时刻保持崇尚科学和自然法则的基本态度,不断地寻求和探索事物发展运行的基本规律。其实人类的不断发展的过程就是不断地提高认识并不断地探索,无限的接近并顺从事物发展基本规律无限接近事物本源的过程。在其过程中表现形式多种多样。

1. 规则类

规则,一般指由群众共同制定、公认或由代表人统一制定并通过的,由群体里的所有成员一起遵守的条例和章程。规则具有普遍性,规则也指大自然的变化规律。它存在三种形式:明规则、潜规则、元规则,无论何种规则只要违背善恶的道德必须严惩不贷以维护世间和谐。明规则是有明文规定的规则,存在需要不断完善的局限性。潜规则是无明文规定的规则,约定俗成无局限性,可弥补明规则不足之处。元规则是一种以暴力竞争解决问题的规则,善恶参半,非道德之理的文明之道。

我们平时的大量社会生活中的规章制度、定理公式等均属此类,是我们对事物发展规律的现有认识条件下的知识体现。

2. 计划类

在管理学中,计划具有两重含义,其一是计划工作,是指根据对组织外部环境与内部条件的分析,提出在未来一定时期内要达到的组织目标以及实现目标的方案途径。其二是计划形式,是指用文字和指标等形式所表述的组织以及组织内不同部门和不同成员,在未来一定时期内关于行动方向、内容和方式安排的管理事件。

无论是计划工作还是计划形式,计划都是根据社会的需要以及组织的自身能力,通过计划的编制、执行和检查,确定组织在一定时期内的奋斗目标,有效地利用组织的人力、物力、财力等资源,协调安排好组织的各项活动,取得最佳的经济效益和社会效益。

规划、目标等均属此类。

3.直觉类

直觉是指不以人类意志控制的特殊思维方式,它是基于人类的职业、阅历、知识和本能存在的一种思维形式。直觉具有迅捷性、直接性、本能意识等特征。直觉突现于人类的大脑右半球逻辑思维方式,它是对于突然出现在面前的事物、新现象、新问题及其关系的一种迅速识别、敏锐而深入洞察,直接的本质理解和综合的整体判断。简言之,直觉就是一种人类的本能知觉之一。

与数理化分析思维比较,直觉思维具有直接性、快速性、跳跃性、个体性、坚信感以及或然性六个方面的特征。

直觉思维与分析思维相比虽然有着明显的区别和不同,但二者的发生和形成并不矛盾。在一定程度上,直觉思维就是分析思维的凝结或简缩,从表面上看,直觉思维过程中没有思维的"间接性",但实际上,直觉思维正体现着由于"概括化""简缩化""语言化"或"内化"的作用,高度集中地"同化"或"知识迁移"的结果。

(二)树立崇高的理想信念

理想是人们在实践中形成的、有可能实现的、对未来社会和自身发展的向往与追求,是人们的世界观、人生观和价值观在奋斗目标上的集中体现。它是一定社会关系的产物,源于现实,又超越现实,是现实性和预见性的统一。而信念是认知、情感和意志的有机统一体,是人们在一定的认识基础上确立的对某种思想或事物坚信不疑并身体力行的心理态度和精神状态。它具有高于一般认识的稳定性。

理想信念作为人类的一种特殊的人类精神,主宰者人的心灵世界,制约人的价值取向和行为选择,它是人们世界观、人生观和价值观地集中体现。理想是目标,表示我们的可期许的终点,而信念则是达到重点过程中的力量,力量决定速度,速度决定到达目标需要的时间。故此,人生的终点决定你的理想目标和信念的综合效果。体现在以下几个方面。

1. 信仰

信仰是信念最集中、最高的表现形式。一般来说,信仰可分为两种类型:一种是对虚幻的世界、不切实际的观念、荒谬的理论的盲目相信、狂热崇拜;另一种是在社会实践活动中,对以事物发展规律的正确认识为基础的思想见解或理论主张的坚信不疑、身体力行。后者就是我们所主张的信仰。

信仰作为个体的精神支柱和行动指南,对个体乃至整个人类的发展都起着十分重要的作用,它对个人的人生定位和成功有着重要的影响:信仰一旦形成,就会产生巨大的精神力量,对人生实践产生巨大影响。有信仰的人会为自己的信仰调动自身的一切力量集中到既定目标上,其知识能力、内心世界都会得到充实和提高,从而推动人的发展。但是,不同形态的信仰对个体的发展具有不同的作用:科学崇高的信仰对个人具有导向、激励和凝聚作用;非科学的信仰则会阻碍个人主体性的发挥、局限人的思路、毒害人的思想。人们应当依据某种信仰是否理智、是否现实、是否崇高、是否健全等标准进行信仰选择。也只有和道德结合一致的信仰才是科学的信仰。

信仰是行动之母,个人的信仰怎样,他的行动就会怎样。信仰可以左右人生,它对于人生与事业的关系,人格的修养与定型,都有决定性的影响。它是人生的更高层面的决策和动力的灵魂。

2. 愿景

愿景,所向往的前景,是人们永远为之奋斗希望达到的图景,它是一种意愿的表达,愿景概括了未来目标、使命及核心价值,是最终希望实现的图景。它介于信仰与追求之间,是事物发展的中期追求,类似于人们常说的理想,愿景比信仰低一层(信仰通常是永恒不变的),比追求高一层(追求通常是短期的)。

愿景具有重要的作用。它是由组织内部的成员所制订,借由团队讨论,获得组织一致的共识,形成大家愿意全力以赴的未来方向。所谓愿景管理,就是结合个人价值观与组织目的,通过开发愿景、瞄准愿景、落实愿景的三部曲,建立团队,迈向组织成功,促使组织力量极大化。在西方的管理论著中,多数组织都具有一个特点,就是强调愿景的重要性,因为唯有借助愿景,才能有效地培育与鼓舞组织内部所有人,激发个人潜能,激励成员竭尽所能,完成组织成果的最大化。

3. 价值观

价值观,是基于人的一定的思维感官之上而做出的认知、理解、判断或抉择,也就是人认定事物、辨别是非的一种思维或价值取向,从而体现出(人、事、物)一定的价值或作用。在特定的时间、地点、条件下,人们的价值观总是相对稳定和持久的。

价值观对一个人具有重要的影响,它对动机有导向的作用。人们行为的动机受价值观的支配和制约。在同样的客观条件下,具有不同价值观的人,其动机模式不同,产生的行为也不相同,只有那些经过价值判断被认为是可取的,才能转换为行为的动机,并以此为目标引导人们的行为。价值观反映人们的认知和需求状况,价值观是人们对客观世界及行为结果的评价和看法,因而,它从某个方面反映了人们的人生观和价值观,反映了人的主观认知世界。

(三)知行合一

知行合一,是明朝思想家王守仁提出来的,指认识事物的道理与在现实中运用此道理,是密不可分的一回事,是中国古代哲学中认识论和实践

论的命题。中国古代哲学家认为，不仅要认识（"知"），尤其应当实践
（"行"），只有把"知"和"行"统一起来，才能称得上"善"。致良知，知行
合一，是阳明文化的核心。"致良知"就是：唤起、体认、践行、扩充、达到、
实现人皆有之、与生俱来的自性、本心、善根、智慧，最终达到万物一体、与
宇宙同化的圣贤境界。而知行合一不是一般的认识和实践的关系，它是
指知中有行，行中有知，以知为行，知决定行。

现在谈及知行合一基本上都是指认识和实践的统一，主要作为心灵
鸡汤的材料，而忽略了其更深层次的意义。笔者认为应更全面的理性认
识知行合一的现代积极意义。

1.地位平等，权重各异

知行关系，早期朱熹提出"论先后，知为先；论轻重，行为重"之说，也
有现在的主流的行更重于知的论点。笔者认为无论哪种观点只有对我们
的认知和社会实践具有积极的指导意义就是适宜的。如果我们离开一定
的时空条件下具体的事物纠结于孰先孰后、孰轻孰重的讨论，无疑就进入
了先有蛋还是先有鸡的死循环中。故此，没有一定时空概念的具体事物
的知行讨论毫无意义。

就性质而言，知与行具有同等的地位和意义，知离不开行的实践和检
验并实现升华，行离不开知的指导和推动。就权重而言，因时因地因事
制宜。

2.相得益彰，互为相长

知行互相配合、映衬，双方的效能和作用更能显示出来。人类认知的
形成方式本身就是在实践中不断形成的实践认知形成"知"，而这些"知"
的目的就是对人类的行动予以指导，并在此不断地投入"行"中，又形成
新的"知"，行和知在这个过程中相互配合、映衬，互相促进，不断提高，进
行螺旋式的进步，逐渐的推动事物无限的接近于"善"。

3.专注当下，赢在未来

纵观人类的文明史，从来就有这两派的做事习惯，一派是干什么事总

得讲个道理,分个是非。另一派呢是先干了再说。到底我们该采用哪种方式呢? 笔者认为,这个讨论不重要,重要的是在任何一个过程中要专注当下,但不苛求目标,最终必是硕果累累,盆钵满盈。知名社会学家郑也夫2015年的新作《文明是副产品》中阐述了一个重要的观点——人类文明那些最重要的里程碑,婚姻、农业、文字、印刷术,根本不是人类有意识研发出来的,而是其他有目标行为的副产品。

笔者认为,不论孰先孰后,孰重孰轻,一旦进入"知"或"行",必然专注当下,不再朝三暮四,为情绪情感所俘获,如此以往,最终必然在"知"或"行"方面收获的不只是初心目标,必将是垂柳成荫,盆钵满盈。

叁:时间精力

一曲《时间都去哪了》,颤抖了多少人的心灵,洗涤了多少人的灵魂,又放慢了多少人的脚步。一年又一年,花开又花谢,时间如白驹过隙,从容颜的稚嫩可爱到青春靓丽,从步姿的脚尖从容到步履蹒跚,我们的时间和精力到底都去哪了?

苍苍白发、蹒跚步履、落魄失意,这是沧桑岁月给我们的结果。岁末年首,每每感叹岁月无情,刀刀催人老,年轻不再,忆当年意气风发,看如今,萎靡蹒跚,我们的精力和时间都去哪了? 扪心自问,其实,时间都流逝在了我们无端的不知不觉中,无能的无可奈何中,更有无知的自高自大中。时间的绝对有限性和精力的相对有限性面对我们处理事物的无限性,我们的出路在哪里?

一、我们的处境

这是一个特殊的时代,世界发展中心由"硬件"到"软件"发展的过渡时期,出现了诸多的不为我们传统思维所接受的事物,一切的规则、秩序、经验出现了需要进行质的变化的节点,社会"需要打破一切的旧秩序,建立新秩序!"也就是一切都需要"重新洗牌"时代的到来。时间从"日出而作,日落而息"的模糊块片化的计算到"一刻千金,寸阴寸金"的分秒必争,我们不得不面临时间的绝对有限性和精力的相对有限性及我们面对事物的无限性,我们的出路只有重新审视我们的思想和观点。

(一)时间和精力的有限性

社会的发展,把我们的视线从世纪和年月日迁移到时分秒到纳秒的关注。细想之,如同"时位之移人也",芋头还是那个芋头,时间和人的地位发生变化了,芋头的味道就不一样了,时间和人的精力没有变化,仅仅是我们面对事物的剧增,使得我们不得不重新审视对时间和精力的认识。

1.时间的绝对有限性

时间,对于我们人类而言是个既熟悉又陌生的概念。如同 1500 多年前奥古斯丁说过:"什么是时间? 如果没有人问我,我知道。可是有人让我解释的时候,我就不知道了"。古今中外的思想家、哲学家、科学家、大师、泰斗,无不对时间有过追问和探究,但他们又无不留下对时间困惑的叹声。

在《时间的本质大揭秘》一文从本质上证明了"时间是人们从相对参考系得到的一种新的绝对参考系"。这个绝对参考系就是指时间的以年月日来绝对的面对所有的人的参考系,也就是我们平常所言的时间的有限性。通俗地讲就是我们都面对的是一年 365 天,一天 24 小时,每天都必须要有吃饭和睡觉的基本时间消耗,用社会学的说法人的一生也就是七八十年的时间,除去吃饭睡觉的时间,所剩无几!

2.精力的相对有限性

人的精力是相对有限的,每个人也就是百八十斤的身体,每天吸收的能量也就那么多,论体力我们比不过大象,论速度我们比不过猎豹,就是你有如牛一样的力气,如猎豹一样的奔跑速度,可你一天活动的时间也就是那么一点,所以说我们的精力是有限的。

精力来自四个方面：身体、情绪、思想和精神，它们从不同方面源源不断地提供给我们精力，同时也受限于它们，甚至有时也会耗损我们较大的精力，所以孰轻孰重，孰多孰少，孰正孰反，不能一概而论，需视具体情况而定。

（二）我们面对事物的无限性

随着社会的飞速发展，我们每天需要面对和处理的事物剧增，相比多年前我们的物质总量剧增，社会知识总量不断翻番，社会协作体系复杂化加剧。以前的"十年磨一剑"的故事不再具有生存的竞争力了，我们不得不面临着做多事物的处理和抉择，据有关资料统计就仅仅一个普通人每天面临的选择就有 200 余次。

1. 选择之痛

物质和精神总量的剧增使得我们不得不面对大量的选择，备选对象的多样化和复杂化迷乱我们的双眼和心智，加之主体精神生活的现代化呈现出多元的价值追求，选择已经变成生活的沉重的负担，就曾有人统计，就简单地吃饭睡觉就呈现出不一样的状况，以前的"张开嘴巴就喝，闭上眼睛就睡"的简单质朴现在已经是有专门组织专门人员研究并不断推陈出新，花样百出的"科学"了，我们在最大程度上遇到了前所未有的选择之痛，烦恼、犹豫、徘徊等就是耗时耗精力的代名词。

选择之痛的根本原因就是操作层面知识缺失造成，我们意识到问题解决的必要性，但没有解决之道。从而耗费大量的时间精力在操作层面。

2. 精神之殇

知识总量的暴增，加之物质资料的无限丰盈，人们的需求已经由简单的生存型向更高层次的精神层面的迈进，精神的无限丰富性和人们精神生活的技巧性缺失形成巨大的反差，即我们有着一种高质量的精神需求可没有这方面的知识，这种对撞使得我们往往产生一种畸形的精神生活方式来缓解这种矛盾，表现为以强烈的情绪情感代替理性，以激荡起伏的情绪情感处理事务,对自我认知水平提高和阅历加深的体验没有任何提高和增强,在时间精力的一波一波的耗散中苟延残喘,这对人和社会的发展产生极大的阻碍作用。

精神之殇的最终表现形式以强烈的情绪情感因素代替理性,如心灵鸡汤,我热情高涨,情绪饱满,就是无所作为,缺的就是寻找一把勺子并美美地品尝,而不是以满怀激越的心情徘徊在热锅周围,时而摩拳擦掌,时而振臂高呼,就是喝不到烫嘴的心灵鸡汤。

二、我们的窘况

岁月如梭,榕树旁,弯月下,我们惆怅"时间都去哪了？我们的精神头都去哪了？"是的,它们到底都到哪去了？停下匆忙的脚步,整理如麻的思绪,猛然惊醒,时间和精力都流逝在了我无端的不知不觉中,无能的无可奈何中,更有无知的自高自大中。按照耗损我们时间精力的对象来源,我们宏观的分为内耗和外耗。

(一)内耗

这是来自我们自身因素的时间和精力的耗损,这是最多的也是危害最大的时间精力耗损,更严重的是形成严重耗损的不良习惯,形成不为我们意识到的流逝习惯。

1.无端的内耗

无端者,无缘无故。生活中我们的时间精力的不知不觉地流逝就是无端的内耗。我们无事所从之时,呆呆地发愣,漫无目的游走,"聚精会神"的旁观。日出而起,行走市井,任何事情都可能对其产生强大的吸引力,"中国式的围观"就是这类人促成的。

其形象的描述就是:日出,拿一小凳,端一破盏,坐一破损的井盖旁,聚精会神地注视着来来往往的人群,等待着掉下去的场景,以激起自己久违的激素的分泌,日落,拖着疲惫、满身尘土和充满异味的身躯转身,扑通！自己掉进了关注了一天的下水井，艰难爬出，寻见破损的眼镜，回到蜗居的阴暗地下室。翌日，如常岁月。他日，再没爬出！

2. 无能的内耗

无能者，没有能力。因为没有能力，我们无奈时间精力的耗损，心中无限的焦灼与苦闷，在一夜之间白了你的头，消瘦了你的身影，我们在无可奈何花落去的同时，也在纠结着我们的无能，郁闷着我们的情绪。

无能的内耗和无端的内耗最大的区别就是无端的内耗没有意识到时间精力的耗损，而无能的内耗却是深深地为自己的无能为力而陷入深深的焦灼和苦闷，在焦灼和苦闷中耗损我们大量的时间和精力，而不是在寻找解决方案的努力中的时间精力耗损。更深层面，无端内耗是"元无知"造成，而无能内耗是"次级无知"造成的。

3. 无知的内耗

无知者，知识或常识缺乏，不明事理。表现在处理问题上面的不理性，任何事情都以强烈的情绪和情感为主导，并贯穿始终。每每的情绪情感过后除了时间精力的耗损对事件的解决和自己的认知结构的提升没有任何作用。无知的内耗和无能的内耗都是情绪和情感型的，但无知的属于自己情愿出现并期许拥有，而无能的属于不希望出现并期许尽快摆脱的情绪情感。

如有关的"涉日事件"中的"爱国"，我们不乏大批"爱国人士"，每每此时此刻，心中无比的情绪高涨"爱国的伟大情怀"，晨起，头缠爱国丝带，攥紧爱国拳头，大义凛然上街打砸日本商品，焚毁日系车辆，每一声呐喊和举动，激起身体一阵阵的激素的分泌，产生一波一波的愉悦和兴奋。日落，回到阴暗狭小的出租屋，啃着冰冷的馒头，美美地计划着第二天的"爱国行动"。时过几日，朝核局势紧张，又紧张地投入到为维护世界和平的行动中去，分析研判，并为每一次自己做出的"解决方案"而兴奋地彻夜不眠。最终，拥着美好的成就感，带着手心里紧攥着的半个冷馒头，面带微笑，离开人世。

(二)外耗

外耗是由于外部因素对自己产生的时间精力的耗损。人是具有社会性的动物,社会交往是保持社会性的必要途径,在这个过程中必然会产生时间和精力的耗损,由于我们的不知不觉以及无知和无能,产生了较多的无关的时间精力耗损。

1.无端的外耗

不可预见的外来时间精力耗损,就是无端的外耗。行走世间,世情无奈,总会时不时地出现一些小插曲,不可预见,毫无征兆地展现在我们面前,不得已的我们必须以一定的时间精力来应付这些意外事件。

如,出行外出途中路遇一"精神疾病患者"对你进行言语挑衅,你是选择迎面而上针锋相对还是避而绕之,如果你迎面而上,如同我女儿所言:"狗咬你了,难道你还要咬狗一口不成!"无端的耗费大量的没有收成的时间精力。或者你避而绕之,以最少的时间精力耗损处理这种必须面对的意外事件。必须面对,但结果由你选择!

2.无能的外耗

没有能力处理好外来事件的滋扰而产生的时间精力的耗损就是无能的外耗。行走人间,人事婆娑,我们不得不处理大量的协作而产生的事情。由于我们个体能力差异,总会表现出一定的力不从心,从而耗费较多的时间精力在处理过程中,同时也会在心里产生焦虑的情绪情感,不但影响处理问题(时间耗损),继而出现"一夜白头"(巨量精力耗损)。

在无能的外耗中,我们无力处理好外来事物可能会出现两种结果,一是"我们不服输",夜以继日执着的努力着,相信只要努力问题总会解决的,但相对来说时间耗损量较大。另一种就是面对问题,无所适从,愤然搁置,时间精力耗费在整日怨天尤人之中。当然生活中大量的是两者都有的状况。

3.无知的外耗

认知结构的不合理而出现的不明事理,进而在外在问题处理上时间精力耗损就是无知的外耗。行走江湖,江湖无情,你却有情无知,在处理大量的外来协作事件的过程中因为无知我们的大量的时间精力耗损在情绪情感中,于问题的解决没有任何的推进。

在我们周围不乏大量这样的人,每每事情发生,不是从解决问题的思路出发,而是先从自我的情绪情感指向出发,进行情绪情感的宣泄,如生气的本质就是拿别人的错误来惩罚自己,因为别人的错把自己气的死去活来,饭茶不思,终日闷闷不乐。而对方却逍遥自在,自得其乐。

三、我们的策略

同许多牛人大咖们一样,在社会中的我们经常出现"度日如年""岁月如梭"的感慨以及"一夜白头"的现象,我们对着貌似熟悉又陌生的"时间"无从把握。我们不是科学和理论工作者,但我们都清楚的事实是我们使用的时间是绝对的,均匀流失的,而个体时间几乎都是相对的,非均匀流失的。环境和人为因素可以改变或控制个体运动(时间)的快慢。例如,加热和催化剂能增加化学反应的速度(个体时间流逝加快了)。所以基于"我们"时间的均匀流逝(有限性)下如何实现"我"的不均匀流逝,这是我们必须深深思考的问题。

造成工作时间不断延长的原因是时间的有限性,我们一天都只有24个小时的时间,问题多了,时间总是不够用的。而精力则不同,可以通过养成一些好的日常习惯,来源源不断地补充精力。通过国外有关实验组和对比组的对比研究发现,更好的精力会让员工在相对更少的时间内更高效地完成任务。因此,精力不会像时间那样有限,如果利用得好,就可以有能力迎接更加严峻的挑战。

(一)排异

排异,把不属于某个宿主的异物排斥出去,避免异物对宿主正常秩序的影响,以使得宿主健康有序的成长和发展。根据相似形容的原理,异物因为不相似，必然会耗损宿主时间精力来克服这种"隔阂"以争取共处，但因为不相似，故永远会耗损宿主的时间和精力。最好的方法就是"排斥异类"。

医学上有排异，心理学上有排斥，其意义概如此。在生活中，我们以集体的共性约束力来把我们思想上和行动上不属于这个集体的东西清除出去，不断巩固集体的相似性相溶性——这就是团体的向心力，促使集体健康快速高效的发展，最起码的无论个人还是集体"远离和拒绝负能量"是基本的要求。

（二）调序

把时间和位置按照中心原则调整到对的位置，也就是调整对位。俗语说得好"事物本身无好坏之分，只不过是出现在不恰当的时间和地点，便产生不同甚至截然相反的效应"。

一粒米饭出现在饭碗里就是香喷喷的美食，不小心洒到衣服上就马上变成恶心的污染物。更为经典的是苹果在农夫眼里就是喜悦的收获、孩子的学费、地里的化肥等，顾客买走就是精美的水果，画家放在桌上就是漂亮的模具，亚当夏娃眼里就是善恶，牛顿眼里就是科学定律，乔布斯眼里就是科技……不同的位置产生不同的效应，所以要根据需求放在恰当的位置。

时间次序亦是如此。就拿中国教育来说，出现诸多的不如意就是时间顺序的不当造成的。需要建立学习兴趣和探索精神的时间，被沉重的奥数奥语、升学率剥夺了健康心理和身体素质的时间和精力，而当需要奠定学习基础的时候却因为目标感的丧失沉溺电子游戏和无知的游玩，在需要为祖国贡献力量的时候却因为功利性的学习目标使得创新和前进乏力，到了年老的时候却因一事无成拖着被年轻就摧毁的病躯却在努力地奋斗着。一步错位，处处举步维艰。

（三）调权

处理事物按照其权重采取相应的措施就是调权。用俗语讲"就是分清轻重缓急,远近亲疏",凡事都应该按照此时此刻此因素在某一目标体系中的权重而采取相应的措施,付出与之相适应的时间精力,著名的80/20法则的核心就是调权问题。

现在的部分年轻大学生为什么不为社会所接受,就是因为他们在把学习作为主业的时间却在沉迷于电子游戏,谈一场轰轰烈烈的恋爱作为主要大学目标。笔者非常不赞成把大学生可以结婚作为人性自由的象征,大学就是以学习为主业的场所。

（四）融入

把不得已无法回避的事物,接受它把其负面影响降低到最小,并把它的正向力量发挥到极致。俗语讲的好"我们可以左右自己,却无法左右别人",当我们无法回避某些人和事物的时候,我们只有接受它,这是不得已,而能做的就是将其优化,为我们服务,最起码的是不能产生较大的破坏和负面影响。

细想整个人类的进化亦是如此,我们无法回避某些有机体的变异,我们仅有的就是优化结构将各方面的正向因素发挥到极致,将负面的因素减小到最小或者以其他的优势取代劣势,达到最佳的一种和谐和均衡。如直立行走使得我们解放了双手,以各种器官可能出现下垂的风险把手变成了武器、手势语言、操作工具等大量的益处。我们为了能较好地散热退掉了全身大部分的体毛,以不断摄入盐分以平衡电解质的小小代价,使得我们成为世上最能跑的动物。再如我们大学的同学"远近高低各不同",我们无法回避他们,那么能做的就是分清楚"远近高低",采取相应的措施。

（五）同化

将所有事物的正反力量都充分地利用到事物发展的有意义的方面。俗语讲的好"存在即合理"，我们的存在都有理由，我们只有按照事物存在的本源将它们各归其位，充分发挥其作用，达到万物一体。

共产主义社会就是一个大同的社会，其典型的特征是：社会生产力高度发展，物质财富极大丰富，达到可以满足整个社会及其成员需要的程度；社会成员共同占有全部生产资料，劳动者本身既是劳动者，又是生产资料的共同占有者；实行各尽所能，按需分配的原则。社会成员将尽自己的能力，最大限度地参与社会劳动和工作，社会将根据每个成员的实际生活需要，分配个人消费品；彻底消灭了阶级差别和重大社会差别。全体社会成员具有高度的共产主义觉悟和道德品质；在共产主义社会里，劳动已经不是谋生的手段，而是人们生活的第一需要；国家消亡，实现高度的自治。这是一个高度同化的社会。

第三节　学　习

> 知识决定标准，
>
> 标准决定品质。

壹：终身学习

这是一个全新的时代，我们的"软硬环境"发生了质的变化，随之我们应对策略亦需随之而改变，但对应的我国社会主要矛盾"人民日益增长的美好生活需要和不平衡不充分的发展之间的矛盾"相应的"人民群众面对矛盾的认知升级日趋紧迫"，社会上出现了大量的为我们不理解的政治经济文化现象,使得我们无所适从,不是社会和他人的问题,是我们的认知需要升级了。我们还在以一个几十年前的认知水平和标准来评判现在的社会发展,那能行吗? 正如拿着一张上海的地图,查找北京的地址,那肯定是行不通的。著名自媒体人罗振宇把这个时代的特点归结为"时间碎片化、信息大爆炸、知识跨界融通、阶层正在固化"。我们因为无法理解或者解决问题而产生焦虑情绪,尤其是渴望得到解决问题而产生的"知识焦虑","知识焦虑"的操作层面就是"学习焦虑"。它已经不仅仅是"谋生"问题,而是一个"求存"问题了。如何克服知识焦虑? 在这个碎片化、终身化、跨界化学习的时代,又该怎样学习? 这是我们每个不断求进的现代人首当其冲应该思考的问题。

笔者认为首先应该做的就是关于知识和学习的认知升级!

一、认知升级

一个人的认知水平决定着一个人的一切,大的来讲就是一个人的价值观决定一个人的是非判断。厚黑学中察言观色就是通过你的一言一行来判断你的价值观,进而形成对你价值观指导下对事物判断的方式方法,从而迎合或是规避你的行为轨迹,达到自己的目的。在心理学中的认知行为疗法中就是把行为和思想上的问题从根本上解决的方案,解决源头问题——认知!

(一)认知状态

一个人认知有四种状态,也是人的四种境界:一是"不知道自己不知道",占比95%,特征是以为自己什么都知道,自以为是的认知状态;二是"知道自己不知道",占比4%,特征是有敬畏之心,开始空杯心态,准备丰富自己的认知;三是"知道自己知道",占比0.9%,特征是抓住了事情的规律,提升了自己的认知;四是"不知道自己知道",占比0.1%,特征是永远保持空杯心态,认知的最高境界。

人和人根本的区别就在于你处于哪种状态,或者是你的哪种状态占有绝对优势。可怕的是,四种状态中 95% 的人都处在第一个状态,甚至更多。这也就是为什么碌碌无为的人是大多数。视而不见,只会失去升级的可能性。只有自我否定,保持空杯心态,一个人才有可能真正成长,实现跨越。

今天,我们处在一个大洗牌的时代,以前所有的认知在迎接着崭新的社会现实,每一个行业的认知都在迅速迭代,跨界越来越普遍。如果不保持这种"自我否定"的认知状态,很难完成对快速变化的社会的认知。

(二)认知影响

认知决定标准(价值观),标准决定品质(人生)。一个人言谈举止间流露出的高雅端庄或庸俗无趣,不是由外表或物质性的东西决定的,而是由他印在骨子里的认知决定的。一个人的认知水平决定着一个人的行为举止,往往我们只关注表象,而忽略了决定性的作用。如同样的旅游团里,如面对浩瀚无际的沙漠,旅游团的"大漠孤烟直,长河落日圆!""哇塞,真 TM 的美!"以及"咦。全是沙子!"的不同声音,肯定你很快会读懂他们各自的认知水平。因此,我们的差距不是团费的不同,更不是男女长幼的差别,而是认知水平的差距。

1. 行为反应认知水平

认知,几乎是人和人之间唯一的本质差别。技能的差别是可量化的,显性的,技能再多累加,也就是熟练工种。而认知的差别是本质的,是不可量化的,隐形的。人和人比拼的,是对一件事情的理解和对行业的洞察。执行很重要,但执行本质是为了实践认知。

在秦牧的散文里曾描述两个农民吹牛,一个吹牛说我见过皇上金銮殿,另一个问金銮殿什么样? 这个就说金銮殿好,左边一个油条铺子,右边一个烧饼铺子。皇上想下来吃哪个就吃哪个,都不给钱的。从中可以看出,一个农民能够想象的世界上最好的生活就那样,他的认知水平也就仅仅是基本的吃穿问题,也仅仅是基本的经济交流问题。打倒"四人帮"之后,民间也有传说,说江青腐败,那个老婆娘不是东西,床头搁一红糖罐子,床尾搁一白糖罐子,夜里起来都吃。是的,当时老百姓觉得能吃上糖就是皇上娘娘的生活。另有一故事说一个捡粪的坐路边上叹气,说他妈的,我要是当了皇上,这捡粪的叉子得是金的,而且路两边的粪都得归我一人捡。他压根就没想过一旦有机会摆脱掉捡粪的命运的认识,也就是没有认知升级,仅仅是认知的一点量变而已,所以,即使他们经济情况发生巨大变化,如果没有认知的升级,仍不能改变捡粪的命运。生活中这样的例子遍地都是。

2. 成长就是认知升级

天下大势,何其复杂,简化到最关键的点,就是关键人的关键认知。而认知的本质就是做决定。人的一生,就是不断地进行认知重建的过程。从小到大的成长,对于事物和外界的认识,在社会中,总是要经受着不断的认知改变。不良的认知,经常包含错误的逻辑,用模糊的语言把某些具体的东西模糊化、扩大化。由求助者自身进行不完全归纳形成的以偏概全的概括。在这个过程中,往往一些不良的认知影响我们的情绪和行为,造成情绪和行为的不良反应。人和人一旦产生认知差别,就会做出完全不一样的决定。而这些决定,就是你和这些人最大的区别。你拥有的资源、兵力,都不重要,核心是你脑海里的地图和你认知的能力。你的位高权重、财富积累以及某项技能只是工具和表象而已,核心是你的认知水平。

在各行各业里不乏这样的人。就拿马云、王健林而言,马云的崛起的条件可谓一般,在这个行业有一大批"条件"优于他的,就是在大家比拼的时候,他首先进入了认知升级的阶段,从此一发不可收拾,步步为先,遥遥领先。再者王健林在地产界如日中天的时候,不自满于当前利益,较早的实现转型的认知跨越升级,使得在这个领域里独占鳌头。还有大量的诸如褚时健的再度创业成功的事例,马化腾通过投资形成的生态系,帮助他建立了足够的行业认知。他就不是在跟一个普通的产品经理聊了,而是跟刘强东聊电商,跟王小川聊搜索,跟猎豹聊国际化。他们真正拥有的核心武器,根本不是资源,而是认知。

(三)认知调节

认知水平决定了一个人的生活状态,基于此,要实现高品质的人生必须实现认知的调节。认知的调节从变化量上可分为认知迭代和认知升级。认知迭代是一个连续的量变积累过程,一直是一种无意识的、不成体系的存在。当迭代积累到一定的程度,认知发生较大的明显的改变,就表现为认知升级。所谓的我们一下子或"一夜之间"就豁然开朗,实际上是大量的无意识的、不成体系的逐渐积累的认知日积月累的结果。也就是著名的"一万小时"理论和"一千小时"理论的关系。

1.认知迭代

在人们认识和改造世界过程中认知迭代实际上一直存在,只不过是以一种无意识的、不成体系的形式进行着。对概念不断深入地认识是人们认知成熟的重要体现,因此认知迭代集中表现为对概念的认知迭代,主要体现为三个方面:纵向表现为精深。你对某一事物的认知,也就是以工匠精神,深入地对某一概念的深度系统的发掘,"钻研"一词是其贴切的描述;横向表现为拓宽你对某一事物的认知,不断地扩大它的外延,出现"广义上"一词即是有效力证;或者颠覆你对某一事物的认知,实现"小型"的认知升级。总而言之,围绕着一个概念、事物,你在认知的过程中要么在某一点上加深对它的理解(刻苦钻研),要么拓宽你对这个概念的视野范围(扩展外延),要么你完全颠覆对它的认识(知识接力),以另一个更好的概念取而代之。

对概念进行认知迭代的过程犹如手机里的应用程序的更新过程:刚开始是1.0版本,产品很不完善,会有很多bug,随着不断地更新迭代,这个产品会逐渐完善出现1.1、1.2等版本,最后直至出现2.0版本。其实对一个事物的认识也是这样,不可能一次达到尽善尽美,你会经历数次的试错过程,最后达到一个相对完美的认识。

2.认知升级

我们大多数人在人生的道路上其实从奋斗努力程度上都差不多,但在到达成功的顶点的时间却千差万别,也就是加速度不一样,究其根源就是认知升级的速度问题,有的人穷其一生思维方式都没有改变过,没进行过一次认知升级,而"问题的版本"却是不随人的意志而自然的升级,那么你的结果就是自然的被淘汰。

(1)认知升级概念

当认知累积到一定程度,自己的认知结构将发生一些较大的变化,实现质的飞跃,这叫作认知升级,如前面举到的例子捡粪工将自己的捡粪的叉子从木制的到金属的、甚至是有钱后的镶有钻石的黄金叉子,这只是认知迭代。只有当他有钱后,不再从事捡粪,开辟新的谋生或生活方式,这才是认知升级。所以认知迭代是一个量变的过程,认知升级才是最重要的改变。

有的人自然会拿出"一万小时"理论来反驳,但在"一万小时"理论里面的一万小时指的是刻意进取,即方向性和有效性的统一下的相对有效时间概念,也就是较早的实现认知升级之意。

(2)认知升级障碍

其一是自以为是。

自以为是是自我认知升级的最大障碍。以为自己知道,远远不如以为自己不知道。

前面谈到有95%的人处于不知道自己不知道——以为自己什么都知道,自以为是的认知状态。这也就是处于一种无知的自信状态,自以为全知晓,而放弃掉对未知的追求和探索,这样的话就处于一种停滞状态,而事物的发展变化总是按照时间的一维性一直朝前发展的。

解决这个障碍的途径就是自我否定,就是假设自己无知,是自我认知升级的唯一路径。不做痛苦的自我否定，认知上不了一个新台阶。即使正确信息摆在面前，你也会视而不见。这基本是成为英雄或凡人唯一的机会了。

其二是知行不一。

认知的最终效用就是指导人们的行为，不行动的认知，如同沉睡地壳深处的无限矿藏，也许它很珍贵，也许储量很大，但就是没用！那它就是伪认知。炫耀自己知道，有什么用？一个浪潮打过来，认知就没了，如同没有。真正的认知，必须知行结合。

在这里笔者特别不赞成"是金子总会发光的！"这句话，如果在有生之年，你的才华无以展现，或在适当时空点上无以展现，那么茶壶里煮饺子，倒不出来的饺子有何用处，甚至会毁了茶壶的，长此以往饺子也将腐败变质，成为无用甚至有害之物！

（3）认知升级途径

认知升级的唯一途径就是"学习"和"缝接"。

其一是学，即进行认知的模仿阶段，占有大量的已有的他人"成果"。

人的可开发的大脑资源、精力有限性和不断增长的人类认知资源的无限性的矛盾，使得我们不得不在有限的精力和时间内进行不断的认知升级，我们唯一高效的途径就是通过"打包"（概念品牌）和"借用"（公式定理），以"空杯心态"认真学。

其二是"习"，即有效的实践活动，检验和认识已掌握的他人"成果"，并在实践中不断提高认知。

把已有的认知转化成行为包括系统化的思维活动及其固化和有效的实践活动，认知到行动，因为中间存在着较大的自我能耗，故需要意志力的参与，这正是造成"知行不一""语言巨人，行动矮子"的根本原因所在。已有的认知要成熟和发展，只有不断地投入到实践中，重新检验和升华成成熟的认知，才能实现质的飞跃。只有行动，才有可能证伪。坐而论道，没有意义。

其三是"缝接",即"消化"后的"吸收"——"缝接",变成自己的"成果"。

一定的认知经过消化后,关键是"缝接",前面很多的环节就是为吸收准备的,一定的认知如果不缝接到自己的认知体系中,那么这样的认知只能是藏书或词汇的一部分,最终的结果只能是"拉肚子",于己无任何意义。这是认知升级的关键环节。

认知迭代和系统升级是相互成就的,二者必须同时进行,进行认知迭代只是量的积累,系统升级才是质的突破,但系统升级必须以认知的迭代为基础。

有的人可能终其一生思维方式都没有改变过,也就是没有进行认知迭代和认知升级。犹如安装某个 APP 要求 IOS8.0 以上版本,但是你还处在 6.0 阶段,怎么办? 唯一的解决办法就是你不安装这个 APP,那么你就失去了它,你的认知从此便少了一部分。这样累积的结果就是你将"穷迫"一生,不得善终。

二、终身学习

"人民日益增长的美好生活需要和不平衡不充分的发展之间的矛盾"日益加大,加之社会飞速发展,物质财富和精神财富总量高速增长,穷其我们的时间精力亦应接不暇,随即产生了"焦虑情绪",这和我们的向善向上追求完美的内心需求结合后产生"学习焦虑",笼罩着每个人,而且不断地加深,在飞速地进化。

以前我们也有学习焦虑,无非就是考不好试、考不上大学、找不到好工作等低级的焦虑,其本质是"谋生"。但是社会发展到了今天,这个焦虑已经不是"谋生"的问题了,它是一个"求存"的问题。换句话说,如果你对社会环境的信息感知能力下降,你原来的生存方式是无法维持的,这就造就了中国的很多老人,有钱,也有社会地位和社会阅历,却常被骗子骗。究其原因是新出现的那些技术、协作方式,他们不知道了。你年轻的时候积累了大量的财富,你没有能力在极其复杂的环境当中保卫这笔财富,一夜之间毁掉你的前半生积蓄,那如何防止? 其解决方案就是坚持终身学习!

1994 年在意大利举行了"首届世纪终身学习会议",提出了终身学习是二十一世纪的生存概念。终身教育和学习的理念被越来越多的人接受,终身学习成为时尚。在此之前,不同的组织和不同的人对终身教育和学习做了较多的论述,但唯一主题就是坚持终身学习的思想。

简言之终身教育和学习是"人们在一生中所受到的各种培养的总和",包括"教育和被教育的一切方面";终身教育和学习贯穿于整个人生,是人自发的、主动的、持续的教育和被教育过程;突破时间、空间的限制,涉及人的思想、智能、个性和职业等方面的内容。

根据其概念可以看出其具有以下几个特点:终身性,贯穿生命的全程;广泛性,包括教育和学习的时间、地点内容的广泛性;灵活性,学习的时间、地点、内容、方式均由个人决定。

(一)为什么要终身学习

前面谈过,所谓成长就是认知迭代和认知升级,而认知迭代和认知升级的唯一高效途径就是学习。伴着社会知识更替速度的加快,知识总量的极速扩张,我们在有限的时间精力下不得不坚持不断的高效的迎接着一切,唯一解决之道就是坚持终身学习。

1. 知识更替周期变短,总量暴增

随着社会的发展,知识更替周期逐渐变短,知识总量暴增,而我们的大脑容量和时间总量没变,这就存在在有限的精力和时间资源上处理数倍于以前的信息和数据,迫使我们不得不随时进行认知升级和提高信息处理效率,而途径只有坚持随时学习,即终身学习。

二十世纪五六十年代以前,知识基本上五六十年更替一番,也就是说我们的爷爷那一代人,一生在二十岁之前学习和掌握一门技术,他们的认

识水平基本上可以支撑一生所用,因此他们基本上一生就在一个地方待着,在一个单位四平八稳地度过一生,所以那时候就有"学业有成"之概念。随着改革开放大门的打开,社会发展加快,社会知识总量再次增长,知识更替二三十年更替一番,我们不得不进行一次认知升级,这就出现了下岗跳槽等现象,好多人下岗后不知所从,甚至产生心理问题。所以那时候有了"深造""再教育"之说法。随着互联网和物联网的高速发展,信息社会来临,知识更替速度急剧加快,知识总量几年就翻番,我们几天不上网,不学习就和这个社会好像已经隔离了一样,认识升级的频率再次加快,莫说不学习,就是学习效率稍差,也会很快被社会远远抛在身后,所以不得不"活到老学到老"——终身学习!

2.社会阶层逐渐分化和固化,认知升级是实现跨越的通用高效途径

中国乃至世界,社会基于物质精神财富的不同逐渐分化和固化成不同的阶层,分析其决定因素,除去人力不可为的因素,认知升级是实现跨越的通用高效途径,也是唯一的可为因素。

中国社会分层逐渐到来,各个阶层并逐渐固化。那我们是不是很悲观了?这是不是有点宿命论的观点?前面我们专门论述过人是不平等中的平等,阶层的相对稳定性表现出不平等性,但人又是平等的。上帝关闭一扇门的同时会打开另一扇窗的,我们可以实现阶层跨越的。古今中外,我们唯一的较为成熟的主流的穿越方式就是通过学习实现认知结构的升级,完成阶层穿越的。有没有知识?你是不是能够完成认知升级?知识的爆发性价值有可能改变你的一生,最终帮助你完成阶层穿越。

3.时间碎片化,价值体现多元化

知识的爆炸性增长,信息交流的多元化,多元经济的产生,使得社会协作关系极度复杂化,我们有太多的事情要同步运行,分头照料,所以拿不出整块时间了。我们时不时的需要缓冲我们的知识焦虑,刷刷存在感。这样我们的时间被分割成太多的碎片,甚至同一时间内多通道运行,所以就出现了满大街各种状态下的手机强迫者,吃饭、走路同时眼睛从没离开

手机屏幕，以前的走路掉下水井、撞电线杆都是意外中的事，现在却稀松平常。

我们以前可以静静的花一大块时间细细品味几十万字的著作或者参加一个培训学习，现在时间被分割成一小片一小片的，那么我们的应对策略就是知识的无限制压缩精炼，快捷的掌握一片知识，并迅速转移到另外一块阵地上，开辟新的知识点，所以学习越来越跨界化，以实现知识的大融通。

时间碎片化、知识压缩精简化、学习跨界化的核心作用就是我们可以在无限丰富多彩的世界中寻找自己的共振点，刷出自己的存在感，实现自己的人生意义。这和我们以前的被动型的适应形成强烈的对比。以前我们的存在感就是那么简单明了，而这个时代多元化的存在价值观使得我们有了更多的选择，所以我们需要了解更多的备选材料，我们不断地学习不同的知识，在我们所能涉及的所有领域不断地探寻共振点，这种行为就是终身学习的动力和根源。

（二）如何终身学习

在这个知识暴增，价值多元化，时间碎片化，信息渠道复杂化的时代，我们的"焦虑"无处不在，尤其是伴随着"知识焦虑"产生的"学习焦虑"如何应对？

知识焦虑是面对自我知识匮乏和需要增加知识的矛盾而产生的不安等情绪，进而会产生的增加知识的需要和如何增加的矛盾而产生的学习焦虑。那么如何终身学习的实践是解决学习焦虑的根本途径。笔者认为有以下几点以供参考：

1. 设定目标

在知识总量空前暴增，信息传递手段无限多元的时代，时间和知识被无限的碎片化，"乱花渐欲迷人眼！"我们身单力薄，有限的精力和时间无力应付，如果没有"目标"的一揽子"胡子眉毛"一把抓，最终将会精疲力竭,形神俱焚。

凡事预则立不预则废,设定一个大目标,分解成若干小目标,防止我们"被轻易干扰"而耗散我们的有限时间精力。再者,基于"聚焦效应"和"马太效应",我们的学习效率也将大大提高。

在手机「得到」App 专栏《槽边往事》里,和菜头说了这么一段话:"不计成本,成败利钝的追求知识,这是专业学者干的事情。可是我们不是,我们是普通人,普通人是要面对一个一个的目标去行动的。行动一步获得反馈,调整行动,再继续往前走,是我们每一个普通人的正常生活。"

2. 力求缝合

学习到的知识如果不缝合到自己知识体系中,那仅仅是知识的自然存在而已,如银行里的钱一样,我们知道有很多,但不是我们的。"一百个读者就会有一百个哈姆雷特",知识只有和一定的主体结合,才能产生特有的作用,否则知识只是藏书和词汇的一部分,藏书和词汇只是知识的形式载体而已,它是有限的,而知识却是无限的。也只有和认识主体缝接在一起才能体现出它的无限性。

犹如我们在珠宝店看到的金银珠宝,仅仅是满足眼球的欣赏,徒增艳羡的嫉妒,随着淡出视线一切消失,"回到家里依然是锅碗瓢盆",而只有当它挂在我们的脖子上,戴在我们的手上,它才能如影随形的伴随着我们的一切感官刺激,这才是我们真正需要的。

缝合的另一种情况就是要将手里的"碎片知识"缝合成系统的大片知识,否则只是大量的碎片垃圾,徒耗内存,浪费资源。基于此,我们平素从碎片化的时间拥有的大量的碎片知识,如果没有缝合,除了饭后谈资偶尔调动的资源,没有任何的意义。正如现在一种社会现象,手机之殇,无时无刻不利用任何的碎片时间在手机上获取大量的碎片知识,除了眼睛的不断伤害、时间的浪费、生活的混乱,对我们的好的影响又有多少呢?

3. 善用概念

即通过不断地搜集新概念来高效地学习。

人类在发展过程中,知识的储存总是在通过概念来打包处理的,我们把本来复杂的社会经验和知识不断地简化为公式、定理和概念,而且随着社会发展,知识的浓缩性越来越强。打包化的处理方式是现代人必备的基本概念,诸如把烦琐的世界知识简化成公式定理和概念,把生产产品打包成品牌,把人的心理打包成内倾、外倾等。

著名投资人李笑来老师讲,上初中的时候他妈就告诉他,每个学期开始的时候,教科书发下来,先预习,掌握那些关键概念,那之后到课堂上听课、做作业就轻松得一塌糊涂。比如说《高中物理》第一册,不就是那些概念嘛,什么是力,什么是运动,牛顿三大定律,什么是做功,什么是动能,就这些东西。然后纲举目张,任何知识的碎片抓进来都能够安放到概念上。

4. 分拣碎片

高度发达的信息社会把我们的时间和知识分割成无数的碎片,我们没有一整块的时间系统的学习整块的知识,就那一本二十万字的书来说,基本领略一遍,也需要两三天的时间,我们哪能开辟出这整块的时间,几分钟之内不是看看手机微信,就是接听电话,看看QQ,这事那事把我们的时间分割的一地鸡毛去接受扑面而来的知识碎片。所以利用碎片时间这是现代人必备的概念和能力。

一叶知秋,知识被伪装成各式各样的面貌展现在我们面前,但殊途同归,山还是那座山,不过是"横看成岭侧成峰",这就需要培养我们利用碎片时间分拣知识的能力,诸如标题领略、内容通略、字斟句酌等方法和能力。

法无定法,万法归宗,分形学就是很好的印证。面对一地鸡毛的碎片知识其实只是系统化的一片叶子,在其中无不渗透和诠释着系统的概念和知识,不过这需要一种能力的培养,那就是领略其本质核心要义,也就是根据发布者主张结合自己需要而产生后续行为。

5. 及时反馈

跟书学(阅读)和跟人学(听课),哪个更好呢？过去我们认为跟书学就是很好的学习,其实不然,和人学习是效率最高的学习。其根本原因在于除了阅读学习的效果之外增加了"人格魅力"和"及时反馈"的要素,如同食物进入人体除了进行形态加工(咀嚼搅碎)之外高效消化吸收的重要因素——激素,试想离开了激素分泌无法想象人体的消化吸收会成什么样子。

这就是固化在教材中同样的知识,教师通过课堂讲授效果远远大于学生自学的原因,他在课堂上能够及时感受其他受众的信息反馈和听课氛围,及时反馈并调整,更重要的是通过教师这个环节加入更多的知识传递吸收的"激素"。一般情况下,效果从高到低依次为:面授现学、网络教学、读书自学。

三、快乐学习

从我们来到世上的那天开始,我们就对这个世界充满好奇,对我们来说一切都是陌生的、崭新的,于是我们试图去弄个明白,从我们模仿大人打开墙上灯的开关时,看到亮起的灯,我们手舞足蹈,这时,我们是快乐的;当我们踏进课堂,完美地回答了老师提出的问题,同学们投来赞许的目光时,我们是快乐的……每时每刻,学习都能让人感到快乐。然而当我们周围的社会将自己功利性的目标和观念转嫁我们的时候,一切都变了。

人类的本性就是向善向上的,趋利避害、追求快乐这是本性使然。那么就学习这件事情到底是快乐的事情还是痛苦的事情,我们大多数情况下接受的都是农业文明时期的"书山有路勤为径,学海无涯苦作舟",学习一定要这么苦吗? 甚至到了"头悬梁锥刺股"的残忍境界。既然这么痛苦的事情为什么要去做呢?

可有一个事实值得我们思考"真正进入学习状态的人是没有这种痛苦感觉的,相反的是一种人生曼妙的享受"。我们的读书开始往往是怀着"书中自有黄金屋,书中自有颜如玉"的美好希冀开始这个美好旅程的,而后就是畅游知识海洋,获得最终的"满腹经纶""才子佳人""功成名就"的美好结局。

（一）为何不快

1.自欺欺人的"恐吓"

人类是个很奇怪的动物,未进入森林之前,先给自己设想了好多恐怖的设想。细细品味我们每个人的学习之路,开始都是被他人制造的莫须有的恐惧吓到等,一进入教室,迎面的就是"教师的教鞭下有瓦尔特""学海无涯苦作舟"等耸人听闻的语句,因为先入为主,我们就深深地在心里植入一个"学习是件苦差事"的心锚,背负着这个沉重的心理负担就开始艰苦旅程。加之所谓的一些"成功人士"的不断为衬托自身的努力和成就无节操的渲染学习苦旅之行,使得我们根深蒂固地认为学习就是西行苦旅。其实,当我们走出森林之后,我们只有愉悦的享受成功穿越的喜悦,回味穿越中的付出而产生的无限欣慰。

2.遥遥无期的"反馈"

学习和游戏两者比起来,最具吸引力的可能就是游戏了(几乎是任何游戏),究其原因就是游戏的成功的反馈系统:首先是及时全面反馈系统,一个动作出现后,声光电的反馈瞬间呈现,让游戏者的每个采集器官都得到反馈和刺激,不时地激起一波一波身体激素的分泌;其次是系统的反馈系统,短期反馈——分数,任何一个动作和行为都会增加分数,进行量变积累。中期反馈——晋级过关,进行一段时间后,可以晋级到下一关或晋级到哪个身份。长期反馈——徽章系统。这是游戏玩家最高的追求! 从一个系统来看,任何一个行为都有及时反馈,进而累积到中期反馈,长期努力会得到长期反馈,理想、任务和实践均有,且任何的付出随时有反馈,你说这样的事情能不使得参与者倾其所有的资源而乐于其中吗?

再看看我们的学习,每一步的动作无任何反馈,你学一个什么 a、o、e 或者 ABC,或者 $1+1=2$,你从哪里可以得到它的反馈。面对无数的方程公式定理,他和高考的成功好像没有任何的直接关系,这样的长期遥遥无期的劳作,哪里是个尽头!如此以往将会逐渐销蚀我们所有的斗志。记得日本的马拉松冠军山田本一在被采访时说,他取得成功的秘诀就是设定大目标下(全程)的若干个小目标,诸如很快就可抵达的一棵树、一个商店或者一个银行,其实质就是不断地给自己一个一个努力疾跑的及时反馈,而后累积成1/3、1/2的反馈,最终一根红线的冲刺那将是最美的彩虹。

3.急功近利的"目标"

人生所有的行为有两个目的,一个是结果,一个是过程。我们平时大多数时间都认为一切都是为结果服务的,把最后的结果作为目的,其实两者之间是有较大差异的。我们忽略了有效行动的逻辑,在有效行动后产生了较多的可能的结果(这与主体感受有关),我们往往摘取其中一种作为目的,而来看待过程。其实过程(阅历)也是一种最重要的目的。

在行将就木之时,我们才发现"良田千顷不过一日三餐,广厦万间只睡卧榻三尺"。我们真正拥有的就是走过这一程。凡事亦是如此,当我们穷其所有而达其目时,最值得我们拥有却是奋斗的过程。

当然我们身上具有注重过程发展的潜质,人人具足。犹如体育锻炼,我们大多数人体育锻炼时未曾有什么具体的想法,我们只是一如既往地跑着跳着,坚信它就是身体健康这个"模糊"的目的。还比如父母对子女的爱这一行为,是没有任何目的的过程投入和享受。所以我们每个人都具有这方面的能力,只不过是如何把它们更好地融合和发挥作用。做到凡事适度,不可偏颇。

(二)如何快乐学习

誉满欧美的著名学者、心理学教授巴甫诺奥曾写过《快乐学习法》一书,这本书先后被翻译成几十种文字,在世界各地畅销不衰。他在书中赋予快乐学习更广义的解释,他认为:"快乐学习是一种享受,学到新知识是一件快乐的事,读书、上课、完成作业、复习功课、与同学交往、向老师提问等,都是很有趣的学习。"

1. 升华认知

巴普诺奥提出:有一种有效的办法可以把不喜欢的事或没有兴趣的事转化为有兴趣的事,那就是加深对这些事物的理解,并实际参与到其中。如果把自己的人生目标和自身情况与这种对新事物的学习结合起来,那么你便会对它产生浓厚的兴趣。

有些人以"学海无涯苦作舟"的观念驱策自己勤奋、刻苦,甚至以"头悬梁锥刺股"的血腥场景以激发斗志,学习有这么腥风血雨吗? 此时,乐趣俨然荡然无存。我们非常有必要为学习建立一个平台——快乐、轻松的平台。学习不应该成为心灵上的一种负担,不要压抑自己寻找快乐的心,时时寻找快乐,你就会在学习的路上披荆斩棘,攻无不克! 这并不是对一些陈旧观念的翻版,而是对学习观念的一次彻底刷新,进行学习观念的认知升级。

(1)有快乐学习的理念

想想我们生之初,学会吃饭、走路后的兴奋与"张狂",自己按下墙上开关看见灯亮起来的新奇与兴奋,所以,学习本身就是快乐的事情,只不过是后来慢慢地被功利化的目标逐渐销蚀,把我们对认识世界的原动力给世俗化了,把主动变成被动。试想有一个人在后面用枪指着你的头让你干事,即使这个事你有兴趣去做,我想你心中肯定也充满了抗拒。所以首先就要在心里种下一个快乐学习的心锚(这里教育者有重要的责任)。

(2)清楚过程决定结果

目标只是一个方向,最终是否达到目标是由过程决定的。一个目标促使一定的行为,而一定的行为却可以产生诸多的结果(和目标重合的仅是一小部分),由于心理聚焦现象,我们认为目标达成,结果圆满! 在郑也夫《文明是副产品》中就有论述,我们生活中大量的发明创造都是不经意间的行为的副产品。其实在我们生活中存在大量的如此现象,我们也在默默地按照这个规律在行为做事。所以有两点值得注意,一是在某个目标的驱使下,只有付出行动在过程中才能实现目标,没有过程的目标只是个虚幻的想法而已。二是在实现目标的过程中收获的不仅是目标,更重要的是收获了大量的"副产品",而这些"副产品"在一定程度上大大地促进了文明的进步和人类探索的脚步。三是过程到位了,一切自然就来了,不管是目标还是"副产品"。

2. 专注过程

学习的力量来自两个方面,一个是压力,即"不学习,就……";另一个就是动力,即"要想……,只有学习"。不管压力式还是动力式学习其积极作用在于帮助你确定你应该学习这样一种行为方向,但当你已经在学习的时候,你就要让自己把这种学习目的忘掉,尤其是压力式学习,千万不能让它们继续干扰你学习的过程。犹如在山林中迷路,当你确定好沿着河流才能走出去的目标方针后,剩下的只有迈步行走了。

在学习过程当中,绝对地忘掉你的梦想,忘掉学习可以给你带来的荣誉,忘掉父母对你的期望等。因为这些因素,只能成为决定我们做什么,不做什么的因素,而绝对不能成为我们怎样做事,不怎样做事的因素。把学习的目的转变成动力目的。也就是应该为在学习过程享受到学习本身的快乐而学习。将自己变成主动者即自学者、创造者、研究者和游戏的玩者,而不是被动的听老师讲课、背课文、读书的人。当你为了自己在学习过程中的快乐而学习的时候,你的学习成绩就成了自然而然的事情。

3. 享受细节

目标已有,开始行动,享受学习的过程就是通过每一个细节体味发现、发明、创造、前进的乐趣和快感以及成就感。其实质就是利用好反馈系统,给自己不断地长期、中期和短期反馈。王国维说读书治学有三种境界。其一是"昨夜西风凋碧树,独上高楼,望尽天涯路"。初学阶段,接触了知识,顿时感到自己站高了许多,像上了高楼一样,视野开阔了许多,可以望尽天涯路。其二是"衣带渐宽终不悔,为伊消得人憔悴"。在强烈的求知欲望下,专心致志,刻苦攻读,致使自己身瘦衣宽,容颜憔悴,反而毫不后悔,甘受此苦。其三是"众里寻他千百度,蓦然回首,那人却在灯火阑珊处"。说经过千百次的寻找、追求,一旦有所发现,有所体会,则会感到极大的快乐,就像你踏遍千山万水,终于找到了你朝思暮想的心上人一样! 也就是说,学习有所心得,是最富有快感的事情。正如大发明家爱迪生在做了近 1000 次实验之后,他认为从没有遭受过 999 次失败,只是发现了 999 种无法制造灯泡的方法。

这种人在学习当中只有动力,而不会有丝毫的压力。没有灯,他会借着月光学,捉几个萤火虫来照明,或者凿开自家墙,偷别人家光来学。他根本用不着头悬梁,锥刺股。这种人从来不关心考试分数是多少,但他们的学习成绩总是会在无意之中占据鳌头。

我们应为追求享受而去学习,而不是把学习当作一种负担。当你能用知识来理解这个奇妙无穷的世界时,当你在学习中找到无穷的乐趣而沉迷其中时,你就会发现,学习的过程原本可以更轻松、更快乐!

贰：我的学习

古往今来,知识作为人类文化传承的基本载体,起着举足轻重的作用。既作为人们相互间传递信息的载体,更是人类经验信息沉淀代代相传的载体。知识传递的基本方式就是教和学,最终以口口相传的方式动态的记忆在系统中,或者固化成书籍、典章等固态符号。学习,这是人类知识传承和延续的一项基本技能和基本工具。

有关此方面的研究和成果林林总总,取得一定的成就,但囿于时间和空间维度的局限性,以及语言外壳的局限性,在此领域还有很大的思考空间,我们在同样时间和精力耗散的情况下,效果为什么不一样呢? 为什么这个时代,身形如弓,带着形如瓶底的眼镜,不再是饱含诗书才华的象征呢? 实验研究不再是身着白大褂的老爷爷围着一堆子瓶瓶罐罐的烧和煮,等等貌似不合"常规"的现象。此情此景,需要我们停下匆忙的脚步,掩卷反观,扪心审视,突然发现我们被"世俗"欺骗了。

一、知识的基本概念和探讨

知识和学习是一对紧密联系的概念,囿于语言外壳的局限性,有关它们的内涵和外延的论述很多,个人认为仅作为参考而已。作为我们非此方面研究的学者专家,作为一个践行者,重要的是在生活中我们如何更好地抓住其核心要素发挥它的作用,服务于我们的人生和人类的进步。

(一)知识概念

知识是符合文明方向的,人类对物质世界以及精神世界探索的结果总和。知识也是人类在实践中认识客观世界(包括人类自身)的成果,它包括事实、信息的描述或在教育和实践中获得的技能。它可以是关于理论的,也可以是关于实践的。知识也可以看成构成人类智慧的最根本的因素,其本质是信息载体。知识具有一致性,公允性。

(二)分类

不同的目的和认识角度产生不同的分类标准,继而有不同的类别。从类型学看,知识可分为简单知识和复杂知识、独有知识和共有知识、具体知识和抽象知识、显性知识和隐性知识等。

笔者认为,有些定义和分类是针对学术研究的,而作为实践者的我们应该从对人生的作用方面进行划分,可分为生存知识和生活知识。生存知识是指作为生命体过程中的基本生存技能;而生活知识旨在提高生命质量和品质的方法和技巧。

知识的演进从大的方面来看就是"学"和"习"的过程,把学到的知识投入到实践中(思考加工成理论成果也是实践),经过实践检验重新形成新的知识。后再次投入实践,如此反复循环,它不是封闭的循环,而是开放螺旋式循环,犹如 DNA 分子链似的在循环中螺旋式上升和前进的。

(三) 特征

知识是一切人类总结归纳,并认为正确真实,可以指导解决实践问题的观点、经验、程序等信息。知识作为一种特殊的信息,它具备了更多的附加特征,也就是说,某一种信息如果越多增加这种特征的烙印,就越接近知识。

隐性特征:知识具备较强的隐蔽性,需要进行归纳、总结、提炼。

行动导向特征:知识能够直接推动人的决策和行为,加速行动过程。

动态特征:知识不断更新和修正。

主观特征:每个人对知识的理解,都会加入自己的主观意愿。

可复制/转移:知识可以被复制和转移,可重复利用。

延展生长特征:知识在应用、交流的过程中,被不断丰富和拓展。

资本特征:知识就是金钱。

倍增特征:知识经过传播不会减少,而会产生倍增效应。一个知识两人分享,就至少有两条。

熟练特征:知识运用越熟练,有效性越高。

情境特征:知识必须在规定的情景下起作用,人类选择知识一般都会进行情境对比。

心智接受特征:知识必须经过人的心智内化,真正理解,才能被准确运用。

结果导向特征:知识不但加速过程,也导向一个可预期的结果。

权力特征:掌握知识的人,即便不在职务高位,也拥有一定的隐性权力。

生命特征:知识是有产生和实效的过程,有生命长短,不是永久有效的。

二、学习的一些基本概念和探讨

学习一词,最早见于《礼记·月令》:"鹰乃学习"。学,是效,仿效、效法、模仿；习，是反复，一次又一次的练习、锻炼。学习的本意是指鸟类反复学飞。孔子说："学而时习之，不亦乐乎"，是说从老师那里学到的东西要经常复习、练习，这是很快乐的事情。

"学"有"知识"和"效法"两层基本的意思。"习"本义为小鸟反复地试飞。后来"习"字有"练习"的意思，延伸有实践的意义。简而言之就是从外界获得（学）的信息并经过实践（习）加工后变成自己知识结构中的一部分，其重点环节是实践（习），这是知识升华的必然环节，否则只能是自己藏书或词汇的一部分，没有变成自己生活的一部分。这样的话只能是耗费自己大脑内存的垃圾碎片，长时间的话只能致使大脑运算变慢。

在今天，学习概念的含义要丰富得多，可以从广义、中义、狭义三个层次上理解。广义上的学习，指的是人和动物在同外界事物的接触中，获得个体经验，引起自身对外界事物的适应性变化，提高自身适应能力的过程。这个过程就是学习的过程。中义的学习，指的是人的学习。人和动物相比最大的不同在于人有意识，有主观能动性。动物的学习是本能地学会对外界事物的适应，是对本能的调动和开发，而人的学习除了本能因素外，还注入了人的意识，人能够主动地，即有意识、有目的地同客观事物接触，获得个体体验和经验，学得知识和技能。这里讲的学习，相对来说仍是广义的，它包括人对自身生活技能、生存技能和发展技能等全部技能的学习。我们平时说的学习，一般指的是狭义的学习。即通过教育和自我教育，了解、掌握、积累和体验科学文化知识、思想政治道德和劳动技能的活动和过程。从内容上讲，它主要是指科学文化知识、思想政治道德和劳动技能；从形式上讲，它离不开教育手段和自我教育；从结果上讲，它是以提高人的科学文化知识素质、思想政治道德素质和综合能力素质为目的的。

综上所述，笔者认为，学习本质意义就是人类在其生命活动中从外界获得生活质量和生存技能的捷径寻找，它包括"学"和"习"，一是信息的获取，二是信息的加工和实践并变成自己生命组成的过程。我们经常注重"学"而忽略"习"的过程。

（一）学习动机

1.概念

简而言之,学习动机就是促使学生进行学习以达到学习目标的内在动力。学习动机是在学习的内在需要和外部诱因的共同作用下产生的一种推动学习活动顺利进行的动力。

2.分类

学习动机按照不同的标准可以有不同的分类,最常见的一种是根据学习活动的目标将动机分为内在动机和外来动机。内在动机是由学习活动过程本身作为学习的目标而产生的学习动力,即学习活动自身成为学习的目标,学生在学习过程中不断获得满足感,表现出强烈的求知欲望,并不断感受到学习的乐趣;外来动机指由学习结果或学习活动之外的因素作为学习目标而产生的学习动力,即学习的目标在于学习的结果和意义,学习只是达到目标的手段。

3.作用

学习动机的作用主要有以下几个方面:第一是能动性,学习动机能够激发学生适当的学习兴趣和行为,学习动机可以促使学生进入学习状态,更好地发挥自觉性,积极主动地进行各种学习活动;第二是目标性,学习动机能够为学习行为确定方向,学习动机可以激发学生某方面的兴趣,促使学生有选择地进行各种学习活动,从而使学习活动指向特定的学习目标,增强目标实现的可能性;第三是持续性,学习动机能够维持学习行为的持久性,学习动机促使学生在学习目标达到之前能够保持学习活动的强度,克服学习过程中可能出现的种种困难。用一句话就是进入学习状态,树立学习目标并坚持着。

4.影响因素

需要能够强化学习动机。在如今这个知识经济社会中,终身学习已成为必然,也就是活到老学到老。时间的一维性以及知识更替周期的急剧缩短,使得我们时刻面临着诸多的新问题和新挑战,这就需要相应的新知识新能力去化解,故知识的习得、能力的培养是没有止境的。学习是人的一种本质的需要,犹如身体缺水后产生的饥渴感。身体的饥渴是一种具体的需要,可以产生直接的得到水满足的行为。而新问题和新挑战的神秘性使得人们开始只能以郁闷和焦虑等负性情绪而对抗,而情绪化后的唯一解决途径就是学习。那么,学习就是一个不断的需要和需要被满足的过程,在这个过程之中,学习动机也会被不断强化。

兴趣能够诱发并强化发学习动机。兴趣是最好的老师,只有自己心仪的物和事,才会有内动力,会主动克服一切困难,坚定的朝向目标奋进。只有结合兴趣确定自己的发展方向,树立远大目标,才会有良好的动机去奋斗。

学习目的影响学习动机。每个人的学习目的各不相同。其一是目标型。学习只是为了实现一定的目标的路径。学习就是为了考高分进大学、让父母高兴、光宗耀祖、拿到四六级证书等。对学习目的的理解形式化,学习动机自然单纯薄弱一些,容易出现两种结果:一是追逐目标的不择手段而出现的违法乱纪,如英语四六级的考试,只想拿到证书而忽略了证书的真正含义;二是达到目标后的学习终结而出现无所事事,如进入大学后的目标实现而带来的目标丧失而出现的终日无所事事。其二就是过程型,坚持终身学习的理念,乐于不断学习的过程,进而自然而然的不断进步和需要的满足,而又产生新的需要和不断学习的行为,形成一个不断进步的良性循环。在这个过程中,自然而然的收获着学习的硕果。

5.动机培养

动机产生动力,动力推动学习,学习促成进步。那么如何培养动机?

(1)明确学习的目的和意义

古代,读书人抱着学而优则仕的观念,十年寒窗,只为金榜题名。而如今适应飞速发展的社会的需要,知识和学习的重要性日渐彰显。没有知识,自身社会适应性下降,使得自己寸步难行。但又受制于时间和精力的局限,加之知识的飞速增长,我们不可能穷尽一切,但我们可以站在巨人的肩膀上,唯一途径就是学习,这是唯一的一条捷径。它让我们不但有现成的"拿来就用",更重要的是在学习过程中获得方法和技巧并享受收获的快乐,即通过学习不但得"鱼"更能得"渔",这才是最重要的。

考上大学、获得四六级证书只是学习过程中的阶段标识而已,获得知识和过程的经历才是最重要的东西。有些人受到一些消极思想和不良社会风气意识的影响,产生不恰当的思想。其一学习无用论,这种人抱着及时享乐、得过且过的心态,产生"学好数理化,不如有个好爸爸"的"拼爹"错误认识,把外界附加性的因素作为主要影响因素,忽略自身发展的决定性因素——自我的学习途径。其二是单纯的简单目标性的追求。如不当手段获得目标结果,非法途径的四六级证书的获得等;如简单粗糙的目标结果,进入大学后的无所事事等。

(2)逐步推进,及时反馈,不断强化学习动机

学习是生存和生活基本技能的掌握,它是对未知世界的探索和追求,必然会遇到困惑和困难,这就要求我们扎实推进,步步为营,循序渐进,并不断反馈,及时纠偏。

首先是占有知识,巧妇难为无米之炊,要不断丰富自己的"内存",拥有大量可随时调取的素材和加工工具。其次就是要通过自己的思考,将其加工成自己系统内部的组成部分。再次就是要不断反馈学习效果,形成闭环回路的良性循环,及时纠偏和巩固学习效果,并不断强化学习动机。

(3)注意调整学习动机的水平

学习动机制约着学习效果,学习效果也会对学习动机产生反作用。然而并不是学习动机越强学习效果就会越好。要注意适当地调整自己的动机水平,不要过于极端。有时候学习动机不那么强烈,而是脚踏实地,实事求是地做了,照样可以取得进步,获得成功。平常在不同的学习阶

段,可以根据学习任务的大小、难易程度以及自身的状况等因素调整学习动机,并不是任何时候都要有强烈的学习动机,因为学习是一个长期的过程,并非一朝一夕就能完成的。在学习中应该有张有弛,在不同的时期拥有不同的学习动机,这样才不会觉得学习是件特别辛苦的事情,才能够做到寓学于乐,激发更大的学习欲望。

让自己获得学习成功的体验是激发动机十分重要而有效的途径。首先,要选择成功的榜样,可以是身边的成功典范,也可以是名人义士,把这些榜样人物作为自己效仿的对象,从他们的事迹中汲取进取的精神,克服困难、勇往直前的勇气和毅力。其次,给自己创造成功的机会。要脚踏实地,根据自己的实际情况,确立切实可行的目标,让自己在前进中体会收获和成功的喜悦。再次,要善于发现自己的优势,回避劣势,并将优势不断的复制,在自身的进步中获得成功的体验。但是,也要正视自己的现实,和自己的过去比,在比较中发现自己的进步,哪怕是一点点微不足道的进步都值得欣慰。今天的自己要比昨天的自己强,而明天的自己又要超越今天的自己,在超越自我、超越他人的过程中体验成功的喜悦,增强自己的自信心,强化自己的学习动机。

(二)学习的方法

基于标准不同,有关学习的具体方法的论述林林总总,这里我们从不同角度就学习方法做一概括性说明。

1.前后照应——向前学习和向后学习

以问题为基点,以自己现有的资源直接探寻解决问题的认知过程就是向前学习。而以问题为基点,回头探究问题的来龙去脉,从而形成对问题的全面认识,从而建立的认知结构的过程这叫向后学习。

在飞速发展的社会,似乎这个社会的节奏无法减慢,我们每天都在马不停蹄的迎接着大量需要解决的问题,勇往直前似乎是唯一的选择。向前学习似乎成为一种常态,凡事不问究竟,但求答案。使得对众多问题的解决方案不得要领,貌合神离。笔者认为越是快节奏,我们更应静下心来,细细的分解其来龙去脉,从而找到其最为有效的发展模式和认知模式。

诸如山里农村一老太,子女不孝,体弱多疾,终日闷闷不乐。有日邻居老妪曰"山顶老庙佛祖灵验无比,何不前往求之?"随老太整装同往,耗尽所能,终抵山顶,虔诚叩首,发愿许诺。后返家,晚食量增,酣然入睡,翌日晨推窗,阳光明媚,心情大好,赞曰"佛祖显灵!"后每逢初一十五,风雨无阻,前往敬神烧香。历数年,子孝家顺,身体硬朗,心情大好。

对此现象向前学习可为:求神拜佛解决子女不孝、体弱多疾等;向后学习可为:身体锻炼和心理调适解决了子女不孝、体弱多疾。貌似求神拜佛解决了自身问题,其实真正的原因在于首先和邻居老妪前去求神——增强社会交往,其次爬山顶——身体锻炼,再次坚信神灵——心态改变,最后就是初一十五定期的求神拜佛——形成好的生活习惯(身心塑造)。

2. 点线结合——知识点和方法论

在学习的过程中,知识占有和方法论都不可少。比如要在电脑上处理一图形问题,首先需要大量的素材,这就表现为知识的占有,称为"点"。其次就是要有图形处理的软件,这就是方法论,称为"线"。在学习过程中,两者皆不可缺少,且相互促进、相互依赖,缺少点的线,似巧妇难为无米之炊,缺少线的点,如无头苍蝇、无将之队,群龙无首如虫也。

根据历史的观点,点的迭代性和线的升级在学习中至关重要。知识点的不断迭代产生新的知识,实现知识的更新和发展,并付之于线的不断升级,实现知识的循环式的前进和发展。所掌握的点也只有通过线将其串成一条系统的长线,并将认知升级成一张大网,形成个人特色的认知结构。

3. 归纳演绎——高效缝接和认知升级

认识总量的暴增和人们时间精力的有限性,使得我们每天不得不对大量扑面而来的新知识进行筛选分拣,以有效的分配我们的时间和精力资源。每天就二十四个小时，除了不得不吃饭睡觉的时间没有多少时间可供挥霍的，而我们的对面却有数不胜数的使尽浑身解数来抢夺我们时间和精力的对手，比如采用"标题党""有图""深度干货"等手段以争取我们的眼球。面对这一切就不得不采用归纳的方法，去伪存真，去粗存精，去异求同，以期留下真正的"深度干货"并将其缝接在我们的认知结构中。所以，精读、略读、标题等变成我们不得不掌握的基本技巧和能力。

经过归纳的方法，使得我们把有限的时间精力用在最恰当的地方，目的在于不断地认知升级，而不是拥有满地的知识碎片。当认知升级后，我们就会较为便捷高效的处理任何事务，而不是站在具体的碎片面前不断地重复的浪费时间和精力。

叁：大学学习

随着知识经济时代的到来，终身学习已经成为一种必然，只不过是在各个阶段不同的"学"和"习"的重点与形式不同而已。人一生的学习大致可以分为四个时期："学前"期（婴、幼儿时期）、"学"期（从小学到研究生毕业）、"习"期（工作时期）和"学后"期（离退休时期）。每个时期都在学习，其中"上学期"是专门从事学习以"学"为主的时期。上学期又分为小学时期、中学时期、大学时期和研究生时期。

大学的学习在我们一生的学习过程中有着承上启下的重要作用，它既是前面"漫无目的"的总结，也是对未来职业定位的基础性奠基。那么，我们应该怎样珍惜大学时期的学习生活，顺利走完大学的路程呢？

一、大学学习的重要性

(一)承上启下的重要时期

大学教育是专业性教育,是前期教育的升华,这个时期将大致确定一个人一生的专业方向和工作的性质,为进入社会就职岗位奠定基础的关键时期。同时,大学时期由于个人的生理、心理发育相对成熟,学习能力空前提高,知识积累和能力提高的速度空前加快,可以为顺利进入社会进行系统知识储备和能力快速提高。

(二)认知系统升级的关键时期

更为重要的是在大学期间使得我们掌握了如何学习和解决问题的能力,也就是通过对具体专业知识的学习,领略到渗透在其中的方法论,为进入社会坚持终身学习和解决实际问题提供了程式化的"套路"。这也是我们大学生和没有接受过大学教育的青年的主要区别之一。

二、大学学习要点

大学学习内容貌似毋庸置疑就是专业知识了,其实这只是很片面的认识,这样的话我们的大学肯定是不成功的,笔者认为有以下几个方面:

(一)学习做人和做学问

学生怎么学?那么先看教师应该怎么教。老祖先已早早的告诉我们了,那就是"师者,所以传道授业解惑也!",也就是首先是传道,再次是授业,最后才是解这两个方面的"惑"。可现在却做反了,好像除了授业、解业之"惑",其他的就没什么了,恰恰忽略了最为重要的"道"及"解道之惑"。这是学生之为学,教师之为教之根本。在我们生活中亦是先做人再做事,成功的做人必然成大业,成大业者必做人成功。也许这就是"厚德载物"的原因吧!

(二)掌握基本知识和基本技能

在大学学习过程中,无论是做人还是做学问,我们要抓住基本知识和基本技能的培养和学习,这是基础性的东西。仔细品味好多教材的编写时间已经很早,况且有许多课程就没有固定教材,仅有的就是教师自己的教案讲义。我们首先要掌握基本知识的学习,这些东西在一定程度上是基本不变的,它是构成专业体系的基石。再次就是基本能力的培养,它是解决问题的根本性原则和方法,具有较强的基础性性质,更是成熟的"套路"。

(三)一专多能零缺陷

在大学的学习过程中是一股脑地把老师和教材的所有知识都装进大脑还是有选择地做呢? 当然是有选择的做,即按照"一专多能零缺陷"的标准来培养自己。

"一专"指让自己有一项专长非常强直至"才干",做人要有你的核心品质,做事要有你的核心作风,从事要有你的核心专长,它足以有力支撑你的事业人生;"多能"指多储备几项能力可以搭配着使用。俗语叫"艺多不压身",它便于我们更多地选择,提高意外因素对事业人生的冲击时的应对稳定性;"零缺陷"指通过自身努力和对外合作,让自己的弱势变得及格即可,不可有"致命"的缺陷;而最需要避免的情况是"性情大于才情"——你有些小优势,但是由于与你合作的成本太大,没有人愿意和你合作。

(四)培养终身学习习惯

我们是被习惯支配的动物,许多的自然而不自然的处理事务的方式其实就是习惯的力量,有时把它叫作潜意识,有时把它叫作思维惯性、思维定式等,其实质就是我们大多数时间是被习惯支配的。终身学习已是时代基本要求,那么大学时期这个基本要求的习惯培养是个关键时期。基于此,我们要利用大学这个机会注重培养以下几个习惯。

1. 主动学习的习惯

主动学习,意指把学习当作一种发自内心的、反映个体需要的活动。主动学习的习惯,本质上把学习当成自己的事情,是视学习为自己的迫切需要和愿望,坚持不懈地进行自主学习、自我评价、自我监督,必要的时候进行适当的自我调节,使学习效率更高、效果更好。遇到困难坚持不懈。

2. 不断探索的习惯

不断探索,就是在未知的领域里,凭借自己的兴趣爱好、发现和寻找进行学习,多方寻求答案,解决疑问。探索首先来源于兴趣,首先要对周围某些事物、现象,对听到和看到的观点、看法有浓厚的兴趣,附加一定的硬件物质条件和软件的工作环境。另外需要不断地丰富自己的信息资源。

3. 自我更新的习惯

自我更新,就是不固守已经掌握的知识和形成的能力,从发展和提高的角度,对自己的知识、认识和能力不断地进行联系、推敲、质疑和发展完善。我们应该具有科学积极进取的心态,发现新事物,积极进行反思,谦虚谨慎,虚心纳言。

4. 学以致用的习惯

知识,来源于整个人类的生产生活实践,是人们在实际问题的过程中不断发展和完善起来的。所以,就知识本身而言,它必然是有用的。所以学不致用,当然无用;学以致用,自然有用。养成"学以致用"的习惯,就是要经常观察和思考,并付诸应用。

5. 科学管理知识和处理信息的习惯

可以肯定地说,二十一世纪最重要的学习能力就是学会管理知识和处理信息。具体说,你不可能也不需要记住所有的知识,但你可以知道去哪里找你需要的知识,并且能够迅速地找到;你不可能也不需要了解所有的信息,但你需要知道最重要的信息是什么,并且明确自己该怎么行动。学会反思和有效地利用计算机和网络等先进的信息获取和处理手段是知识管理和信息处理的两个重要方面。

三、大学学习的特点

大学学习即是从出生开始学习的阶段性总结,更是从被动全面接受到主动探索和创新创造的系统性学习的开始,形式上是从以前的以"学"为主的向以后以"习"为主的学习的"学""习"并进的重要时期,具有承上启下的关键作用,既具有学习的社会性、主动性、继承性、创造性等一般特点,也具有其自身的特殊特点。

(一)专业性特点

大学是为国家培养高级专门人才的,是进入社会的基础性学习阶段,基于社会发展需求,大学学习具有一定的专业方向性,以适应社会分工的需求。每个专业都要根据社会对该专业人才的要求,制订出相应的培养目标、教学大纲、教学计划、教学方法和手段,为实现教学目标而服务。

随着现代社会发展对人才的要求,专业性也是相对的。有一定的专业性,又不完全局限于这个专业,还要有较强的适应性。现代科学技术正朝着两个方向发展,一方面是继续朝"专"的方向发展,原有学科仍在继续分化过程之中,分支还会增多;另一方面是朝着综合的方向发展,交叉学科、边缘学科、综合学科也在不断产生。这种状态,要求大学生要克服只重视专业课的学习,不重视基础课的学习,只重视本专业的学习,不重视相关专业的学习的状况,必须在学好本专业基本知识、基本技能的同时,要有意识地拓宽自己的知识面,增强自己的专业适应性,尽可能使自己成为一专多能的"通才"。

（二）自主性特点

自主性是指大学生在学习的过程中，主观能动性增强，改变了中学时期对教师和课本的依赖心理。这种自主性表现在大学生的课外学习计划、自学时间和学习方法可以自觉自控；学习内容有一定的自主选择，可以在学好必修课的前提下，根据自己的兴趣、特长，在学科方向、课程内容方面有侧重地学习，学有余力的还可以辅修其他专业和攻读第二学位。学习的自主性还表现在学习的多渠道性，即可以在学校提供的条件下，通过各种不同的渠道和途径，如学术报告、知识讲座、各种讨论会、社会调查等，丰富和发展自己的知识和能力。

（三）实践性特点

所谓实践性特点，是说大学生在课堂上、书本上学习的基本知识和基本理论，要通过参加一些实践性环节加以巩固，增长一些书本上学不到的知识和技能。实践环节主要是培养大学生的独立思考能力、实际操作能力和解决问题的实际能力。所有大学生既要重视理论学习，又要重视实践环节，在实践中发现自己在实际动手能力方面的差距，完成从知识到能力的过渡。

（四）创造性特点

大学生的创造性，是指在学习过程中的创造意识和创造活动。这是由大学生自身的特点和大学教育的特点决定的。大学生生理、心理、思维、智力发展日趋成熟，为他们的学习由继承性过渡到创造性提供了基础；大学教学的特点，如专业性、自主性、实践性，又为他们在学习中发挥创造性提供了条件。因此，大学生在学习时，不仅要做知识的接收器，还需要对现有的知识进行梳理、整合、体验、思考、加工，使之变为"自我"的知识，并且有可能创造出新的知识。

四、大学学习方法

(一)全面利用特有资源(软硬件资源)

大学集中了人才成长的众多优秀资源,可是许多学生在学校的几年中间除了被动的在课堂上被动的听课外,学校的诸多的资源未加以利用,况且这些资源都是平等的面向所有的学生"免费"开放的。

1.知识资源

诸如图书馆、教师等。许多学生大学期间基本上没去过一次图书馆查询资料,没有咨询过老师一次问题,放弃了最好的资源。

2.人脉资源

诸如学哥学姐、校友等,他们的帮助是最无私和纯洁的,他们给我们提供了较多的社会资源的延伸和扩展。

3.社会实践的资源

诸如学生社团等,基本都是无偿提供且最大特点是允许犯错,是我们进入社会实践前的最好的实践平台。

(二)锤炼专注品质

为什么经常臣服于摄影艺术家的独特视角,既然它们都来自生活,为什么即使是身边的司空见惯之物,却被他们整成经典,令人咂舌,他们的核心要点叫聚焦。百思方得其解,究其本质就是排除无用之相,他们叫聚焦艺术,思考中叫作"洞察",行为中就是专注艺术,用在修行者眼中就是舍得艺术。把我们有限的时间精力用到核心关键上,提高绩效这是人生升华的根本。

1.专注的力量

专注的本质就是排除干扰,把有限的时间精力投入到关键核心上,避免无端的干扰造成时间精力的无端耗散,进而形成良好的思维和行为习惯,成就伟大的人生。

(1)时间、精力的有效利用

人生的时间精力的有限性和社会飞速发展物质精神总量的无限暴增,为了在有限的时间精力下获取一席生存之地,使得我们不得不在效率问题上苦苦追求。

效率就意味着产出和投入之比的提升,投入的时间精力的有限性,加之社会飞速发展导致的需要时间精力耗损的项目的无限暴增,抢夺我们有限资源的大战空前激烈,而作为我们来说如何有效地把时间精力花费在适当的事情上是一种根本的挑战,专注就是最有效的一种途径,自觉排除无意义于当下事情的因素,即"专注当下!"试想中国足球,哪个队员拉出来都是精英,一开场的气势压倒一切,可是后来的专注度就不行了,精力不够集中,进而配合等问题就出来了,一系列的失误、埋怨等接踵而至,逐渐离开了"踢球"这一主题。生活中,比如主副驾驶对于前挡风的干净度的不一致评判,其核心就是专注度不同产生的。

(2)品质、效果的无限提升

镆铘干将终身专注于剑,终成千秋名剑,BBA执着专注于技艺,终成世界名车,阿迪达斯专注于技术突破、可口可乐专注于销售使得他们独秀于林。

专注于某件事情,做精做深,必能做大做强,浅尝辄止,穷其一生都是在"尝试"着那点轻浮的"甜头",在一次又一次的原点折返中消磨着有限的时光,穷其一生都在忙碌的奔跑中,毫无生命品质可言。其实,诸多事宜,回头细看,距离目的地仅一步之遥,只需轻轻地助推一臂之力,而我们大多的选择就是耗费巨额时间精力折返,在豪壮的"重头再来"中走向消亡,使得我们穷其一生都在忙碌中消磨意志,耗费光阴,殊不知曼妙神韵的幸福来自精专的经营和打造。

(3)品位、价值的极度升华

文学著作细腻洞穿人性的最深处的点点滴滴,透射出人性最伟大的光辉,点点滴滴中升华人生的境界。艺术作品精准抓取事物的方圆之末,反射出万事万物的真善美,故精专的艺术可以升华人生的品位和价值。

淡泊明志,宁静致远,淡泊者,忽略无畏也,方能致远,亦为专也。宁静者,过滤浮华焦躁者也,方能排除阻碍,志达澄明之境,亦为专也。

2.专注的方略

生活之妙,在于浮躁虚华中,我自独醒,一杯清茶,一席轻袍,袅袅青烟中细品生活之美。人生之境,在于婆娑世界中,思悟道德,澄思净虑,得真法也,故万物澄明,是有"菩提本无树,明镜亦非台,本来无一物,何处染尘埃!"至大光明。

(1)专注于物

专注于物,应有三种。

一者取其方寸之间,得其中也。其实生活中的万物皆是美的化身,美的组合,故美物无处不在,区别的是发现美的眼睛,其方略就是专注于所需,聚焦于所感,你的物理视野是唯一固定的,其融入越少,其细节巨现,惟妙惟肖之貌跃然而出,进而澄明你的视野。

影像艺术、制造艺术等概莫如此,故有"聚焦""凝望"等。

二者抛开细枝末节的羁绊,专注于物之本质。万千品相中的规定性,自由表象和核心之别,在大气磅礴的宏图大厦里,一粒沙尘的虚无缥缈,于蓝图之影响微无也。是有"心大物小,磅礴恢宏,小弱无存"。

三者"各归其位",方得其效。一粒米饭于饭钵之中其为美食,美味可食。不慎粘于衣袖之端,其为污物也,必迅速除之为快。故"物之秩序化"也为物之专也。

(2)专注于事

于事之专注,概有三种。

一者"洞悉"万事本质核心,得其要义。婆娑世界者,故有万千色相缠绕,光怪陆离呈现,而要剥开谜障,直达核心,唯有以专,才有"洞察"一词,得其要义。

二者"立马"执行。凡事一旦决定,不在优柔,不在拖延,在"拖延和优柔"中,它事它物随时而入,冲淡前面决议,亦造成"不专"之效果,久而久之,在拖延的焦虑中,"初心"荡然无存。

三者"秩序化"。凡事万物,本无对错,各有其为,各有其位。同一事物,时间地点对象的不同,而效果作用有异,甚至效果截然相反。故各归其位,方各得其所,其为"秩序化",其核心是凡事万物达到最大的峰值效果。

（3）专注于人

专注于人,亦有三种。

一者专注"核心品质"。人的无限复杂性和多面性,呈现万千品相,识人者唯有以"核心品质"定格于人,以"权大者"识人,其他略之。

二者专注"特色"。人乃世间最为复杂的物种,其景象千万,风情万种,备选对象无数,唯有"各取所需",按需调取,你的需要,她的"特色"是我们的两个基本需求点,尔后就是对接,此亦为重要之处,因为对接的不对称,仍会产生较大的时间精力的耗损,也是不专。

三者专注"和谐协调"。人之所以为人,就是因为自由的和谐的最佳呈现,没有猎豹的速度、鹰眼的犀利、大象的力气,我们却让它们都臣服于我们的面前,就在于我们的和谐自身。

（三）建立合理知识结构（"T"和"⊥"）

知识结构是人们视野、思想、观念的基础。大学生作为合格建设者和可靠接班人就必须掌握相应的知识,构建一个合理的知识结构,以利于提高自身素质,更好地适应未来科技和经济的发展。

大学生建立的应该是一种促进文、理、工、管等领域交叉与结合的复合性的知识结构。在建立这种知识结构时,应当从众多的知识中选择出概括性强、适应面广、具有普遍意义的最基本的知识,当今还应该包括应用广泛的信息科学知识与方法,构成能够吸纳新知识的知识结构框架。

1. 基本格局应该是"T"型的基本知识结构

上面一横是多方面综合知识,要求宽、广、博,表示人才知识结构的广博度,意指人才知识面较宽。下面的一竖是专业知识,要求专一和精深,意指人才的专业知识比较精深。把"—"与"丨"结合起来,就是既有一定的深度和专长,又有广博知识面的"T"型人才。具有这种知识结构的人才适应性和创新能力都较强。

2. 对于某一领域的知识结构应该是"L"型结构,也就是金字塔结构

一般分为三层,塔的底层为基础知识,强调基础知识要宽、要广、要博;中间层次为专业知识,专业知识要专、要精、要深;上层是前沿知识,前沿知识要快、要新。这种知识结构的优点是有利于接近科学前沿,从事科学攻坚。

此外,法国管理专家法亚尔通过对企业管理的分析提出了帷幕式知识结构,国外经济管理学家针对经济管理人才的特点还提出了蛛网式知识结构,我国企业界人士还提出了飞机式知识结构等等。

(四)协调好几种关系

大学学习和生活提供了为我们更多的自主选择的平台,因此处理和协调好各种矛盾和关系这是进入社会的必修课,笔者认为有以下几种关系需要处理好。

1. 课堂学习与课外学习相结合

大学和中学相比,上课的时间相对较少,课余的时间相对较多。这就要求大学生在抓住课堂学习这一主要渠道的同时,又特别注意课外学习,课堂学习与课外学习相结合。

课堂学习是大学学习的主要途径。课堂学习的内容是大学学习的主要内容。课外学习就是所谓"第二课堂"的学习。大学生要学会利用相对较多的自己可以支配的时间,读参考书,进图书馆,坐阅览室,听报告会和学术讲座,参加各种知识竞赛和有益的社会活动,以巩固课堂学习的知

识,拓宽知识面,培养自己的综合能力。

2.精读与略读相结合

知识是一个浩瀚的大海,书籍堆积如山,而人的一生则是有限的,你永远不可能读完所有的书,只能读最需要和比较需要的书。对最需要的书,必须精读;对比较需要或暂时不太需要的书,可以略读或粗读。

3.继承与创新相结合

对知识的继承与创新,实际上是讲的间接知识与直接知识的关系问题。按照毛泽东的观点,人的知识不外乎两个来源和两种性质。一种是间接知识,即别人创造的、通过书本等媒介传播的知识。这种知识是通过学习得来的。另一种是直接知识,毛泽东称之为"真知",是自己亲身实践得来的,即自己创造的。我们在学习中,要处理好继承与创新、间接知识与直接知识的关系,既要继承,又要有所创新。

4.博学与深研相结合

平时我们称赞有学问的人是"知识渊博"。知识渊博是一个较为笼统的概念,实际上包含着知识的两种类型,一种是博,一种是渊。所谓"博",就是博大、广博、宽泛,这是从横的方向对知识的评定。所谓"渊",就是深远、敦厚、精湛,沿着某一学科往前走,走得很远、研究得很深,达到了一般人难以达到的地步和境界。博和渊这两方面是辩证的统一。宽广中必须有一定的精深,精深中必须有一定的宽广。

第四节　融　入

不能在社会中生活的个体,不是兽类就是天神。

生来就缺乏社会性的个体,不是智障就是超人。

壹：自由与自律

自由是一个政治哲学概念。学术上存在对自由概念的不同见解,在对个人与社会的关系认识上有所不同。我们不是学术工作者,掌握其相关的知识更多的是应用于我们的工作和生活,简单地说就是如何提高效率,进而提升我们的幸福指数。故此,笔者更多的是从社会学角度更多关注的是它的应用层面。

一、自由概念的学术探究

综合众多学者的研究,笔者认为自由的社会学的基本要义就是人们能够主动按照事物发展的基本规律有效的开展自己的行为,并欣然接受自己行为产生的一切结果。其通过自律来保证行为的规律符合性,也就是说自律是实现自由最大化的根本保证。

自由的字面意思是不受限制和阻碍(束缚、控制、强迫或强制),它在中国古文里的意思是"由于自己",就是不由于外力,是自己做主。在欧洲文字里,"自由"含有"解放"之意,是从外力制裁之下解放出来,才能自己做主。据阿克顿勋爵(John Emerich Edward Dalberg – Acton)统计,众多思想家对"自由"的界定竟有 200 余种之多。所以,萨托利(Giovanni Sartori)说"自由是一个变色龙似的语"。

(一)自由的历史渊源

中国古代庄子的《逍遥游》等名篇为"自由"奠定了思想理论基础。在《汉书·五行志》中就有"自由"，在中国古文里的意思是"由于自己"，就是不由于外力，是自己做主。例如，陶渊明的诗："久在樊笼里，复得返自然"，这里"自然"二字可以说是完全同"自由"一样。正如王安石诗曰："风吹瓦堕屋，正打破我头……我终不嗔渠，此瓦不自由。"

在古拉丁语中，"自由"一词的含义是从束缚中解放出来。在古希腊、古罗马时期，"自由"与"解放"同义。英语中的 Liberty 即源自拉丁文，出现于 14 世纪。而 Freedom 则在 12 世纪之前就已形成，同样包含着不受任何羁束地自然生活和获得解放等意思。在西方，最初意义上的自由，主要是指自主、自立、摆脱强制，意味着人身依附关系的解除和人格上的独立。

(二)自由的多种含义

自由在人类历史上一直是个重要的概念，不同时空条件下的不同群体有着不同的理解和诠释。所以众多思想家的"200 种"之多的界定就不足为怪，在此我们先大概梳理一下一些代表性的"自由"概念界定。

早期自由一词产生初期意指由宪法或根本法所保障的一种权利或自由权，能够确保人民免于遭受某一专制政权的奴役、监禁或控制，或是确保人民能获得解放；任性意义的自由。想说什么就说什么，想做什么就做什么，自由放任；按规律办事意义下的自由，所谓对必然的认识和改造；自律意义下的自由，康德在此意义上使用自由一词。

在法国大革命纲领性文件《人权宣言》中，对自由的定义为："自由即有权做一切无害于他人的任何事情。"（《人权宣言》第 4 条，1789 年）

关于自由的概念基于不同的时空和主体，有不同的理解，这里不再赘述，其核心区别产生的原因就是时空和主体的不同继而产生不同的思想，后面再做具体分析。

(三)自由的多种分类

基于不同的标准和主体的认知结构产生了不同的分类。这里阐述几种具有代表性的分类：

1. 四大自由

第二次世界大战中，美国总统罗斯福提出了著名的"四大自由"：表达自由、信仰自由、免于匮乏的自由以及免于恐惧的自由，联合国《世界人权宣言》重申了这四大自由的精神。

在许多历史和政治学家看来，"四大自由"是文明社会的基础。现代史上，很少有哪些政治概念比"四大自由"产生过更深广的影响，并在此后的 3/4 个世纪中，激励着全世界的无数人为之奋斗不息。许多人主张，"四大自由""标志着新时代的开端"；也有不少人相信，将"四大自由"真正落到实处，始终是美国乃至整个世界面临的挑战。

2. 积极自由和消极自由

20 世纪下半时期，英国哲学家以赛亚·伯林开始用"两种自由"的概念来划分自由："积极自由"和"消极自由"。他认为，积极自由是指人在"主动"意义上的自由，即作为主体的人做的决定和选择，均基于自身的主动意志而非任何外部力量。当一个人是自主的或自觉的，他就处于"积极"自由的状态之中。这种自由是"去做……的自由"。而消极自由指的是在"被动"意义上的自由，即人在意志上不受他人的强制，在行为上不受他人的干涉，也就是"免于强制和干涉"的状态。

对于积极自由，柏林认为自由这个词的积极意义来自个人希望能够做自己的主人，希望自我意识到自己是一个有思想、有意志、能动的存在，对于我所做的选择负起责任，并且能够通过提出我的想法及目的对这些选择做出说明。根据他的说明，积极自由的重点在于"能够做自己的主人"。当我能够做自己的主人的时候，我就不是别人的一件工具，我就不

受别人的意志行为所支配。这时候,我的行为是由我自己的理性及自觉的目的所推动,而不是被外在的大自然或其他人所决定和驱使。换言之,倘若我们能够做到作自己的主人,我们就是自由的了。

3. 相对自由和绝对自由

很多人为了抵制自由观念,把自由的观念绝对化,认为绝对的自由是不存在的,所以,他们否认自由的存在与意义。他们提出"自由王国"的哲学定义,指的是一种绝对的自由。而事实上,绝对的自由是不存在的,存在的是相对的自由。自由本来就以不侵害别人的自由为前提,是限制和有条件的。但这种限制,并不意味着自由观念的无意义,相反,在限制之外,存在广阔的自由天地,这恰恰是需要保护的。而专制主义者,反对的就是个人的自由和这些自由天地。因为个人的自由必然会瓦解专制者行使的专制统治。所以,在专制国家,自由往往是不被广泛认可,其含义也是受到刻意扭曲的。

自由是相对的,不是绝对的,自由应该建立在不伤害他人,不破坏或消极影响社会,不损害国家及民族的前提之下。

当然还有诸多的不同分法,比如亚瑟·叔本华《伦理学的两个基本问题》中的三种自由:自然自由、道德自由和智力自由。还有学者提出的感性自由和理性自由、意识自由和行为自由等,都是在不同的方面对自由的全面阐释。

二、自由的分析和探索

自由基于一定的时空条件下不同主体的认知结构产生不同的理解和诠释。我们了解的根本就是掌握其本质性东西,形成我们自己的知识和认知结构,服务于我们的工作和生活,并满足我们自我认识的需要。

(一)分析

1. 在心理学上,自由是按照自己的意愿做事

就是人能够按照自己的意愿决定自己的行为。这种决定当然是有条

件的,是受到自己本身的能力、掌握的信息、外界环境的制约等限制。但
是人的意识可以自己按照各种条件的约束,自主的选择如何行为。如果
这种选择是发自内心的选择,就可以说是自由了。如果是受到了外界的
强制和干涉,就是不自由了。就是佛法所说的:"你自己求的,你想要的
别人不愿干涉。"这个自由的准确称呼是自由意识,这是人的基本权利。
自由意识下,无论自由意识会带来什么后果,人都会自愿承担,这就是人
的如意选择和尊严。

2. 从社会学说,自由是不要侵害别人的前提下可以按照自己的意愿
行为

对于与他人无关的事情,是个人自己的事情,那么个人有权决定自己
的行为。而与他人发生关系的事情,就必须服从不侵害的原则。否则,这
个行为必然受到反击,至少是思想上的厌恶和不满。没有侵害他人的行
为就是善行,就是自由的行为,而侵害他人的行为就是恶行,就是不自由
的行为。正常的社会是鼓励善行,惩罚恶行的,并通过赏罚归正人们的思
想,限制人们相互侵害的发生,保护人们行善的自由。

3. 从法律上讲,自由就是不违法

然而实际上更复杂,因为法律有善法和恶法之分,善法是符合社会学
的要求,限制侵害他人的行为的,而恶法是限制人们的行为,规定只有按
照其规定的行为才是允许的。因此,在施行善法的地方,社会学的自由和
法律的自由是基本一致的。而施行恶法的地方,法律是限制自由的行恶
的工具了。自由广义的来说是动植物在法律范围内一切不受约束的
行为。

4. 从政治方面看,自由是人们有权选择自己赞同的执政者,也有权不
选择自己不赞同的执政者

就像《道德经》说的,执政者是要"以百姓心为心",完全按照百姓的
意愿管理国家。如果执政者不能作为的时候,百姓有权更换,选择能够真
正"以百姓心为心"的领导者。洛克在《政府论》中提出,自由意味着不受

他人的束缚与强暴。现代民主制度的本质就是保护人们的政治自由，尊重人们的自由意识，维护人们行善的自由，并制止侵害他人的恶行。

5. 萨特说，人是生而要受自由之苦

自由是选择的自由，这种自由实质上是一种不"自由"，因为人无法逃避选择的宿命。人是社会的动物，因而人无可逃避地会去选择了解，选择去爱周围的人，这是生而为人的天性。但是，每个人生来又都是不同的，所以，这就注定人和人之间永远无法去真正的理解，我就是我，我注定不能用我的思维去理解别人。如果两个人真的硬要了解对方，因为爱或是别的原因，那么当我越是努力去理解，就会发现其实两个人的距离只有越来越遥远。因为越是了解，就越能明白我们之间的距离，心的距离，思维的距离。我们渴望一个大同的世界，可是如果世界真的只有一个思想，那又将是一个怎样可怕又阴冷的世界。

6. 哈佛商学院的《管理与企业未来》一书中提道：自由是人类智慧的根源

书中有这样一段话："在知识经济时代，财富不过是在自由价值观普及的社会里，无数个人活动的副产品。在个人自由得到最大保障的社会，民众的智慧空前活跃，创新的东西也会不断被提出，财富作为副产品也会像火山爆发般喷涌而出。管理则没有这样的功能，管理可以聚拢现有的智慧和力量，会创造一时的强盛，但会使智慧之源枯竭，为强盛的土崩瓦解埋下伏笔，而且无一例外地都导向死亡。"

只瞩目科技与财富的繁华，却忽略了它赖以生存的自由土壤，甚至鄙视仇视自由，这是其他文化模仿西方文化屡败屡犯的通病。

对一个社会的个体人而言，自由是指他（她）希望、要求、争取的生存空间和实现个人意志的空间，这个空间包括社会的、政治的、经济的、文化及传统的等外部条件，同时也包括个人体质、欲望、财富、世界观、价值观及理想观的表达欲望等个人因素和内在因素。

（二）探索

自由是人类在获得基本生存保障的前提下,渴求实现人生价值,提高生活质量进而提高生命质量的行为取向和行为方式。由于存在自然条件和内在条件的局限性,这种取向有时是盲目的,甚至是非理性的。自由还是一个非常具有时限性和相对性的概念,因此不同的群体、不同的个体在不同的时空条件下对自由的看法是不同的,这也就是为什么就"自由"的概念就有 200 余种之多的原因。

1. 自由的概念初探

笔者认为自由就是人们在实现自我价值的过程中基于自我的认知结构和客观条件,能够主动按照事物发展的基本规律有效的开展自己的行为,并欣然接受自己行为产生的一切结果。

2. 自由的组成要素

凡是种种的自由概念和定义,都是从一定的侧面对自由进行了诠释,归结起来,自由有几个基本核心要素:

（1）追求自由的目的是为了实现自我价值并最终获得幸福

人们的一生从最简单的生存到生活、到自我价值的实现,最终在品味生活中获得幸福感,其根本就是要证明自我的存在感,在此过程中必然和周围的人、事和物发生各种各样的关系,来印证和衬托存在感,我们的一切活动（包括追求自由）的根本就是与周围的人、事和物协调好,实现自己的价值,证明自我的存在。

（2）感觉约束是产生自由的前提

人们之所以会追求某种自由,就是因为人们感觉某种不舒适的约束,但是如果你感觉不到这种约束,那么你也就不会由此而产生渴求自由意识和行为。因为生命的时间和生物体能力的有限性,我们生命体之外必然存在超乎我们的相关存在物,他们必然会产生对我们的影响,从另外的一个角度来看就是对我们"自由"发展的一种干涉,这种干涉有正向的也

有负向的,正向的我们欣然悦纳,视为"知己",负向的我们就会产生不适感,感觉到对我们自由的干涉,如"异类"使得我们"不自由了"！

（3）自我决定的自由

针对不同主体在同样的时空条件或者同一主体在不同的时空条件下会产生不同的对"自由"的认识,比如红绿灯,有人认为是约束自我自由畅行的障碍设置,而更多的人认为是畅行自由的根本保证,面临"不幸"的约束,人们必然就会有自由的意识,所以从人的根本意识（本性）上来讲,自由思想人人有之。然而同样事物有人感觉到约束有人感觉不到约束,或者同一个人在不同时空条件下对同一事物的约束具有不同感知,所以自我的心态和认知决定约束（自由）。正如真正的出家人无欲无求,他们就不会有渴求常人心中的那种自由的意识和行为。

三、最大化自由的实现方式

自由与不自由往往是主体"感觉到的",这在一定程度上表明了自由的决定性因素（操作层面）。在现实生活中。我们不可避免地与周围人、事和物发生关系,他们必然会对我们的行为和思想产生影响,除了"我的地盘我做主！"外,有更多的"自我"不可为的人、事和物对自我"自由"进行干扰。这里能做的仅有在"我的地盘"上我的行为了。

（一）探索并遵循事物发展的基本规律

在我们人生的过程中,无论我们是"迷迷瞪瞪的上山下河",还是为了理想目标而努力奋斗,我们一直在不断地寻找生活的"真",周围人、事和物在我们成长过程中和我们发生着各种关系,当我们感觉到相处愉快,便悦纳之,感觉到无拘无束（最大自由）,我们感觉到压抑障碍和约束时,必然产生摆脱窘境的思想和行为,获得和他们的和谐。

正如一位医生说过："什么是健康,就是你感觉不到身体的存在,当你感觉到哪里存在的时候,哪里就有问题了！"是的,当我们哪里不舒服的时候(也就是身体机能不协调的时候),哪里就有问题了,我们就会感觉它的存在,甚至常常有着去之而后快的想法。自由亦是如此,当我们和周围的人、事和物相处协调融洽,我们感觉不到它的存在,我就会感觉到最大的自由。这里的协调或者和谐相处其本质就是事物按照其本质规律健康发展。

细想之,我们平素的一切思想和行为都是在不断探索事物发展的基本规律,并顺应它,从而取得高效圆满,最终获得最大的幸福感。而事物发展的基本规律就体现在公式、定理、效应、原理以及厚黑学的基本思想,我们都在不同层面做着同样的事情,顺天应势,最终我们达到最佳的和谐社会——共产主义,人们的思想和行为达到最大的自由。

(二)不断提高认知水平和自身物质文化水平

手是自由的,能做出千百种灵巧的动作来,为什么呢?因为人的手不必像动物一样总拄着地面,手有了闲暇,于是它自由了,解放了。我们的自由亦是如此,只有当人们的物质文化水平发展到最高级阶段,我们的物质和精神不再有太多的牵挂,都有了"闲暇",我们就获得了最大的自由、最高的幸福感。所以不断提高认知水平和自身物质文化水平是最大化获得自由的基础方式。

我们经常对自由的概念就是"我感觉到",所以不同的时空条件以及主体的不同对自由的"感觉"往往大相径庭。试想当今伟大的物理学家霍金,他的身体我们认为"不自由",但他的大脑却任意驰骋于科学的疆土,尽管他唯一能活动的就是他的眼神,但他没有"感觉到"自己的"不自由和拘束"。法律对我们守法者来说是维护我们自由的保障,对违法者来说是限制他们"自由"的障碍。所以不断地增加自我的知识储备和不断提高自身的认知结构是获得自由的基础方式。

到了共产主义社会,我们物质极大丰富,人们各取所需,人们达到最大的自由和幸福。所以获得自由的另外一个层面的基础方式就是不断地

提高自身的物质水平,逐渐清除影响我们自由的约束。也就是是说当我们不再为衣食所困时,我们就只剩下"感觉"和"体验"幸福了,那将是人类最大的自由。

(三)自律和规范自己的思想和行为

孔子曰,七十而从心所欲,不逾矩。大概就是说,能自我约束才是真正的自由。毕达哥拉斯说:"不能约束自己的人不能称他为自由的人。我们的自律并不是让一大堆规章制度来层层地束缚自己,而是用自律的行动创造一种井然的秩序来为我们的学习生活争取更大的自由。"

从单个个体某一时空点来看,自由的最大保证就是无限制,但这种情况是不存在的理想状况。人是社会性动物,具有社会性,在较长的时空概念下,自由的最大保障就是自律,回到红绿灯的问题,仅有一辆车,十字口无须红绿灯的必要,随着车辆数的增加则自由受到他车的影响,从集体和长远来看,若要自由畅行最好的就是红绿灯加警察,也许等红灯耽搁一分钟,但一分钟过后的自由畅行是种必然,若没有红绿灯或者闯红绿灯,结果是若干分钟的拥堵是种必然,甚至发生危险的概率大大增加。所以自律和规范自己的思想和行为是自由的最大保障。

自律和规范自己的思想和行为,包括几个方面,一是在已知的知识和认知结构下的坚持,就是既然知道就要做到,也就是言行一致、思想和行为的意志行为。另一方面就是在没有相关知识储备和认知结构的情况下模仿和探索的问题,第一种情况就是模仿的问题,不明情况下相信权威或主流思想;第二种就是"给自己找个理由先!",在已有的知识和认知结构下"说服自己",给一个路线图。

自律是一种高贵的品质,意味着为一个伟大的目标努力和付出,意味着为了自己所珍视的东西放弃眼前的一些诱惑,它会让你拥有一颗强大而丰富的内心,面对任何事都可以冷静自若地处理,对世界的认识会更加丰富深刻,生命也更有重量和质感。不是一种精神上的枷锁和镣铐,反而是一种寻找内心平衡的最佳方式。

贰:社会与自我

人是社会性的动物。早在公元前 328 年,亚里士多德就指出:"人在本质上是社会性的动物;那些生来就缺乏社会性的个体,要么比人低级,要么就是超人。社会实际上是先于个体而存在的。不能在社会中生活的个体,或者因为自我满足而无须参与社会生活的个体,不是兽类就是天神。"所以社会化是人之所以为人的根本标志,也是人的一项基本能力素养。但社会化并不意味着完全的丧失自我,如何在社会化过程中不失自我,保持个性化和社会化的平衡和协调是每个人社会化过程中的最大挑战。笔者认为根本策略就是"包容不失个性",即相互兼容但又有边界。

一、社会化与自我的几组基本概念

社会化是个体在特定的社会文化环境中,学习和掌握知识、技能、语言、规范、价值观等社会行为方式和人格特征,适应社会并积极作用于社会、创造新文化的过程。它是人和社会相互作用的结果。通过社会化,个体学习社会中的标准、规范、价值和所期望的行为。在此之前首先必须明确几组相关的概念。

(一)社会化与社会角色

社会化就是个体恰当的融入社会集体的过程,社会化成功其表现形式就是合适的社会角色扮演。社会化失败其表现形式就是角色失调,常见的包括角色冲突、角色不清、角色中断和角色失败四种形式。

1.社会化

社会化是个体由自然人成长、发展为社会人的过程,是个体同他人交往,接受社会影响,学习掌握社会角色和行为规范,形成适应社会环境的人格、社会心理、行为方式和生活技能的过程。它涉及社会和个体两个方面,从社会视角看,社会化是社会对个体进行教化的过程;从个体视角看,社会化是个体与其他社会成员互动,成为合格社会成员的过程。

2.社会角色

社会角色是个体与其社会地位和社会身份相一致的行为方式和心理状态。它是对特定地位的个体行为的期待,是社会群体得以形成的基础。

社会角色具有角色权利、角色义务和角色规范等要素:角色权利是角色扮演者所享有的权利和利益,是指角色扮演者履行角色义务时所具有的支配他人或使用所需的物质条件的权力,角色权益是指角色扮演者在履行角色义务后应当得到的物质和精神报酬;角色义务是角色扮演者应尽的社会责任,它包括角色扮演者"必须做什么"和"不能做什么"两个方面;角色规范是指角色扮演者在享受权利和履行义务过程中必须遵循的行为规范或准则。

按照不同的标准可以进行不同的分类:按照角色获得的方式可分为先赋角色和成就角色(如父母和教师);按照角色行为的规范化程度可分为规定性角色和开放性角色(如军警和朋友);按照角色的功能可分为功利性角色和表现性角色(如企业家和学者);按照角色承担者的心理状态可分为自觉角色和不自觉角色(如演员和性别角色)。

(二)个性化与自我

与社会化相对的就是个性化,表现形式就是自我意识或自我概念。

1.个性化

与社会化相对的概念是个性化。所谓个性化,指个性在特定社会条件的影响下,在实现社会化的同时形成个人心理、行为倾向独特性的过程。个性作为一个人决定其思维和行为方式的内部动力系统,是个人的社会共同性和自身独特性的有机统一体,它决定着一个人如何看待世界和如何体验世界,决定着一个人如何看待自己和如何体验自己,也决定着一个人对于外部世界和自己采取怎样的行为方式。个人的社会共同性通过个性中所具有的社会意识及一定的与社会、文化要求相适应的行为方式得到体现,而个人的独特性则通过高度带有个人色彩的思维方式和行为方式,通过稳定而特殊的个人能力、气质和性格等特点得到显示。

2. 自我

自我,也称自我意识、自我概念,是个体对自己存在状态的认知。包括对自己心理状态、生理状态、人际关系及社会角色的认知。反映在物质自我、心理自我、社会自我、心理自我和反思自我五个层面。

自我概念具有重要的功能。伯恩斯在其《自我概念发展与教育》(1982)一书中,系统论述了自我概念的心理作用,提出自我概念具有三种功能:一是保持内在一致性,也就是个人需要按照保持自我看法一致性的方式行动;二是它起着经验解释系统的作用,一定的经验对于个人具有怎样的意义,是由个人的自我概念决定的;三是它决定着人们的期望,由于自我概念引发与其性质相一致或自我支持性的期望,并使人们倾向于运用可以导致这种期望得以实现的方式行为,因而自我概念具有预言自我实现的作用。

二、社会化与自我的性质

社会化是个体走向社会公共生活,融入现实社会的起点。个体的社会化过程就是在社会文化的熏陶下,使自然人转变为社会人的过程。一方面,个体接受社会的影响,接受社会群体的信仰与价值观,学习生活、生产技能和行为规范,适应社会环境;另一方面,个体作用于社会,用自己的信仰、价值观和人格特征去影响他人、社会,改造旧文化,创造出适应时代需要的新文化。因此,对个体来说,社会化是一个社会适应的过程;对社会而言,社会化是一个约束和控制的过程。

（一）社会化的性质

1.特点

（1）主观能动性

体现在两个方面：一是个体自身的人格特质等因素影响、引导着个体的社会化，个体不仅有选择地将社会文化内化，并且将内化了的社会文化又创造性地外化。二是社会化个体之间的相互作用，即个体既被社会化，同时也影响着其他个体的社会化。

（2）毕生持续性

个体自身因素与社会环境因素的交互作用，不断地推动着个体的社会化，没有固定不变的模式，它必须随着社会的发展而发展。因此，社会化是一个不间断的终生进行的过程，个体的社会化是通过人的一生完成的。

2.内容

（1）生活技能的社会化

包括生活自理能力、日常生活知识、生活适应技能等。

（2）职业技能的社会化

传授生产技能和职业技能，为个体进入社会从事职业生涯打好基础。

（3）行为规范的社会化

这是社会化的核心，是个体适应社会生活和形成人格特征的关键。包括政治规范、法律规范、道德规范和角色规范的社会化等内容。

（4）生活目标的社会化

生活目标的社会化，一方面要把社会目标内化为个体的生活目标；另一方面要造就出成千上万胸怀大志、努力将自己的知识、技能、才智和创造力等能动地外化于社会、为社会造福的人，使其成为社会文化的承上启下者。

3.基础

（1）自然基础

其中最重要的是健全的神经系统，尤其是神经系统的高级中枢——

大脑,这是个体社会化发展的必要的自然前提。

(2)社会基础

社会基础是指特定的社会生活条件,包括社会生产方式、政治和法律制度、社会规范、价值体系、信仰体系、风俗、种族和民族、家庭、学校、友伴、群众、宗教、职业、其他社会团体或组织等。其中最重要的是社会生产方式。这些社会因素是个体社会化发展的外部条件,它们促使社会化发展的可能性成为现实性。

(3)实践基础

实践基础是个体社会化的内因,是个体社会化发展的能动因素。个体社会化过程有赖于个体与社会的相互作用,有赖于个人生理上的禀赋与社会环境的充分接触,有赖于个体参加社会实践活动才能实现。如果一个人从小与社会生活隔离,脱离社会实践,即使他具有个体社会化的自然基础,具有健全的神经系统,也不能获得正常人的社会化。例如狼孩的事例,就说明实践活动对个体社会化的重要作用。正常地参加社会实践,正常地进行社会交往,才能获得正常的社会化。

4.类型

(1)基本社会化或早期社会化

早期社会化发生在个体生命的早期,即婴儿至青少年时期的社会化。这个时期,对个体而言是基本的,是至关重要的社会化阶段。这个阶段主要是学习和掌握作为社会成员应具备的交际语言、认知技能和行为规范等,并将社会文化和价值标准内化,建立行为和评价系统,学会承担和扮演各类角色,并初步形成自己的人格特质。

(2)继续社会化或发展社会化

现实生活中,许多成人在生活不断出现新情况、新内容时,诸如家庭的建立、工作的调动、经济生活和业余生活的变更、社会关系和社会责任的变化、知识和技能的更新等,往往感到不适应,从而导致自己的认知与行为难以与环境和社会的要求相协调。为此,促使个体步入一个新的社会化进程——继续社会化,它是在基本社会化基础上的发展和扩大,即继续学习知识、经验和行为规范,以适应新的环境和新的角色。

（3）再社会化

再社会化是指个体从原有的生活方式向另一种新的生活方式转变、适应和内化的过程。这意味着个体放弃原有的价值观念和生活方式,认同一种新的价值观念和生活方式。再社会化有广义和狭义之分。广义的再社会化通常是指生活环境的突然改变,人们自觉地转变个人的生活方式和行为规范的过程。狭义的再社会化是一种特殊的社会化,是强制性再社会化。

（4）反向社会化

反向社会化是指年轻一代将知识、文化传递给前辈的过程。

当然不同的分类标准有不同的类型,比如按社会化内容划分有语言社会化、性别角色社会化、道德社会化等等。

4. 载体

（1）家庭

个体从出生起就在家庭中获得一定的地位。家庭在社会化中位置独特、作用突出。童年期是社会化的关键时期,家庭中的亲子关系,家长的言传身教,对儿童的语言、情感、角色、经验、知识、技能与行为规范方面的习得均起潜移默化的作用。

（2）学校

学校是有组织、有计划、有目的地向个体系统传授社会规范、价值观念、知识与技能的机构,其特点是地位的正式性和管理的严格性。个体进入学龄期后,学校成为其社会化最重要的场所。学校教育促使学生掌握知识,激发其成就动机,并为学生提供广泛的社会互动的机会。学校还具有独特的亚文化、价值标准、礼仪与传统。在早期社会化中,学校是不可替代的社会化载体。

（3）媒介

现代社会中,大众传媒是十分重要的社会化手段。影视、音像、广播、报纸、杂志,特别是互联网迅速向人们提供大量各种信息,使人广开视野,学到新的知识与规范。大众传媒对人的社会化的作用与日俱增。现代社会心理学十分重视传媒对个体社会化的影响。

（4）其他群体

参照群体是能为个体的态度、行为与自我评价提供比较或参照标准的群体。特点是,个体可以不具备这个群体的成员资格,但这个群体却能为个体提供行为参照。参照群体的作用机制是规范和比较,前者向个体提供指导行为的参照框架,后者则向个体提供自我判断的标准。比如,儿童的社会化就受同伴群体的影响很大,同伴群体实际上就是向他们提供态度和行为标准的参照群体。

（二）自我的性质

1. 特点

自我意识是人类所特有的心理系统,它具有意识性、社会性、能动性、同一性等特点。

（1）意识性

意识性是指个体对自己以及自己与周围世界的关系有着清晰、明确的理解和自觉的态度,而不是无意识或潜意识。从马克思主义哲学的角度来看,这种自我意识是主体我对客体我的一切主观能动的反映。

（2）社会性

自我意识是个体长期社会化的产物。这不仅因为它是在社会实践中产生的,而且因为它的主要内容是个体社会属性的反映。对自我本质的意识,不是意识到个体的生理特性,而是意识到个体的社会特性,意识到个体的社会角色,意识到个体在一定的社会关系和人际关系中的地位和作用,这是自我意识发展到成熟的重要标志。

（3）能动性

自我意识的能动性不仅表现在个体能根据社会或他人的评价、态度和自己实践所反馈的信息来形成自我意识,而且还能根据自我意识调控自己的心理和行为。

（4）同一性

心理学研究表明,自我意识一般需要经过 20 多年的发展,直到青年中后期才能形成比较稳定、成熟的自我意识。虽然这种自我意识有可能因个体实践的成败和他人的评价的改变而发生变化,但到青年期以后,个体会对自己的基本认识和态度保持同一性。正因为自我意识的同一性,才会使个体表现出前后一致的心理面貌,从而使自己与其他人的个性区别开来。

2.功能

个体的自我意识与个体的成长发展息息相关。自我意识在个体成长和发展中具有导向、激励、自我控制、内省调节等功能。

（1）导向激励功能

目标是人才发展的导航机制。一个人要想成就一番事业,就必须从自身的实际出发,制订明确的目标,只有如此才会调动自身的潜能,激发强大的动力。人通过正确的自我认识,确立较为合理的"理想自我",就为个人将来的发展确定了目标,对个人的认知、情感、意志、行动会产生很大影响,是个体活动的动力。

（2）自我控制功能

一个人如果有了发展目标而不付之于行动,其结果仍然是一无所获。个体要想将来有所建树,首先要有科学的目标,同时还要有自立、自主、自信、自制的意识,并对自己偏离目标的情感和行动,加以调节和控制。在通往成功的大道上,很多人与成功失之交臂,并不是因为缺乏机会和才华,而是因为缺乏自我控制的意识和能力。自我控制是自我意识发挥能动作用的一个重要表现,它是目标的保护神,是成功的卫士,是自我意识的一项很重要的功能。缺乏自我控制的意识和能力的人,是一个盲动、情绪化的人,缺乏恒心与毅力的人,终将一事无成。

(3)内省调节功能

自我意识健全的个体,不仅能够确立符合个体的"理想自我",而且能够通过自我控制来实现预期目标。而由于主客观条件的制约,"理想自我"的实现常常会遇到各种障碍,致使个体产生不同程度的挫折感。这时,自我意识就会对自己的认识、情感、意志、行为等进行反省,找到受挫折的主客观原因,并重新调整认识,形成新的"理想自我",使其与"现实自我"趋于统一。内省和调节就是个体成长中所进行的自我监督和自我教育,每个人要想使自己成为自我实现的人,就需要有积极的自我意识,随时对自我的认识、情感、意志和行为加以反省和调节。

3.过程

心理学研究表明,个体自我意识从发生、发展到相对稳定,需要经过20多年时间,纵观自我意识的形成过程,我们可以把它分成四个阶段。

(1)自我意识萌生时期(生理自我形成发展期)

在生命降生之初,婴儿是没有自我意识的,不能意识到自己和外界事物的区别,处于主体和客体尚未分化的状态之中。婴儿一般在 8 个月龄左右,生理自我开始萌生。到 1 岁左右,开始能把自己的动作和动作对象区别开来,初步意识到自己是动作的主体。1 周岁以后,逐步认识自己的身体,也开始意识到自己身体的感觉。不过,他只是把自己作为客体来认识,他从成人那里学会使用自己的名字,并且像称呼其他东西一样地称呼自己。一般到 2 岁左右,逐渐学会用代词"我"来代表自己。3 岁左右的儿童,自我意识有了新的发展,主要表现在:出现了羞愧感与疑虑感。应该说,3 岁儿童的自我意识已经有了一定的发展,但其行为仍然是以自我为中心的,即以自己的想法解释外部世界,并把自己的想法和情感投射到外界事物上去。

(2)自我意识形成时期(社会自我形成发展期)

3岁到青春期这段时期,是个体接受社会化影响最深的时期,也是学习角色的重要时期。个体在家庭、幼儿园、学校中游戏、学习、劳动,通过模仿、认同、练习等方式,逐步形成各种角色观念,如性别角色、家庭角色、伙伴角色、学生角色等。这一时期,也是获得社会自我的时期,他们开始能意识到自己在人际关系、社会关系中的作用和地位,能意识到自己所承担的社会义务和享有的社会权利等。青春期以前,个体的眼光是向外的,引起他们兴趣和注意的是外部世界,他们对自己的内心世界视而不见。

(3)自我意识的发展时期(心理自我形成发展期)

从青春发育期到青春后期大约10年时间,是心理自我的发展时期,自我观念渐趋成熟。这一时期,个人的自我意识具有以下特点:一是自我意识分裂为观察者的我(I)和被观察的我(me),因而个人就能从自己的观点出发,认识和考量自己的心理活动。二是个体能够透过自我去认识客观世界,即由自我的观点来认识事物而不是从他人的观点去考量事物。三是个体价值体系的发展和理想自我的活动,总是与自我观念的发展相联系。这时,个体常常强调自己所具有的个性特征的重要性,以及认为自己追求的目标对于自己的重要性。由于自我意识的发展,到了青春期,青年要求独立、自治的意识强烈,更想摆脱成年人的影响束缚。一般地讲,青年自我意识的发展,经历着一个特别明显的、典型的分化、矛盾和统一的过程。

(4)自我意识完善时期(自我意识统一期)

如果说青春期自我意识是迅速发展并趋向成熟的阶段,那么青年期之后个体的自我意识则是完善和提高阶段。即主体我与客体我、理想我与现实我经过激烈的矛盾和斗争,重新实现统一的时期。这种统一是在新的水平与方向上的协调一致,使现实我努力符合理想我的要求。当然,矛盾斗争的统一结果有两种可能性,积极的结果是形成新的真实的自我统一,使人增强自信,努力奋斗,有利于自身发展;消极的结果是形成歪曲的自我统一,或自卑,或自负,影响自身的成长和发展。自我意识的形成和发展的过程,正是一个人人格成长的过程,忽视了每一阶段的健康成长,都会给人带来终生的遗憾。

1. 分类

历史上学者、学派纷呈,百花齐放,各有千秋。这里列举代表性的几种。

(1)詹姆斯的"经验自我"和"纯粹自我"

美国心理学家、美国实用主义哲学家的先驱詹姆斯(William James,1842—1910)是自我概念的创始人,把自我分为经验自我和纯粹自我。

"经验自我"指人们可能经验到的一种对象,即与世界的其他对象共存的存在物。经验自我又分为物质自我、社会自我和精神自我三种成分。社会自我高于物质自我,精神自我又高于社会自我。"纯粹自我"指一个人知晓一切东西,包括自我的那些东西,所以又称为能动自我或主动自我。

(2)弗洛伊德的"本我""自我"和"超我"

精神分析学派的创始人弗洛伊德在他的心理学中阐述了他的自我概念。弗洛伊德认为,人格由本我、自我和超我组成。

"本我"来自人的本能,在社会生活中表现出追求各种个人欲望的满足和追求个人利益实现的特征;本我是人的生物性本能,只知快乐,活动盲目。"超我"来自社会文化,是个体在成长经历中已经内化为自身价值观念的种种文化信念,其中以道德、信仰为主要内容,它是人内化了的社会道德原则。这些社会文化与道德信念对个体的要求,往往以牺牲个人服从整体为主,甚至要求个体行为完全道德化,因而与本我相对立。"自我"是人的理性部分,往往处于社会生活的现实要求、超我的道德追求与本我的利益追求之间,按照现实原则协调矛盾,尽可能地寻找权宜之计,是个体最终行为表现的决策者,时而管理本我,时而服从超我。只有自我知道活动的目的和方向。

（3）罗杰斯的"现实自我"和"理想自我"

最初，心理学家罗杰斯也不重视自我概念，但他在临床上发现他的患者倾向于用自我来叙述，所以才重视自我概念。

罗杰斯认为自我概念是个人现象场中与个人自身有关的内容，是个人自我知觉的组织系统和看待自身的方式。他根据临床实践，提出了与现实自我相对应的理想自我。理想自我代表个体最希望拥有的自我概念、理想概念，即他人为我们设定的或我们为自己设定的特征。它包括潜在的与自我有关的、且被个人高度评价的感知和意义。而现实自我包括对已存在的感知、对自己意识流的意识。通过对自己体验的无偏见的反映及对自我的客观观察和评价，个人可以认识现实自我。罗杰斯认为，对于一个人的个性和行为具有重要意义的是他的自我概念，而不只是现实自我。他在临床实践中发现，现实自我和理想自我之间的不一致是导致神经症的原因之一。

（4）米德的"客我"和"主我"

米德（G. H. Mead）把自己的心理学体系称为"社会行为主义"。

他指出：自我是一种社会实体，自我本质上是一种社会存在，个体的自我只有通过社会及其中不断进行的互动过程才能产生和存在。他把自我分为"客我"（me）和"主我"（I）。这两者共同构成整体的自我。这种整体统一的共同归属是社会，因为从实质上说，自我就是一个社会过程，它借助于这两个可以区分的方面而不断进行下去。

三、社会化与个性化

社会化和个性化是人类进步的重要过程，是实现人的价值和最终达到最高意义上的幸福的必由之路。

（一）个人的个性化与社会化同步进行、同时实现

社会化目标的实现过程，也是个性形成或个性化的过程。个人随着

身体的成熟和随之而来的各种社会角色的变化,其社会生活的广度和深度也不断增加。

1.对于整个同辈群体而言,无论是学前儿童、各阶段的学生还是成人,社会对于一个特定群体有着相对一致的期望和对待,这样,在同一个特定群体中生活的人们,会有着系统化的共同社会生活。这种社会生活经历的共同性折射到他们心理内部就是经验的共同。正因为如此,人们可以发展起社会要求的共同的、与社会期望一致的观念、情感、思维和行为方式,使社会的社会化目标得以实现。没有共同的社会生活、共同的经验,就谈不上社会化中共同性的形成。

2.从个体的角度说,每一个人不仅有与其他同辈相对一致的共同社会生活,还有着个人不同于其他任何人的独特的、难于被系统化的社会生活。每一个具体的社会化执行机构或执行者,除了按与社会、文化相适应的要求期望和对待作为被社会化者的个人之外,还按照自己独特的倾向与方式对待每一个不同的个人,从而导致每一个被社会化者与社会化执行者之间的相互作用都有其独特的一面。而且,个人在与社会环境发生相互作用时,并不是一个简单、被动的客体,而是一个主动、具有能动性与选择性的主体。这种能动与选择使得人们的经验世界具有了与其他任何人不同的一面。这样,个人不仅会因为有与其他人相同或相类似的社会生活、相同的经历与相同的经验而被社会化,与此同时,他们还因为有不同于其他人的独特社会生活、独特经历和独特经验而产生个性化,使他们的观念、情感、思维和行为方式在内容和表现方式上都高度具有个人色彩。

(二)个人的个性化与社会化不可分割、同等重要

很显然,社会化与个性化过程是伴生的、相互影响的,二者是不可分割的统一体的两个方面。对于个人的发展而言,个性化与社会化具有同等重要的地位。社会化保证了人类社会的延续与文化的传留,个性化使

得个人可能具有超越现实而又改善现实的独特性与创造性。一个社会如果只允许社会化的存在而扼杀个性化，它就可能长期在一种水平上简单重复。中国在数千年之久的封建社会中逐渐从发达与强盛走向衰微和落后，从意识形态到科学技术都很少有革命性的成就，其中最重要的原因可能就是对人们个性化的扼杀。但是另一方面，如果一个社会过分强调个性化而忽视社会化，那么这个社会将可能有失范和动乱的危险。在社会化与个性化方面，一个理想的社会应当既具有完善的社会化代理机构体系（如完善的教育体系）和社会化诱导机制（如完善的奖励制度与法制体系），又能够给予合理的个性化以广大的空间，而一个理想的个人则应当是既可较好地适应社会，又能够有充分的个人风格与独创性，具有促发社会积极变化的潜力。中国社会如何在改革开放的过程中既保证人们良好的社会化，又维护人们积极的个性化，将是诸多领域共同研究的一个重要课题。

叁：交往与交流

人的社会性使得人们之间必然有着种种的联系和沟通交流，人际交往就是承担着这样的功能，所以它是人的一项重要的基本社会功能，使得人们之间建立起一张社会之网，使得人的社会性有了基本的依附，它包括人们之间的物质、思想和情感的相互交流。基于物质、思想和情感交流的不同状况，产生了各种人际交往的形式，在人们之间的血缘关系、姻亲关系及社会关系三大关系中呈现出缤纷的形式，如血缘关系中的父母兄弟，姻亲关系中夫妻亲家，社会关系中的朋友知己，即亲情、爱情和友情。

一、人际关系

人际关系是人与人之间的基本关系的简称，是人的社会性的基本体现，人际关系的好坏直接影响人的社会化以及价值的体现。

(一)概念

社会学将人际关系定义为人们在生产或生活活动过程中所建立的一种社会关系。心理学将人际关系定义为人与人在交往中建立的直接的心理上的联系。中文常指人与人交往关系的总称,也被称为"人际交往"。分为血缘关系、姻亲关系和社会关系三大类,包括亲属关系、夫妻关系、朋友关系、同学关系、师生关系、雇佣关系、战友关系、同事及领导与被领导关系等。

人是社会动物,人的一切行为必然会对集体和组织产生影响,同时也接受着集体和组织的影响和改造。每个个体均有其独特之思想、背景、态度、个性、行为模式,然而人际关系对每个人的情绪、生活、工作有很大的影响,甚至对组织气氛、组织沟通、组织运作、组织效率及个人与组织之关系均有极大的影响。体现在个性和共性之间的动态平衡。

笔者认为,人际交往的本质就是人与人之间的普遍联系的实现形式,其内容包括物质、思想和情感之间的交流。

(二)意义

1.促进自我认识,不断完善自我

常言道:"以人为镜,可以知得失。"在人际交往中,通过对方的"镜子"不断地对自我的行为和思想进行反观,实现信息传递的反馈功能,进而不断地对自我的行为和思想进行纠偏,从而实现自我的不断完善。

在此必须注意的是,在人际交往中对来自外部的信息必须提高自我的判断力,是原装信息还是伪装信息?另外对于同样的信息,我们的判断力和个人的认知结构对信息的处理结果也是不一样的。

2.促进社会化进程,不断整合资源

人际交往是社会发展的必然产物,是我们生活的一部分,贯穿生命的始终。没有人际交往过程中所形成的各种各样的网络关系,以及人们所

担当的各种各样的社会角色,社会就不称其为社会,发展也无从谈起。

在社会的大网络中,我们通过人际交往,寻找我们情感和思想可以产生"共振"的"志同道合"的协作体,实现物质、思想和情感的交流,不断地整合我们的内外部资源,最大限度地发挥个人和集体的能力,实现自我的人生价值和社会的发展。

3.促进自助助人,实现共同发展

常言道"助人自助",即互惠互利的形式体现,正如智者所言"先渡己,再渡人"。我们在自助和助人的过程中,不断地实现正能量的相互交流,在盘旋中不断地前进和发展,实现共同发展,达到物质和精神的极大富足(共产主义)。

在人类的发展过程中,我们不断地产生和壮大我们的集体和协作关系,其本质要义就是在人际交往的过程中不断地自我实现和组织壮大,实现集体和个人的共同发展和进步。

(三)原则

人际交往是人类的一项基本活动,其必须遵守一定的基本规则,往往人们内心都必然坚守的一项原则就是以双方的成本价值为基础,实现"等价交换"的基本原则。此外,为了更好地达到人际交往的效果,我们必须有意识的注意以下的几项基本原则。

1.尊重原则

敬畏生灵,恪守道德,尊重人际交往的基本规律。

尊重包括两个方面:一是尊重生命体的独立性,不可以相貌等而"看菜下饭",任何生命体的存在自有道理,尊重它的存在,尊重它的"长短高低",也表现为交际中的包容、理解、倾听和换位思考等技巧。这里的尊重包括自尊和尊他,其本质就是"高看"自己和他人,"我和我交往的都是贵人"。二是尊重交往的基本规律,在交谈的言语、语调以及衣着、姿势等方面有着一定的规律和技巧,不可一味地使用"厚黑"伎俩,而达到不良的人际交往的目的,在一定的时空条件下"厚黑"理论可能暂时起作用,但从长期效应来看,"厚黑"必将失败,人类的发展和进步就是不断地剔除"厚黑"成分,不断接近事物发展规律的基本过程,到共产主义必将是一切遵循事物发展的基本规律,一切的发展都进入最高阶段。

2. 真诚原则

真诚就是交往中间的真实信息的传递,以期望获得恰当的帮助和对他人施以帮助。

真诚包括两个方面:一是正确的自我评价,这里指的是明知自己的情况而故意回避自认为不当的思想和行为,不包括因为能力不足而没能认知到的自己的言行。二是正确的对外言行,它包括两点:第一是和自己的思想一致的对外言行。即"知行合一"。第二是和自己言语一致的行为,即"言行一致",言必行,行必果。只有诚以待人,胸无城府,才能产生内心的一致和共鸣,才能收获真正的帮助。没有人会喜欢虚情假意,夸夸其谈必将败下阵来。

(四)核心

在人际交往过程中,具体的技巧和方法很多,不再赘述,但有一些核心必须注意。

1. 微笑

微笑是人类最简单也是最复杂的情绪体现。说其简单,它表情单一,就一个动作。说其复杂,简单表情却蕴含无穷的情感情绪,即万般情感"一笑了之",故它是人际交往的"超级武器",可以"倾国倾城""化干戈为玉帛",是人类良好的情绪情感的归宿点,它可以融化一切负向情绪情感,更能表达一切正向情绪情感,具有以一当十的超级威力。

它来自快乐也创造快乐,在人际交往中,微微一笑,万般归一,愉悦、接纳、真诚、尊敬等淋漓尽致的表达,高度和谐一致的大一统。故此请你时时处处把"笑意写在脸上"。

2.适度

在人际交往的具体技巧中,其本质就是如何把握度的问题,防止"火候不到"和"过犹不及"而出现诸多的交际障碍和不良结果。

在此注意把握交际的几点火候:缺钱,但不能缺德;失言,但不能失信;倒下,但不能跪下;求名,但不能盗名;低落,但不能堕落;放松,但不能放纵;虚荣,但不能虚伪;平凡,但不能平庸;浪漫,但不能浪荡;生气,但不能生事!

3.积极

前面提到过,人际交往的本质就是实现资源的最优配置,实现助人自助,最终自我、他人和集体的共同进步和发展,最终达到共同繁荣。这里的积极包括两个方面:一是交往中每个个体有不断地为对方和集体注入积极因素(正能量)、拒绝消极因素(负能量)注入的基本义务和责任,才能真正地称得上是至朋好友、闺蜜恋人,这是真正意义上的交往;二是以积极的态度正确的交往,获得正常交往的正常收益,而不是为了实现一些不良甚至"不齿"的目的。

(五)干扰

人际交往的影响因素很多,有的具有促进和加强效果的作用,有的却在无声无息中干扰和影响交际的效果,在某一时空点可能起一定的作用,但从长期来看是弊大于利,比如有些材料中倡导的利用一些"技巧",从某种程度上是一种误导,是一种避重就轻的暂时策略。

1.几种效应

(1)首因效应

在人际交往活动中,我们开始接触到的信息(包括容貌、语言、神态等)对我们认识对方产生主导作用,后面的信息的权重大大减小,这种心理称之为首因效应,其实质是"先入为主"置下"心锚"。首因效应使得我们一方面要给他人留下良好的第一印象,另一方面又要在以后的交往中纠正对他人第一印象的不全面的认识。无形中淡化了更深层次的交往还需要你加强在谈吐、举止、修养、礼节等各方面的核心素质。

（2）近因效应

近因效应是指最近一次交往的印象对我们的认识所产生的影响。根据遗忘的性质，最近一次交往留下的印象，往往是最深刻的印象。多年不见的朋友，在自己的脑海中的印象最深的，其实就是临别时的情景。基于此，我们在人际交往中，注意首因效应，先入为主，也并不是后面就随心而行，而是时时刻刻按照交际规律认真对待交际中的每一次交流，因为近因效应随时会起作用。一般而言，熟人之间的交往近因效应会发挥较大的作用，因此我们平时应该随时注意交往的各个环节，即认真交际。

（3）光环效应

光环效应又称晕轮效应，是指在交往的过程中，我们往往会从对方的某个优点（或缺点）而泛化到其他有关的方面，由不全面的信息而形成完整的印象。当你对某个人有好感（或差感）后，就会很难感觉到他的缺点（优点）存在，从而否定他的一切缺点（或优点）。诸如"情人眼里出西施""从头到脚都流着脓水"等现象。在这种情况下，我们应该理性看待交往中的各种现象，提高分辨力。

（4）投射效应

投射效应是指在交往的过程中，我们总是假使他人和自己有相同的倾向，即把自己的特性投射到他人身上，从而形成对他人的印象。有时候，我们对他人的猜测和判断，无形中透露的正是自己。它的根源是我们一切的出发点都是基于"自我"的知识和认知结构对我们采集到的信息加工而产生的对对方的认知和判断，我们的"加工工具"对结果起着很重要的作用，而偏离了对对方的认知和了解。

另外，还有很多的效应，其本质都是交往中的心理聚焦现象。我们在认识和判断过程中自己潜意识中有意无意地设立过滤网，出现"人为"干涉因素，而出现"人为"结果，从而远离事物的本质，我们要特别注意，防止被"忽悠"干扰。

二、恋爱

人际交往是人类的一项基本社会功能，随着交往的逐渐加深，出现了不同的交往形式，如同事、至朋好友、闺蜜恋人等，除初级的一般人际交往外，其他形式的交往均有人与人之间的情感行为作为根本纽带。比如爱情就是一种典型的人际交往，具有很强的代表性和特殊性，在社会生活中具有特殊的意义和重要作用。

(一) 概念

恋爱是个发展的概念，具有较强的时代性。现代较为常见的一种定义为：两个人基于一定的物质条件和共同的人生理想，在各自内心形成的对对方的最真挚的仰慕，并渴望对方成为自己终身伴侣的最强烈、最稳定、最专一的感情。

它是人类特有的情感行为。恋爱，热烈奔放，令人神往。按照科学解释，热恋中的人们大脑内汹涌的化学物质称为一元胺，包括多巴胺、苯基乙胺、血清素(5 - 羟色胺)、去甲肾上腺素。多巴胺、去甲肾上腺素和血液中的复合胺则是作用于恋爱的激素。多巴胺会提高人的注意力和行为的目的性。去甲肾上腺素则会使人心脏狂跳或茶饭不思。血液中少量的复合胺会导致强迫性的行为。年轻人生命力旺盛，机体活跃，恋爱是青年人的必然行为。

(二) 类型

青年人由于生理和心理的趋于成熟，因对异性产生爱慕而出现恋爱现象。根据爱慕产生初始原因的不同，可分为三类。因为这是恋爱价值观主导下的行为，一般情况下初始的主导因素将会持续始终，当然在有些情况下也可以发生变化的。

1. 外在型

外在型是指由于对方的外在因素而使得自己产生爱慕之心。它包括三个方面:一是外在的附加的物质因素,如对方家庭殷实的物质背景作为自己主要考虑的因素;二是外在悦人的容貌或优雅的言谈举止,深深的触动而挥之不去,如你见过一面后满脑子都是某某深邃的眼神;三是外在的某项技艺或才能,使你在这个方面具有极大的吸引力,如因为某人"DOTA"打的一流而产生仰慕之心,这种现象也是很常见的一种动因。

根据前面所述的交际的先入为主的首因效应和近因效应,交往产生之前能直观体察到的只有如是的一些外在因素,所以在外在型,尤其是悦人的容貌是大多数恋爱产生的首因,常言道恋爱往往是"始于颜值,终于气质",用一些恋爱达人的话讲就是:"你什么都能忍受,你能忍受不漂亮吗?"社会上总有英俊的男生和漂亮的女生备受异性追崇,就是含有这个因素。

2. 内秀型

内秀型是指由于对方内在的一种因素深深地吸引着你,继而产生仰慕之心。它的特点是比较模糊和概念性,说不清楚,道不明白,就是被某些内秀品质深深吸引。如知书达理、贤惠通达、大气豪爽等,也就是平素所言的"主要看气质"。

内秀型的因素而开启的恋爱之旅往往因为原因的深邃性而具有持久性,犹如"万有引力"般,无形无影,随时存在。而外在型的如两个人被一根绳子所连,那么年久物损,持久性相对较差。是的,你所恋的财物乃身外之物具有莫测的变化,漂亮的容颜随岁月会逐渐销蚀,故此,有位哲人说得好:真正的爱情是没有原因的,只要有能说出的原因那原因就会有消失的时间。

3. 从它型

从它型是指迫于周围环境的压力而开始的恋爱,其实这种类型严格意义上只能属于人际交往或亲密型的异性朋友(如蓝颜知己),交往的原因仅仅是对方是异性作为主要因素。如大学校园中某一班级的女生仅剩一位独身，那么这个女生很有可能因为外在的压力而形式上脱单，现在的闪婚闪离现象的出现就是这个行为的直接后果，还比如"逼婚"之下流行的"租"个异性回家过年或其他目的的行为。

当然，初始原因很多，没有对错之分，不乏也有"外在型"和"从它型"的恋爱并最终收获圆满幸福婚姻的，不可一概而论。正如我们现在批评的包办婚姻一样，是封建残余，但和包办相对的自由婚姻现在也不是演变成父母去替子女相亲的现象，自由的直接弊端就是"闪婚闪离"的高发，感情底蕴无存，幸福指数的下降。

(三) 过程

恋爱过程是双方感情逐渐升华的过程，从形式上是两个不同的个体逐渐走向"融合"的过程，这种"融合"就是人际交往中双方物质、思想和情感的整合，以最大化发挥效益的过程，不是某个方面的消失或消灭，更不是没有边界的相互占有，而是资源的有效整合。在整个过程中表现出无知、虚荣、懵懂、渴求、成熟等状态。

1. 相识

相识是指初次开始的早期阶段，这个阶段因为某种原因而开始交往，并相互进行初级的基本了解的阶段。开始的原因很多，无外乎外在型、内秀型及从它型，他(她)的悦人容颜、时尚穿戴、宜人风韵、不凡气质深深萦绕脑际，或者爸妈的唠叨"逼婚"，或者舍友的"孤立"都可能是开始相识异性的原因。

这个阶段双方极力地搜寻着对方的一切信息，保持一定的距离，感觉若即若离，接触仅限于两人或双方都熟悉的交际圈，在交际中表现出普通朋友一般的关系，但内心却一直聚焦于对方，双方最大程度地展现自己最美好的一面。

2. 相恋

相恋是指双方经过相识阶段的初步了解判断，可以确立恋爱关系并再进一步了解相处的阶段。这个阶段双方距离进一步拉近,接触更加频繁,社交活动更加深入,尤其是逐渐参与对方的社交圈,并以一定的方式公开双方的关系,并公开地"嘘寒问暖",不断"示爱",希望正式确立恋爱关系。

这个阶段双方还保存一定的"矜持"态度,并会有意采取一定的促进感情升华的措施和"伎俩",每一次接触都很用心地设计和对待。是属于"热恋"的阶段,由于双方高度集中的交往,易于使恋爱快速升温,往往有时易于出现不理智行为。

3. 相爱

相爱是指经过相识阶段的了解和相恋阶段的进一步了解,加之情感的投入后的快速升温的"锻打"后,感性降温,趋于理性交往的阶段。这一阶段双方完全如胶似漆,形影不离,已完全将对方纳入自己体系之中,变成自己生活的一部分,正式确立恋爱关系。

这个阶段双方视同对方为自己不可分割的一部分,所以会不加掩饰地呈现自己的方方面面,一些不足之处也会逐渐呈现,一方就会严肃地提出对另一方的要求,就会出现"你怎么不如以前那样爱我"的争吵。双方如同家人般地共同参与各种社交活动,并开始规划以后二人世界的相关事项,在物质、思想和感情方面开始有效整合。

(四)技巧

爱情是一种美好的事物,一种重要的社会现象,它是人类婚姻家庭的奠基阶段,所以在人生中具有非常重要的地位和作用,有时候你特别渴望身边有一个懂自己、爱自己、理解自己的人,可往往事不遂人愿,所以恋爱中形成的爱情是一项伟大的工程,不是随随便便的随缘和随遇而安,其中有些禁忌必须牢记于心。

1. 爱你没理由,为你我要强

真爱是没有具体理由的,说不清道不明,任何能讲清楚的理由都会随时空变换消失的,她长长小芳辫、善睐的明眸、伟岸的身材、殷实的家产等都会随着岁月的流逝而销蚀掉,唯有那颗不变的心永远在。

有位哲人说过"要想得到某种东西,最好的方式就是提升自己,使得自己能够配得上他","德不配位",财必尽,物必亡。所以我们经常听见一些"直男"会大叫"我不就是没钱么,我不就是不帅么",那么请问:"你除了没钱不帅你还有什么?"你以为女孩子真的看中的是钱和帅吗? 所以,我没钱不帅,但我很努力地去挣钱,并不断提高修养,这才是女孩子要的答案。只有这样才能你追我赶,共同营造幸福。

2.距离出美感,和谐出幸福

根据交际距离理论,适当的距离是无限吸引力的基本条件,有距离就有适当的神秘感,这是感情的"保鲜"剂,小别胜新婚,绝不会出现"审美疲劳"和"十年之痒",这更是对双方的尊重。这种距离包括两点:一是物理距离,留给对方适当的私密空间和自由,这是对对方的尊重,更是自我高贵素质的升华。二是心理距离,尊重对方社交的完整性,精神世界的独立性,这恰恰是感情永葆活力的基本因素。试想我们"亲密无间"形同一人,相互透明,一览无余,世界因此"遁形",那么你的世界只能是空无死寂,索然无味,你唯一的做法就是逃离。这里的距离还有一重意思就是"包容不失个性",有超过正常人的包容和接纳,但要有边界,及做人的原则和底线,这是人格的基本条件。这也就是现在大街上一方"长跪不起",却不被对方理解的根本原因,甚至被称为"贱人一个",这其实是没有边界产生的悲剧或闹剧。

和谐即是美,和谐即幸福。根据物理学原理,和谐产生共振,共振即频率一致,内耗最小,表现出最大的能量。生活中的恋人亦是如此,心往一处想,劲往一处使。这里的和谐有几种情况,一是互补型,或称为"情投意合"型,即性格行为习惯等互相补充,这属于温馨型组合,比如性格和行为习惯的刚柔互补。二是加强型,或称为"比翼双飞"型,即感情事业你追我赶,互相促进,共同成长,这属于事业型组合,比如感情上你柔我顺,事业上你追我赶。三是顺从型,或称"你侬我侬"型,即你做主,我挺你,这种组合分工明确,事项上主次有别,属于知性组合。如对外男做主,对内女做主,事业男做主,家庭女做主等。

3.相互正能量,一致向前冲

生活中阳光帅气、事业有成的男孩和温柔贤惠、知书达理的女孩永远站在恋爱高地的最高处,是诸多少男少女仰慕心仪的唯一。因为他们身上满满的正能量,具有永远的朝气和前进的动力。

和谐的本质是共振,共振的效果是效能最大。组合中满满的正能量充盈其中,永远呈现出阳光和朝气,让身心永远处在最佳的健康状态,必然会成就感情事业双丰收。生活中不乏这样的实例,这就是我们所言的强者愈强,勇者愈勇的根本原因。近期媒体上出现的《这才是大学恋爱的正确打开姿势:情侣晒出一百多张各种证书,纪念大学点滴》中,男女恋人大学四年获得各种证书 137 个,类似这种的学霸宿舍,学霸班级等已司空见惯,这无疑是相互正能量,一直向前冲的最好印证。

一个负责的人要为两个人的组合体不断成长负责,只有别有用心的人才得过且过,互不珍惜,分歧和摩擦不断,组合体的损伤是必然结果,更可怕的是这种模式不自觉地不断复制,最终以人生的没落画上句号。

参考文献

[1][美]拿破仑·希尔,克里曼特·斯通. 人人都能成功. 武汉:湖北人民出版社,1996.

[2]王荣国. 富豪如是说. 沈阳:沈阳出版社,2001.

[3]唐映红. 心灵体操. 北京:中国城市出版社,1998.

[4]张耀灿,郑永廷,刘书林,等. 现代思想政治教育学. 北京:人民出版社,2001.

[5]中国就业培训技术指导中心,中国心理卫生心理学会. 心理咨询师(基础知识). 北京:民族出版社,2005.

[6]邬焜,巩真. 系统科学基础. 西安:陕西科学技术出版社,1996.

[7]卢婷婷,党民科等. 我的大学. 北京:中国人事出版社,2007.

[8]史蒂芬·柯维. 高效能人士的七个习惯. 北京:中国青年出版社,2004.

[9]史蒂芬·柯维. 高效能人士的第八个习惯. 北京:中国青年出版社,2005.

[10][美]罗伯特·T·清崎,莎伦·L·莱希特. 富爸爸穷爸爸. 北京:世界图书出版公司,2000.

[11]彭玮歆. 简单道理. 哈尔滨:哈尔滨出版社,2003.

[12][美]罗曼·W·皮尔. 态度决定一切. 福州:海峡文艺出版社,2003.

[13]肖剑. 你在忙什么:生命中的关键问题. 北京:学苑出版社,2003.

[14]叶舟. 北大周末智慧课. 北京:民主与建设出版社,2005.

[15][美]林恩·莱夫利. 不再拖拉. 北京:中信出版社,2002.

[16]〔美〕史蒂文·凯斯. 抢在时间前面的 7 条捷径. 北京:中国青年出版社,2003.

[17]郑伟. 人生的四个存折. 北京:华文出版社,2003.

[18]郑麟. 无处不在的 80/20. 北京:机械工业出版社,2003.

[19]邹锦慧. 人体漫谈. 广州:广东人民出版社,1999.

[20]〔美〕道格拉斯·C·诺斯. 制度、制度变迁与经济绩效. 上海:上海三联书店,1994.

[21]〔美〕安·兰德. 自私的德性. 北京:华夏出版社,2007.

跋

做高校学生工作已有二十余载,总有一种冲动,想把这二十余年来的一些零碎的思考、参悟以及"珍藏"系统地整理一下。每每此时,发现自己思想、行动和朝气仿佛又回到了当年,为年轻学子们做些事情的冲动无限激越。

学习交流,思考参悟,一直想拨开迷障,找出掩盖在"形而下"的"形而上"的东西。大洗牌的时代,传统的教育已经和现实存在出现了差距,学子们身上已经出现了不为传统教育所理解的状况,受众变化了……

指导青年学子,坚持终身学习,以事物发展的基本规律为指导,立足社会发展的实际状况,在有限的时间精力下,高效快捷地实现自我价值,实现有意义的人生这是笔者基本的著书初衷。

本著作既有"鱼",又有"渔"。容含大量的基本知识和原理,是"百科全书",也有诸多的"规律定理"和"方法技巧",是"工具大全",更有许多笔者多年来思考参悟"至真结晶"。既"顶天",又"立地","高大上"的"原理效应"有之,"八股"式章体有之,"接地气"的事例现象有之,"贴近受众"的自然语言充斥其中。

从十年前的初心、拙作,到今天的系统、成型,感恩我所接触的所有人、事、物,尤其是我的妻子、女儿,以及我的同事朋友!

笔者才力有限,书稿虽已成型,其中必有瑕疵,望不吝赐教,不胜感激。

崔晓博
2018 年 6 月